U0243635

江苏省重点规划教材

本书系江苏省社会科学基金重点项目“网络强国战略背景下网络社会治理创新研究”（18ZZA001）、江苏省高校哲学社会科学重大项目“习近平总书记互联网思想研究”（2017ZDAXM016）、教育部人文社会科学研究专项任务项目“十八大以来高校思想政治工作因势而新的经验、任务和路径研究”（17JDSZ1011）成果。

网络社会学

郝其宏　编著

吉林大学出版社
·长春·

图书在版编目（CIP）数据

网络社会学 / 郝其宏编著．—长春：吉林大学出版社，2021.11

ISBN 978-7-5692-9149-0

Ⅰ．①网… Ⅱ．①郝… Ⅲ．①计算机网络–影响–社会生活 Ⅳ．① TP393 ② D58

中国版本图书馆 CIP 数据核字（2021）第 214462 号

书　　名　网络社会学
　　　　　WANGLUO SHEHUIXUE
作　　者　郝其宏　编著
策划编辑　李承章
责任编辑　王凯乐
责任校对　付晶淼
装帧设计　中正书业
出版发行　吉林大学出版社
社　　址　长春市人民大街 4059 号
邮政编码　130021
发行电话　0431-89580028/29/21
网　　址　http://www.jlup.com.cn
电子邮箱　jdcbs@jlu.edu.cn
印　　刷　廊坊市海涛印刷有限公司
开　　本　787mm×1092mm　1/16
印　　张　18.25
字　　数　320 千字
版　　次　2022 年 1 月　第 1 版
印　　次　2022 年 1 月　第 1 次
书　　号　ISBN 978-7-5692-9149-0
定　　价　75.00 元

目　录

绪　论……001

第一节　研究意义……001

第二节　理论基础……004

第三节　研究对象……019

第四节　研究方法……021

第一章　网络社会概述……024

第一节　网络社会的生成……024

第二节　网络社会特征……031

第三节　网络社会与现实社会关系……035

第二章　网络社会化……041

第一节　人的社会化……041

第二节　互联网对个体社会化的影响……049

第三节　个体网络社会化的实现……055

第三章　网络个体行为……062

第一节　网络社交行为……062

第二节　网络购物行为……071

第三节　网络直播行为……077

第四节　网络参与行为……085

第四章　网络集群行为……094

第一节　网络集群行为的概念……094

第二节　网络集群行为的生成原因……109

第三节　网络集群行为的演化过程……126

第四节　网络集群行为的应对……135

第五章　网络社群……148

第一节　公益服务型网络社群……148

第二节　知识传播型网络社群……154

第三节　“饭圈”粉丝型网络社群……162

第四节　游戏爱好型网络社群……170

第五节　消费购物型网络社群……179

第六章　网络文化……187

第一节　网络流行语……188

第二节　弹幕文化……195

第三节　网络小说……202

第四节　网络剧……211

第五节　网络社会思潮……219

第七章　网络道德失范……225

第一节　网络恶搞……225

第二节　人肉搜索……231

第三节　网络谣言……236

第四节　网络暴力……244

第八章　Web3.0 时期新生社会风险……248

第一节　Web1.0 到 Web3.0 的技术变迁……248

第二节　Web3.0 时期新生社会风险类型……252

第三节　Web3.0 时期新生社会风险特征研究……260

第九章　网络社会治理……264

第一节　网络社会的治理目标和原则……264

第二节　网络社会治理主体的和路径……269

第三节　网络社会未来——网络空间命运共同体……272

参考文献……278

后　　记……285

绪　论

在人类历史上，每一次关键技术的突破与普及都会导致社会结构的转型与重构。正如卡尔·马克思（Karl Marx）所说："手推磨产生的是封建主的社会，蒸汽磨产生的是工业资本家的社会。"社会变迁产生的根本动力来自生产力，而生产工具则是生产力发展变化的标志或尺度，应当依据生产形态的变化来判断新社会形态是否产生。互联网和移动通信技术是当代人类社会最先进的生产工具，它们的广泛使用必将引起生产力的变革，并推动生产关系乃至上层建筑的变化，进而实现整个社会结构的变迁。现在，网络技术将世界上各个国家、各个地区的人连成了一个整体，形成一种人机互动、虚实相生的特殊物质形态和社会组织形式，带来生产关系乃至社会结构的变迁，促使社会关系、社会身份、社会组织、社会行动、社会问题发生变化进而生成一种新的社会形态——网络社会。

作为以社会行为、社会现象和社会运行为基本研究对象的社会学，有必要运用相关理论和方法审视变革中的网络社会的结构、样态，并在一个广泛的交互作用的背景中对其加以分析，做出科学的描述、解释，提出治理的建议、方略。由是，《网络社会学》一书顺应时代和社会发展的要求而产生。

第一节　研究意义

网络社会行为及其样态是互联网技术普遍应用的社会性后果，始出现于21世纪初，仅仅有二十余年的历史且仍处于发展变化之中，属于社会管理研究领域中的一个新问题，也是理论和实践上迫切需要解决的课题，有着较强的现实和理论意义。

一、有助于建构网络时代社会成员的良好生活方式

生活方式是指社会成员在一定的社会条件制约和价值观指导下，所形成的满足自身生活需要的全部活动形式与行为特征的体系，包括人们的衣、食、住、行、工作、休息、娱乐、社会交往模式和相应的生活观念。在网络高度发达的今天，互联网对于所有被网罗其中的个人、行业和社会，都已经是一个基本语境。人们可以随时从网上了解最新的新闻动态和商务信息，可看到当天的报纸和杂志，可以足不出户在家里处理公务、购买商品乃至享受远程医疗和教育等。时至今日，人们已很难分清生活是网络的延伸，还是网络是生活的延续，它们互为倒影互为镜像。通过本研究，可以引导社会成员养成正确的网络辨识能力、高效的网络运用能力、文明守法的网络生活习惯以及积极向上的网络情趣，对于建构网络时代社会成员良好生活方式有着重大意义。

二、有助于促进社会和谐稳定

社会本意是指特定土地上人的集合，在现代意义上表示共同生活的人们通过各种各样社会关系联结起来的集合。“不管其形式如何，都是人们交互作用的产物。”[①] 社会稳定是顺利实现社会发展目标的必要前提，是确保人民群众安居乐业的基本条件，是解决所有社会问题的基础。从中国历史上看，“文景之治”“开元盛世”“康乾盛世”的共同特征就是国家统一、社会稳定。而这些盛世王朝的衰落，也大多是从社会动荡开始。当今世界，处于百年未有之大变局；当今中国，处于改革发展的关键时期。快速变化的社会环境导致各种不稳定因素大量存在，各种利益矛盾引发的影响稳定的问题明显增多。网络上各种各样的行为对社会稳定既有积极的促进作用，也有明显的消极效应。“网络和信息安全牵扯到国家安全和社会稳定，是我们面临的新的综合性挑战。”[②] 因此，研究并掌握网络社会行为及其样态的生成机理和演化规律，寻求科学的对策，对维护社会稳定有着重要意义。

---

① 中共中央马克思恩格斯列宁斯大林著作编译局. 马克思恩格斯选集（第4卷）[M]. 北京：人民出版社，1995：320.

② 习近平. 中共中央关于全面深化改革若干重大问题的决定 [N]. 人民日报，2013-11-08.

三、有助于丰富网络社会学及相关学科理论

信息网络技术的广泛使用必然带来生产关系乃至社会结构的变迁，促使社会关系、社会身份、社会组织、社会行动、社会问题发生变化进而生成一种新的社会形态——网络社会。曼纽尔·卡斯特尔（Manuel Castells）的《信息时代三部曲：经济、社会与文化》（1999—2002）揭示了信息技术革命和资本主义重组诱发了网络社会的兴起以及相应特征，是网络社会研究的奠基之作。“作为一种历史趋势，信息时代支配性功能与过程日益以网络组织起来。网络建构了我们社会的新社会形态，而网络化逻辑的扩散实质地改变了生产、经验、权力与文化过程中的操作和结果。虽然社会组织的网络形式已经存在于其他时空中，新信息技术范式却为其渗透扩张遍及整个社会结构提供了物质基础。”[①] 网络社会的兴起拓展了人类交往实践活动新的领域，创制了一系列新型社会关系，出现了一系列新的社会问题，也产生了新的治理规则和治理方式，本研究可以丰富网络社会学理论。

社会管理学是社会学和管理学的交叉学科，研究对象是社会管理主体和管理客体之间的矛盾运动及规律，目的是通过对社会系统的组成部分以及社会发展的各个环节进行组织、协调、监督和控制以促进社会系统协调运转。社会管理学的历史沿革只有几十年的时间，主要流派有社会系统学派、社会技术管理学派、以行为主义理论为支撑的经验学派等。这些学派的研究对象都是现实社会的管理，而当今社会正处在蜕变之中，其最根本的变化是向信息社会的转变，这种变化将影响到社会组织结构、制度以及每个人的态度。具体表现为“从工业社会到信息社会的转变，从强迫性技术向高技术与高情感相平衡的转变，从一国经济向世界经济的变化，从代议民主制到共同参与民主制的转变，从等级制度到网络组织的转变，从非此即彼的选择到多种多样选择的转变，从组织机构求助到自助的转变，以及从短期向长期、从集中到分散、从北到南的变化”[②] 十个方面。可见，信息时代既为社会管理带来新的挑战，也增加了社会管理的

① 曼纽尔·卡斯特尔．网络社会的崛起[M]．夏铸九，等，译．北京：社会科学文献出版社，2001：569.

② 约翰·奈斯比特．大趋势——改变我们生活的十个方向[M]．梅艳，译，北京：中国社会科学出版社，1984：161-162.

研究内容，需要进行科学的分析，建立有效的规制。因为虚拟社会与现实社会一样，其良性运行与健康发展也需要加以适当管理，否则就会成为社会风险的策源地。本研究可以深化对网络社会管理的认识，促进网络社会良性发展。

传播学是20世纪30年代后出现的跨学科研究的产物，主要任务是运用社会学、心理学、政治学、新闻学、人类学等学科的理论、方法，研究传播的本质和概念，传播过程中各基本要素的相互联系与制约，信息的产生与获得、加工与传递、效能与反馈，信息与对象的交互作用，各种符号系统的形成及其在传播中的功能等。网络传播吸取和延续了传统媒介的所有优势，诸如口头传播的即时互动、电视传播的声画动态、印刷媒介的抽象精致、电话传播的人际交流，同时还具有交互性、原创性、包容性等特征，成为人类社会收集、加工、制作、发布信息的重要方式。但是，网络传播学的相关研究尚处于初始阶段，落后于快速发展的社会现实。因此，本书可以深化对网络传播学的研究。

第二节　理论基础

理论基础是指在这门科学理论体系中起基础性作用并具有稳定性、根本性、普遍性特点的理论原理。网络社会学的理论基础除了传统社会学的结构功能理论、社会冲突理论、符号互动理论、社会交换理论之外，还应包括网络社会本身的概念、范畴、原理以及支撑学科的理论基础。

一、尼葛洛庞帝的数字化生存理论

尼古拉斯·尼葛洛庞帝（Nicholas Negroponte）是麻省理工学院媒体实验室的联合创始人，计算机辅助设计领域的先驱。他毕业于麻省理工学院，从1966年以来一直任教于麻省理工学院。1995年尼葛洛庞帝出版了《数字化生存》，该书已经被翻译成40多种语言。

在《数字化生存》一书中，尼葛洛庞帝分析了信息技术发展下社会结构的变迁，认为信息高速公路不只代表了使用国会图书馆中每本藏书的捷径，而且正创造着一个崭新的、全球性的社会结构。[①] 他将数字化生存概括为四个特质，这也是社会结构变化的四个角度：一是分散权力。分权心态逐渐弥漫于整个社

① 尼葛洛庞帝．数字化生存[M]. 胡泳，范海燕，译．海口：海南出版社，1997：214.

会之中，这是数字化世界的年轻公民的影响所致。传统的中央集权的生活观念将成为明日黄花。二是全球化。民族国家本身也将遭到巨大冲击，并迈向全球化。“我们经由电脑网络相连时，民族国家的许多价值观将会改变，让位于大大小小的电子社区的价值观。”[①]三是追求和谐。数字化生存的和谐效应已经变得很明显了：过去泾渭分明的学科和你争我斗的企业都开始取代竞争，一种前所未见的共同语诞生了，人们因此跨越国界，相互了解。四是赋予权力。数字化生存之所以能让我们的未来不同于现在，完全是因为它容易进入、具备流动性以及引发变迁的能力。当然，尼葛洛庞帝也看到了技术发展可能带来的安全问题。他提出，必须有意识地塑造一个安全的数字化环境。

尼葛洛庞帝介绍了诸如信息高速公路、带宽、调制解调器、光纤、网络黑客等在今天看来非常平常的概念。但是在 1995 年，这本书对于刚刚接触网络的人们来说，无疑是一本入门指南。他在 30 年前提出的很多观点，如“电脑即电视”“高清晰度电视是个笑话，数字电视才代表未来”等都已成为现实。因此，《时代》周刊将其列为当代最重要的未来学家之一。“计算不再只和计算机有关，它决定我们的生存。”[②]这是尼葛洛庞帝的经典论断。

“信息技术革命将把受制于键盘和显示器的计算机解放出来，使之成为我们能够相互交谈、共同旅行，能够抚摸甚至能够穿戴的对象。这些发展将改变我们的学习方式、工作方式、娱乐方式——一句话，我们的生活方式。”[③]数字化生活方式离不开技术的支持。尼葛洛庞帝首先谈到了技术的改变，这是数字化生存的技术基础。数字化时代最重要的特征是以比特而不是原子传输。比特是信息 DNA，信息高速公路的含义就是以光速在全球传输没有重量的比特。比特、光纤、无线带宽、计算机界面、虚拟现实、计算机小型化等科技的发展给我们的生活带来了改变。更为重要的是，数字化带来了人与人之间关系的改变。作为一个传播学家，尼葛洛庞帝着重论述了比特给大众传媒产业带来的巨大变革，这无疑对传播学四大奠基人之一的拉斯韦尔（Harold Lasswell）提出的传播过程 5W 模式提出了挑战。传统的传播过程强调的是谁（Who），通过何种途径（In

---

① 尼葛洛庞帝 . 数字化生存 [M]. 胡泳，范海燕，译 . 海口：海南出版社，1997：16.

② 尼葛洛庞帝 . 数字化生存 [M]. 胡泳，范海燕，译 . 海口：海南出版社，1997：15.

③ 尼葛洛庞帝 . 数字化生存 [M]. 胡泳，范海燕，译 . 海口：海南出版社，1997：4.

Which Channel），向谁（To Who），传播了什么（Says What），取得了什么效果（With What Effect）。因此，媒体是信息的加工者，他们把信息经过处理后以要闻或畅销书的形式传递给不同受众，受众对于信息只有被动的接收。这就是拉斯韦尔传播过程的核心。然而，“数字化会改变大众传播媒介的本质，‘推’（pushing）送比特给人们的过程将变而为允许大家（或他们的电脑）‘拉’（pulling）出想要的比特的过程。”①

这也意味着智慧的转移。传统智慧集中在信息传播者一端，他们决定一切，接收者只能接到什么算什么；而未来，部分智慧从传播者那端，转移到接收者这端。因此，智慧存在于两端，“受众”的自主性和选择性更强。人们看电影时，可以选择用哪种语言来收听对白；内容上，可以把限制级的节目通过调节变成普通级的；时间上，不需要照传输的顺序来观看，不局限于某一时间，也不受传输耗时的限制。一种情况是传输者可以根据接受者的兴趣，为接受者量身定制报纸，过滤、筛选智慧传送给接受者。另一种情况则是传输者发出大量的比特，接受者自己设置编辑系统，根据兴趣、习惯和当天的计划，从中撷取自己想要的部分。

二、莱恩格尔德的虚拟社区理论

霍华德·莱恩格尔德（Howard Rheingold）曾在加利福尼亚大学伯克利分校和斯坦福大学任教，是《热线杂志》（Hot Wired）的创始执行编辑、Electric Minds网站的创始人。著有《虚拟社区：电子疆域中的家园》《聪明的暴民：下一次社会革命》《虚拟现实：计算机生成的人工世界的革命性技术——它如何承诺改造社会》等著作。他反复提醒人们，移动通信的真正影响不是来自技术本身，而是来自人们如何使用、抵制和适应它。

莱恩格尔德对虚拟社区的理解是建立在实践经验基础上的，虚拟社区有四个要点：第一，虚拟社区以计算机为媒介，是人们在网络空间上的一个聚集场所。虚拟社区中的人们可以做现实生活中人们做的任何事，但是唯一不同的是，虚拟社区抛开了人们的物理身体，如你不能亲吻任何人、也没有人能打你的鼻

① 尼葛洛庞帝.数字化生存[M].胡泳，范海燕，译.海口：海南出版社，1997：103.

子，但很多事情都可能发生。[①] 第二，虚拟社区中的人们经过长时间的讨论和互动，建立了情感，形成人际关系网络，获得了社会支持。在虚拟社区中，人们可以用屏幕上的文字进行交流、寒暄、争论、贸易，或者谈恋爱、玩游戏等，甚至有些人使用虚拟社区作为心理治疗的一种形式。他认为当你成为线上建立的虚拟社群的成员后，成员间可以发展成为实际的会面、友善的宴会，以及实质的支持。“我参加了在 WELL 上组织的、为刚刚被诊断其儿子患有白血病的朋友提供信息和情感支持的会议。共享的网络礼节、情感、互惠、足够长的时间、人的聚集和充沛的情感能够把不同的利益团体整合为社区。”莱恩格尔德认为，虚拟社区与物理社区在交流和获得情感支持上一样真实，从一开始我就觉得 WELL 是一个真实的社区，它根植于我日常的物质世界”。第三，虚拟社区有自己的社会规则，且社会规则的建立来自虚拟社区的成员。他说：“1985 年才有几百人的虚拟村庄在 1993 之前增长到 8000 人。在那段历史的头几个月里，我清楚地认识到，我正在参与一种新文化的自我设计。我观察到社区的社会契约随着第一年或第二年发现并开始建设社区的人们的增加而不断扩展和变化，后来，其他许多人也加入了社区契约建设中来。”而且他还提出，虚拟社区社会规则的建立、被挑战、改变，再重新建立，在某种程度上加速了网络社会进化。第四，知识资本是虚拟社区的建设力量。与其他类型的社区不同，虚拟社区的参与者在一对一或多对多互相帮助解决问题时，他们的这些意见或建议会成为数据库被留存下来，这些数据库虽然是非正式创建的，但是却成为社区建设的主要力量。莱恩格尔德将其称为知识资本（knowledge capital）。所谓的知识资本，实际上就是当你在线提出一些问题时，虚拟社区中来自不同专业知识背景的人会给你提供不同的答案，这些答案实际上代表着不同专业的知识积累，它们汇集后成了虚拟社区的数据库。莱恩格尔德还指出，“可以与数据库一起发展的人际关系网是文化和政治变革的潜力所在。”[②] 以充分利用每一个人的智慧，开放、对等、共享以及以全球运作为法则的维基经济和建立旨在调动“米粉”

① Howard Rheingold.The Vitual Conmanity Homesteading on the Electronic Frontierl[M]. Massachusetts：The MIT Press，1993：4.

② Howard Rheingold. Virtual Community：Homesteading on the Electronic Frontierl[M]. Massachusetts：The MIT Press，1993：36.

们交流手机使用技巧和心得、可以参与手机设计与改进的小米社区官方论坛，就有可能受到了莱恩格尔德这一论点的启发。

莱恩格尔德从社群结构、场域、形态、情感等要素探究虚拟社区的特征，揭示了对于虚拟社区的建构来说非常重要的因素——交流和情感。在随后的一些研究中，虽然研究者又提出了虚拟社区建构的其他因素，但是这两点都成为必备的要素或者基础。例如，一些研究者从社区意识角度分析虚拟社区和现实社区之间的区别，认为社区意识表明成员的归属感。现实社区意识包括：成员身份的认定、个体之间以及个体与社区间的相互影响、对他人需求的支持和自身需求的满足以及共享的情感联系。虚拟社区意识则包括：成员间的认可、相互的支持、因依恋而生的责任感、对自身和对他人的认同以及与其他成员的联系。[①] 社区意识究其根源，仍来自交流和情感。

三、卡斯特尔的网络社会理论

卡斯特尔于 1942 年出生在西班牙，曾在巴黎大学、加利福尼亚大学伯克利分校、加泰罗尼亚的开放大学、南加利福尼亚大学和麻省理工学院等多所大学任教。他在 1996 至 1998 年出版了一部三卷本的著作“信息时代三部曲”，包括《网络社会的崛起》（第一卷，1996 年）、《认同的力量》（第二卷，1997 年）和《千年终结》（第三卷，1998 年）。其中，第一卷强调了社会结构性物质，比如构成信息时代基础的技术、经济和劳动过程；第二卷的核心是论述网络社会的社会学，特别关注了对根本性变革做出响应而兴起的各种社会运动，以及随之而来的对在场的新型环境的利用；第三卷与政治相关，关键主题包括社会接纳和社会排斥。“信息时代三部曲”被翻译成二十多种语言，对当代社会科学家的思想影响巨大。安东尼·吉登斯（Anthony Giddens）在书评中说，卡斯特尔的著作是针对当前社会中正在进行的不寻常转化之最有意义的尝试，它绝对可以比拟马克斯·韦伯（Max Webe）的巨作《经济与社会》。弗兰克·韦伯斯特（Frank Webster）认为：“在所有关于当今世界的主要特征和主要动力的论述中，卡斯特尔的作品的确最富有启发性和想象力，且相当严谨。如果我们

---

① A. L. Blanchard， M. L. Markus. The Experienced “sense” of a Virtual Community：Characteristics and Processes[J].The DATABASE for Advances in Information Systems，2004，35.

尝试去了解信息的角色和特性及其如何介入变化和正在加速的变化本身，那么曼纽尔，卡斯特尔的作品非读不可。”①

卡斯特尔认为，社会结构是围绕着生产、消费、权力和经验的关系来组织的，而信息时代社会结构的一个基本特征是它对网络的依赖。网络社会的特点是：战略决策性经济活动全球化；组织形式的网络化；工作的弹性与不稳定性以及劳动的个人化；普遍的、相互关联的与多样化的媒体系统建构起来的虚拟的文化。②而这些关系是由时空组成的，构成了文化。它们的制定、复制和最终的转变，都植根于社会结构。网络社会是信息时代的社会结构特征，是经验性的、跨文化的认同。

在三部曲的第一卷的开篇他便提出，构成新而令人困惑的世界的所有主要变迁趋势都彼此关联，而且我们能够了解它们之间的相互关系。由于信息技术革命渗透了人类活动全部领域，所以卡斯特把技术作为分析新经济、社会与文化之复杂状态的切入点，但是他同时指出，对技术的分析不能是孤立的，必须将技术变迁过程摆放在社会变迁的脉络中。而且在解释社会变迁时，不能忽略认同的作用。他认为当下社会历史转型的过程就是“信息技术革命”“全球化”和“网络”这三个要素之间的交互作用。信息技术革命，始于20世纪70年代，然后扩展到世界各地；全球化进程不仅是经济上的，还包括媒体的全球化，以及文化和政治全球化等；网络是一种新的组织形式，它是通过信息技术组织起来的权力网络。这种权力网络正在改变我们经验、组织、管理、生产、消费、冲突和反冲突的方式——几乎涵盖了社会生活的各个方面。“信息技术革命与全球化进程的互动、网络作为组织的主要社会形态的出现，构成了一种新的社会结构——网络社会。”③

尽管卡斯特尔的主要意图是探究信息技术革命的社会影响，但是他却果断地提出，技术、社会、经济、文化与政治之间相互作用，重新塑造了我们的生

① 弗兰克·韦伯斯特．信息社会理论（第三版）[M]．曹晋，等，译．北京：北京大学出版社，2011：123.

② 曼纽尔·卡斯特尔．认同的力量[M]．夏铸九，等，译．北京：社会科学文献出版社，2003：2.

③ Manuel Castells. Local and Global：Cities in the Network Societys[J].Tijdschrift voor Economischeen Sociale Geogra fie，2002，93：548-558.

活场景。信息化全球经济崛起的特征，乃是某种新组织逻辑的发展，此一新组织逻辑与近年来的科技变革过程有关，但不受制于科技变革。新技术范式和新组织逻辑之间的汇聚与互动，构成了信息化经济的历史基础。在对社会运动的研究中，他也是依据不同的文化与制度脉络而进行的。比如，他分析了墨西哥札巴提斯塔民族解放运动和政治制度之间的复杂关系。

在对20世纪最后25年里全球范围内出现的以信息化、全球化、网络化为基础且特征独特的新经济、网络企业、新职业结构、真实虚拟的文化、互动式网络、信息化城市等进行分析之后，卡斯特尔说："我们对横越人类诸活动与经验领域而浮现之社会结构的探察，得出了一个综合性的结论：作为一种历史趋势，信息时代的支配性功能与过程日益以网络组织起来，网络建构了我们社会的新社会形态。而网络化逻辑的扩散实质性地改变了生产、经验、权力与文化过程中的操作与基础。此外，我认为这个网络化逻辑会导致较高层级的社会决定作用甚至经由网络表现出来的特殊社会利益：流动的权力优先于权力的流动。在网络中现身或缺席，以及每个网络相对于其他网络的动态关系，都是我们社会中支配与变迁的关键根源：因此，我们可以称这个社会为网络社会。"①

四、威尔曼的虚拟社会网络理论

巴里·威尔曼（Barry Wellman），多伦多大学社会学系教授，国际网络实验室联席主任，加拿大皇家学会的成员，美国社会学协会社区和城市社会学分会荣誉主席。2014年，威尔曼获得牛津互联网研究所颁发的终身成就奖，以表彰他在社会网络理论和互联网研究方面的非凡成就。

威尔曼认为："使用计算机网络的人具有嵌在社交网络中的社会关系。当计算机网络将人们连接在一起时，它就是一个社会网络。"② 嵌在计算机网络中的社会关系强烈地影响着人们的社会资源、幸福感、工作习惯以及其他许多重要的东西。因此，计算机网络是一种真正的社会网络。威尔曼的这一论断，对当时沉浸在虚拟空间中，过于强调网络互动的虚拟性的研究而言，无疑具有

① 曼纽尔·卡斯特尔．网络社会的崛起 [M]. 夏铸九，等，译．北京：社会科学文献出版社，2003：569.

② Barry Wellman.Computer Networks As Social Networks[J].Science，2001：293.

重要的警醒意义。威尔曼从七个方面对虚拟社会网络的核心问题进行了讨论。

第一，关于在线关系。威尔曼认为，虽然人们可以在网上找到各种各样的社会资源，但是并没有系统的证据表明人与人的关系是狭义的还是广泛的。通过相关研究表明，人们在网上几乎可以找到任何支持，但大多数通过一种关系提供的支持都是专门的。作为社会的人，使用网络不仅是为了寻求信息，还是为了寻求友谊、社会支持和归属感。

第二，网络是如何影响人们保持弱关系的？网络成员在提供信息、支持、陪伴和对完全陌生的人的归属感方面是很特别的。比起现实社会，人们更情愿在网络上帮助陌生人，因为在显示屏前只有自己作为孤独的旁观者，自己的行为不易受他人的影响。而在现实社会，则存在一群围观的人。这种围观会对率先出手相帮的人形成一种压力，故而形成集体性坐视不救这种常见的旁观者的冷漠现象。另外，处境尴尬时面对面的交流中退出较难，而在网络中则更容易。威尔曼也受到“关系即资源”理论的影响，认为在网上弱关系比强关系更容易把不同社会特征的人联系在一起。这表明，在信息获取方面认识的人的多样性比认识人的数目更重要。

第三，在线社区是否存在互惠性和依赖性？社会交换理论认为，人与人之间的社会关系是行动者之间的资源交换关系，偿还支持和交换援助成为社会一个循环往复的原则。“无论给予什么都应该偿还，这是社会的一个普遍准则。”①威尔曼揭示了在线社区的互惠和依赖的特殊性，在网上提供支持和信息的过程是表达个人身份的一种手段，帮助他人可以增强自尊、尊重他人和获得地位。因为在网络空间中，无论是先赋的还是制度化的身份和地位都没有办法呈现，网络行为是人们获取身份和地位的唯一方法。因此，通过自己的技术专长或者支持行为可以获得虚拟社区中的自我身份。此外，网络社区是一个广义的互惠组织，其中的网络互助是网络社区的公民规范。这种规范意味着虽然人们可能不会接受他帮助过的人的帮助，但是他可能得到来自另外一个人的帮助。对网络社区群体有强烈依恋的人，更有可能参与社区活动、帮助他人。

第四，网络会使亲密关系更牢固和更亲近吗？在这一点上，一些研究都关注于网络交往是加速还是阻止了亲密关系的发展，而威尔曼则认为这些研究实

① Barry Wellman.Computer Networks As Social Networks[J].Science，2001：293.

验都是在有限的时间内分析社会交往,忽略了在不同时段网络互动的细微差别。网络互动关系发展是一个渐进的过程，由于网络互动只有较少的口头和非语言信息，所以，较之面对面互动而言，网络互动在初期比较慢，这可能会影响社会关系的进展，但是随着时间的推移，网络并不会阻止亲密关系的发展，反而会加速这一进程。换句话说，网络并不妨碍亲密。

第五，虚拟社区如何影响现实生活社区？一些学者担心虚拟社区的高度参与将使人们远离现实生活社区。威尔曼认为，这些学者将社区互动看作零和游戏,他们假设人们在网上互动时间多了,在现实生活中的互动就少了。但事实上，发达国家的大多数当代社区都不像农村或郊区一样关系紧密，他们更喜欢通过电子邮件进行联系，而不是面对面的接触。一些人将虚拟社区和现实社区看作两个独立的集合,将人划分为在网上的人和现实生活中的人。这种划分太绝对了，人们的社区关系可以通过电子邮件来维持，在线关系也可以通过视频会议得到加强和扩大。人们可以在网上见面并认识对方，然后再决定是否将这种关系在其他方面进行拓展。网络支持各种各样的社区关系，包括弱关系和强关系。

第六，网络是否增加了社区的多样性？在当代西方社会，只有在偏远的农村地区和贫穷的移民聚居区，才能找到社会成员相似、关系紧密、为社区成员提供支持性资源的社区类型。对于多数人而言，他们都是从亲属、邻里、朋友等社会关系中获得支持。当然，当这些强关系无法提供支持时，他们也倾向寻找弱关系。网络可以促进与更多其他人的接触，可以很方便地向远方的熟人和陌生人寻求信息和征求建议。网络社区中人们关注的不是相似的特征，而是共同的利益。因此，一个虚拟社区发展的可能性取决于该社区用户的多样性。

第七，虚拟社区是真正的社区吗？网络成功地维持了强有力的、支持性的社区关系，而且可能增加了弱关系的数量和多样性。这种网络特别适合于那些不能经常见面的人之间保持中等强度的联系。在线关系更多的是基于共同的兴趣，而不是基于共同的社会特征。人们在网络空间中发展和维持的人际关系一方面很像他们的现实生活社区关系；间歇性、专业化和强度不同。尽管网上关系有限，但在网络空间中，友谊、情感支持、服务和归属感却十分丰富。另一方面，虚拟社区又不同于现实生活社区，网络上的人们更倾向于在共同利益的基础上发展亲密感，而不是基于性别和社会经济地位等共同的社会特征。因此，他们的兴趣和态度是相对一致的，而在年龄、社会阶层、种族、生命周期阶段以及社会背景的其他方面是相对异质的。虚拟社区成员的同质利益可以培养高水平的移情理解和相互支持。随着全球互联和国内事务的交叉，虚拟社区正在通过网络变得更加全球化和本地化。网络可能会加强公共空间中的社区互动，也可能会促进社会的整合。

五、简·梵·迪克的网络社会二元性理论

简·梵·迪克（J.V. Dijk）是荷兰特温特大学传播学系教授，电子政务研究中心主席，主要研究领域是新媒体的社会影响。他使用“延展”与“收缩”，“扩散”与“集中”等几组对立的词语来描述网络社会的二元性特征。

1. 空间和时间的延展与收缩

一些现代性理论家提出“时空距离化”“距离死亡”[①]等词语，用来表示通信网络的发展对社会中时空界限的消除。迪克却认为，这些流行的说法是错误的，并不存在距离的死亡和无时之时。相反，空间和时间在网络社会里的重要性并没有减少，而是变得更加重要。“空间、时间的延展和收缩是一个问题的两个方面，它们代表了规模延展与缩减的统一这个观念的最通常的表达。”[②]时空距离化进程的特点不只是空间和时间的扩张，也包括空间的收缩和时间的压缩。

2. 网络的社会化和个体化

空间与时间既扩展又压缩的特征，造就了网络当代社会结构的最抽象的特征：网络社会化和网络个体化。所谓网络社会化，是指社会通过社会和媒介网络向私人生活扩展的过程；所谓网络个体化，是指社会作为与社会和媒介网络连接的个体的核心单元在个体中压缩的过程。媒介网络为这两种趋向都提供了一个基础结构，它们是对私人生活中隐私的潜在社会性威胁，而同时又是在私有化生活同一级领域里获取社会交往和信息的条件。[③]

---

① 安东尼·吉登斯．现代性与自我认同 [M]. 赵旭东，方文，译．北京：生活·读书·新知三联书店，1998：23.

② 简·梵·迪克．网络社会——新媒体的社会层面（第二版）[M]. 蔡静，译．北京：清华大学出版社，2014：169.

③ 简·梵·迪克．网络社会——新媒体的社会层面（第二版）[M]. 蔡静，译．北京：清华大学出版社，2014：172.

3. 政治的扩散和集中

迪克在《数字民主：理论和实践》一书中提出，信息通信技术既能使政治扩散也能使政治集中。所谓政治扩散，是指信息通信技术的使用加强了政治系统的现存离心力。原因在于：在没有边界的计算机网络世界里，一些国际团体、（国际）国内公司、法律机构、私人机构、个体公民和公司能够避开政府并通过信息和通信网络在一定领域内建立合作关系。所谓政治集中，是指政府和公共管理机构试图通过网络来对公民进行总体监管。政府和公共管理部门大规模引进信息通信技术主要是为了管理、协调和征税等任务，而不是为了提高公民与议会的代表权。

4. 风险的减少和增加

迪克认为，网络有机会保护人类、组织和社会的安全，但同时由于网络科技的使用，社会、组织和个人的风险也在增长。比如，预警和安全系统、监测和登记系统等，可以做到事前防范，把风险控制在萌芽状态。但网络带来的风险也不可避免,这种风险来自两个方面,一个方面是互联网连接存在的技术故障，另一方面则是来自非面对面传播中的信任缺乏。[①]

六、信息传播理论

把关人理论。“把关人”理论是美国社会心理学家卢因（Kurt Lewin）率先提出的。他认为，传播信息者不会也不可能把所有的信息都传播出去，只有符合群体规范或把关人价值标准的信息内容才能进入传播的渠道。“信息总是沿着含有门区的某些渠道流动，在那里或是根据公正无私的规定，或是根据‘守门人’的个人意见，对信息是否被允许进入渠道或继续在渠道里流动作出决定。”[②] 传播学者怀特（D.White）将“把关人”理论引入到了新闻传播领域，他通过输入信息和输出信息的对比，具体考察了在把关环节上信息是怎样被筛选、过滤的。1969 年，巴斯（A.Z. Bass）提出了“双重行动模式”，明确把传

① 简·梵·迪克. 网络社会——新媒体的社会层面（第二版）[M]. 蔡静，译. 北京：清华大学出版社，2014：276.

② 丹尼斯·麦奎尔. 大众传播模式论 [M]. 祝建华，译. 上海：上海译文出版社，200：128.

播媒介的把关活动分为前后两个阶段，“一是新闻采集，这里的把关人主要有记者，因为记者是最接近信源和最倾向于信源的人。二是新闻加工，这个阶段的把关人主要是编辑，由编辑对那些流入的新闻内容进行挑选、修改或剔除。”[①] 卢因、怀特和巴斯的观点有这样一个共通之处：传统媒介以及下属的记者、编辑由于代表着一定的经济、政治和社会利益，在传播信息时必然以所代表的利益为导向，通过新闻运转过程中的采访、写作、修改、删节、合并等环节，向受众传送经过筛选和过滤的内容。在把关人的作用下，很多信息由于不符合某些规则，或者损害了某些集团和组织的利益，早早就被过滤掉了，根本没有机会和受众见面。从某种意义上说，传统媒体的“把关人”更像是社会制度所规定的舆论导向的忠诚卫士，在特定的历史阶段，具有维护稳定和统一思想的作用。但与此同时，也在一定程度上阻碍了人们行使自由发表言论的权利。

议程设置理论。20 世纪 50 年代，美国政治学家伯纳德·科恩（Bernard Cohen）在《新闻媒介与外交政策》一书中提出：“在多数时间，报界在告诉人们该怎么想时可能并不成功；但它在告诉它的读者想什么时，却是惊人的成功”。[②] 这段话表明：大众媒介除了具有“告诉人们怎样想”的直接效果外，还有“告诉人们想什么”的间接效果，而且相比之下，后一种效果是更加重要的。1972 年，马克斯韦尔·麦库姆斯（Maxwell McCombs）和唐纳德·肖（Donald Shaw）分析了总统选举时金贝尔市媒介议题的排序和当时该市舆论议题的排序，发现二者的相关性极高。议程设置理论认为：“人们对当前重要问题的判断，与大众传媒反复报道和强调的问题之间，存在着一种高度对应的关系；传媒强调得越多的问题，公众所给予的重视度就越高；大众传播具有一种设定社会公共事务议事日程的功能，传媒的新闻报道和信息传达活动，赋予了各种议题不同程度的显著性，以此影响着人们对周遭事件及其重要性的判断。”[③] 该理论的提出和成立是在传统媒体环境的基础上的，需要具备两个条件：一是信息的发布和传播，集中于少数专业的大众传媒组织，这些组织有强大的控制力，在

① 丹尼斯·麦奎尔．大众传播模式论 [M]. 祝建华，译．上海：上海译文出版社，2008：138–139.

② 伯纳德·科恩．新闻媒介与外交政策 [M]. 纽约：普林斯顿大学出版社，1963：13.

③ 马克斯韦尔·麦库姆斯．议程设置——大众媒介与舆论 [M]. 郭镇之，译．北京：北京大学出版社，2008：18.

传播关系中占据主导地位，可以有意识地对议题进行取舍、排序、在强度上进行安排等；二是受众处于被动地位，缺乏同时接触多个媒介的有效渠道，自主性发挥的空间小，仅能够从经常接触的媒体所提供的信息中选择。

“沉默的螺旋”理论。“沉默的螺旋”理论是德国社会学家伊丽莎白·诺尔·诺伊曼（John von Neumann）于 1974 年在《传播学刊》中提出的概念。该理论认为，大众传播媒介在影响公众意见方面，具有强大的力量。通过对某一事件、某一议题的大量、一致的报道，会引起持相反意见的另外一部分人的沉默。“大多数个人会力图避免由于单独持有某些态度和信念而产生的孤立。所以，人们在表达自己想法和观点的时候，如果看到自己赞同的观点且受到广泛欢迎，就会积极参与进来，使得这类观点越发大胆地发表和扩散；如果发觉某一观点无人或很少有人理会（有时会有群起而攻之的遭遇），即使自己赞同它，也会保持沉默。意见一方的沉默造成另一方意见的增势，如此循环往复，便形成一方的声音越来越强大，另一方越来越沉默下去的螺旋发展过程。”[①] 从诺伊曼的话语可以看出，这一理论由三个基本观点构成：第一，个人意见的表明是一个社会心理过程，当个人发现自己属于“多数”或“优势”意见时，他们便倾向于大胆表明自己的观点；当发现自己属于“少数”或“劣势”意见时，便可能会屈服于环境压力而转向“沉默”或附和。第二，意见的表明和“沉默”的扩散是一个螺旋式的社会传播过程，一方的沉默造成另一方意见的增势，使“优势”意见显得更为强大，这种强大反过来又迫使更多的持不同意见者转向沉默。第三，舆论的形成不是社会公众“理性讨论”的结果，而是“意见环境”的压力作用于人们惧怕孤立的心理，强制人们对“优势”意见采取趋同行动这一非合理过程的产物。

“蝴蝶效应”理论。“蝴蝶效应”作为一种混沌现象，是指在一个动力系统中初始条件下的微小变化能带动整个系统出现长期的巨大的连锁反应。该效应来源于 1963 年美国气象学家爱德华·诺顿·罗伦兹（Edward Norton Lorenz）的一次科学计算，他先对初始数据为 0.506127 的数值进行了气象计算，接着对小数点后第四位进行了四舍五入，以 0.506 输入进行计算，结果发现前后计算

① 伊丽莎白·诺艾尔·诺依曼 . 民意——沉默螺旋的发现之旅 [M]. 翁秀琪，等，译 . 台北：台湾远流出版公司，1994：137-138.

相差很大，天气变化与上一次模式迅速偏离，两条曲线相似性完全消失。他由此认为，在大气运动的初始状态中，即使各种偏差和不确定性很小，也有可能在过程中将结果积累起来，经过逐级放大，形成巨大的大气运动。在以后的演讲中，罗伦兹使用了更加诗意的表述："一个蝴蝶在巴西轻拍翅膀，可以导致一个月后得克萨斯州的一场龙卷风。"① "蝴蝶效应"理论提出后，被广泛应用于信息传播、政府管理等多个领域。它表明：一条看似不经意的微小信息，如果不及时加以引导、调节，或施用于不同的引导方式，会产生难以预料的轰动效应。

七、公共治理理论

传统的行政学理论认为，社会是由一群追求自己利益最大化的"经济人"组成，这些人具有相当强的收集信息和理性计算能力。在缺乏强制惩罚的手段时，他们可能产生机会主义行为，并造成公共利益的损害。为了克服"经济人"性质带来的弊端，就需要一个代表社会整体利益的政府来对公共事务进行管理。因而，政府的性质被假定为利他的，属于"道德人"。然而，随着社会生产的发展，政府管理的范围不断扩大，行政权力也迅速扩张。在社会管理的过程中，社会成员"经济人"、政府"道德人"的假定也受到了越来越多的质疑。因为现实生活中诸多社会组织和个人也具有相当高的责任心和道德感，而政府在公共资源分配和公共服务供给过程中也存在种种问题，如寻租、腐败现象，公共政策的制定失误或执行效率低，公共服务供给成本高、效率低等。特别是在西方的福利国家，政府被视为"超级保姆"，出现了职能扩张、机构臃肿、服务低劣、效率低下诸多问题。

为了解决此类问题，20 世纪末在西方国家普遍兴起了一场旨在推行绩效管理、强调顾客至上与服务意识、在政府管理中引进竞争与市场机制的政府改革运动，也就是所谓的"新公共管理运动"。胡德（Christopher Hood）认为："新公共管理"由七个要点构成：一是公共部门实行职业化管理。这意味着让管理者来管理，理由是"负责的前提是明确分配行为职责"；二是明确的绩效标准

① 维基百科．蝴蝶效应 [EB/OL]. http://zh.wikipedia.org/wiki/%E8%9D%B4%.8%9D%B6%E6%95%88%E5%BA%94.

和绩效测量。因为“承担责任需要明确描述目标，提高效率需要紧紧盯住目标”；三是对产出控制的格外重视。要根据所测量的绩效在各个领域分配资源,因为“需要重视的是结果而非过程”；四是公共部门单位分散化，将一些大的实体分解为“围绕着产品组成的法人单位”；五是公共部门更趋竞争性，实行“转向任期合同和公开招标程序，把竞争作为降低成本和提高标准的关键”；六是对私营部门管理方式的重视，“需要在公共部门应用私营部门‘行之有效’的管理工具”；七是强调资源利用的纪律性，要“控制公共部门的资源需求”。[①]

在新公共管理运动的基础上，出现了公共治理理论。公共治理理论既重视发挥政府的功能，又强调与社会组织、社会成员相互合作、共同管理。此理论的主要创始人之一詹姆斯·N. 罗西瑙（James N.Rosenau）将公共治理定义为一系列活动领域里的管理机制，细分了治理的不同形态：一是作为最小国家管理活动的治理，它指的是国家削减公共开支，以最小的成本取得最大的效益；二是作为公司管理的治理，它指的是指导、控制和监督企业运行的组织体制；三是作为新公共管理的治理，它指的是将市场的激励机制和私人部门的管理手段列入政府的公共服务；四是作为善治的治理，它指的是强调效率、法治、责任的公共服务体系；五是作为社会——控制体系的治理，它指的是政府与民间、公共部门与私人部门之间的合作互动；六是作为自组织网络的治理，它指的是建立在信任与互利基础上的社会协调网络。俞可平认为：“治理的目的是在各种不同的制度关系中运用权力去引导、控制和规范公民的各种活动，以最大限度地增进公共利益。所以，治理是一种公共管理活动和公共管理过程，它包括必要的公共权威、管理规则、治理机制和治理方式。”[②]

在关于治理的各种定义中，全球治理委员会的观点具有很强的代表性和权威性。它在《我们的全球伙伴关系》的研究报告中作出了如下界定：“治理是各种公共的或私人的个人和机构管理其共同事务的诸多方式的总和。它是使相互冲突的或不同的利益得以调和并且采取联合行动的持续过程。这既包括有权迫使人们服从的正式制度和规则，也包括各种人们同意或以为符合其利益的非

① Christopher Hood.The New Public Management[J].Public Administration，1991，69：3–4.

② 俞可平 . 治理与善治 [M]. 北京：社会科学文献出版社，2000：181.

正式的制度安排。”[①] 治理有四个基本特征：治理不是一整套规则，也不是一种活动，而是一个过程；治理过程的基础不是控制，而是协调；治理既涉及公共部门，也包括私人部门；治理不是一种正式的制度，而是持续的互动。

第三节　研究对象

研究对象是确定一门学科的客观前提，是区分不同学科的主要标志。研究对象的界定往往决定着学科的研究内容、范围、性质、学科体系等，对于学科发展和相关问题的研究具有基础性意义。任何一门学科之所以能够相对独立存在，首要条件是必须有自己的排他性的研究对象。

国外学者对社会学研究对象的认识，总体上分为两大类。一类侧重以社会及社会现象为研究对象，以奥古斯特·孔德（Isidore Marie Auguste François Xavier Comte）、赫伯特·斯宾塞（Herbert Spencer）、埃米尔·迪尔凯姆（Émile Durkheim）等人为代表，并形成社会学中的实证主义路线。另一类侧重以个人及其社会行动为研究对象，主要以韦伯等人为代表，并形成了社会学中反实证主义路线。在 20 世纪 80 年代初重新恢复中国社会学研究时，费孝通先生认为社会学是从变动着的社会系统的整体出发，通过人们的社会关系和社会行为来研究社会的结构、功能、发生、发展规律的一门综合性社会科学；到 90 年代，郑杭生主编的《社会学概论新修》又提出：“社会学是关于社会良性运行和协调发展的条件和机制的综合性具体社会科学。”[②] 所有这些观点虽然在出发点上有差异，但一般都遵循了两个基本的原则：一是个人是社会的存在物，社会是人们交互作用的产物，是个人借以生产的社会关系的总和，个体研究应与社会整体研究相统一；二是社会学对社会运行状态的把握、对社会规律的揭示、对社会互动、社会心理的认识等等，是从社会实存的各种现象、行为的分析和实验的总结中得出的。正如大量的社会实验和社会调查一样，其科学性源于已有的历史事实和现实社会的实践。

与社会学的研究对象相类似，关于网络社会学研究对象的认识也众说纷纭。

① Commission on Global Governance.Our Global Neighbourhood：The Report of The Commission on Global Governancel[M].Oxford：Oxford University Press，1995：212.

② 郑杭生 . 社会学概论新修 [M]. 北京：中国人民大学出版社，2013：4.

一类学者强调从宏观出发展开研究。如，黄少华认为：“网络社会学基本议题包括网络空间的社会结构和社会行为、网络空间的社会问题，以及网络生活世界与现实生活世界的交互影响三个维度。”[①] 戚攻认为：“网络社会学研究的内容应该包括网络社会与现实社会的联系和差异；网络社会对现实社会重塑与再造的条件和其自身运行机理；人与网络及网络与人的关系；人在两种互动环境中的关系与作用。”[②] 一类学者主张从微观出发。如，邓伟志认为是“网民的特征和心理、网站的类别和作用、网络的生存和现实意义等。”[③] 冯鹏志认为:“网络行动不仅构成了一切网络社会现象和网络社会过程的基础，也构成了把网络与网络社会同整个人类社会系统联系起来的纽带，社会学对网络的研究无疑应当从对网络行动的分析开始。”[④] 还有一类学者主张宏观和微观的议题并行研究。如，郭玉锦和王欢认为：“网络社会学研究网络社会行为及社会行为体系。”[⑤] 何明升认为：“网络社会学以网民行为和网络社会运行规律为学术旨趣。”[⑥]

我们认为，网民是网络社会的存在物，网络社会又是网民交互作用的产物，网络社会学的研究对象不应把个人研究和社会研究相对立，而应当把二者有机统一起来。因此，网络社会学的研究对象应当包括但又不限于以下内容。

一是关于网络社会的本体研究。分析互联网对人类的生产、生活、消费方式的全方位再构，提炼网络社会的概念和具体特征，厘清网络社会和现实社会的逻辑关系。

二是关于网民及网络个体行为的研究。包括网民的结构、个体的网络社会化以及个体网络行为的样态，如网络交往行为、网络购物行为、网络游戏行为、网络直播行为等。

三是关于网络社会中的群体及行为的研究。包括正式群体——网络社群，如知识传播型社群、消费购物型社群、游戏爱好型社群、饭圈粉丝型社群、公益服务型社群。也包括非正式群体——网络集群，可以从网络集群行为的概念、

---

① 邓伟志 . 关于建立中国网络社会学的问题 [J]. 江海学刊，2001（4）.

② 戚攻 . 网络社会——社会学研究的新课题 [J]. 探索，2000（3）.

③ 黄少华 . 网络社会学的基本议题 [J]. 兰州大学学报，2005（4）.

④ 冯鹏志 . 网络行动的规定与特征——网络社会学的分析起点 [J]. 学术界，2001（2）.

⑤ 郭玉锦，王欢 . 网络社会学 [M]. 北京：中国人民大学出版社，2005：34.

⑥ 何明升 . 网络社会学导论 [M]. 北京：北京大学出版社，2020：60.

过程、原因、应对几方面展开。

四是关于网络文化的研究。主要研究网络社会中的新生文化样态，如网络流行语、弹幕文化、网络小说、网络剧和网络社会思潮。

五是关于网络社会中新生风险、道德失范现象以及社会治理的研究。其中新生社会风险包括智能失控风险、数据黑洞风险、“信息茧房”风险、群体失业风险、“透明人”风险，网络道德失范包括网络恶搞、人肉搜索、网络谣言、网络暴力等类型，网络社会治理包括治理任务、原则、主体和路径。

网络社会学要成为独立的分支学科，就必须有自己独特的研究对象，这个对象也必须通过相应的网络社会事实加以呈现。对这些网络社会事实进行专门的个别研究，构成了网络社会学鲜活涌动的研究主题和学科知识。

第四节 研究方法

研究方法是指在研究中发现新事物、提出新观点，揭示事物内在规律的工具和手段。美国科学史学家托马斯·库恩（Thomas Kuhn）在《科学革命的结构》中认为：“研究范式是指在一定时期内，科学界共同认同的科学成果为科学研究者们提供了系统的准则。”[①] 包括该领域公认的共同信念、学科的理论体系以及科学研究的框架结构等。吉登斯在《资本主义与现代社会理论》中考察了与现代资本主义密切相关的三大古典理论家——马克思、迪尔凯姆、韦伯，并认为他们分别阐述了现代性的三个重要维度——资本主义、工业主义和理性化。此后，越来越多的社会学家认同马克思、迪尔凯姆、韦伯是现代社会学的奠基者，并形成三个具有号召力的社会学传统范式：以迪尔凯姆为代表的实证主义，以韦伯为代表的解释主义和以马克思为代表的批判主义。

随着社会学的发展，孔德和迪尔凯姆开创的实证主义成为社会学具有标志性意义的范式。20世纪后半叶，统计分析技术的发展更加确立了实证主义方法的主流地位。围绕实证主义的社会学研究方法主要有四种：一是社会调查。即通过调查搜集资料来考察社会现象的科学活动。调查可分为普查、抽样调查和典型调查，其中抽样调查是社会学研究中运用较广泛的调查方法。二是实验法。

① 托马斯·库恩.科学革命的结构[M].金吾伦，胡新和，译.北京：北京大学出版社，2003：42.

即通过人为地控制环境、情景和影响因素，然后操纵原因变量，考察变量之间的因果关系。在社会研究中，实验法主要应用于社会心理学研究和小群体研究。三是个案研究。是对少量社会单位如个人、团体、社区等进行长期、深入的考察，了解其详细状况和发展过程。它包括对个人、群体的生活史或发展史的考察，对行为动机和社会文化背景的理解以及对社会单位与整个社会环境之间的复杂联系的分析。个案研究常与长期的参与观察相结合。四是文献研究。也就是利用第二手资料考察历史事件和社会现象的研究方式。它包括历史文献的考据，社会历史发展过程的比较，统计文献的整理与分析，理论文献的阐释，以及对文字资料中的信息内容进行数量化分析等等，常用于理论研究和社会变迁研究。

网络社会学既是传统社会学的延续，又是一种新态社会学。网络社会学的范式与方法既是经典社会学研究范式与方法的延伸，更是对经典社会学研究范式与方法的创新。随着网络技术的发展，技术逻辑与社会逻辑在互动中螺旋上升，网络技术社会化与社会生活网络化成为当代社会的新样态，本节将按照学术界的研究脉络呈现网络社会学研究范式的转变。

一、网络社会调查

网络社会调查主要包含三类：一是以互联网为手段进行的调查与统计，如通过实时聊天传送邮件、挂设问卷等；二是测量互联网使用情况，如网民的上网目的、使用网络的基本情况、行为、态度等及其社会影响；三是针对网络社会的各个层次的研究，如网民行为、社群结构、网络文化等。这三类调查虽研究目的不同，但都遵循了相同的社会调查研究过程，即：确定课题，探索性研究，建立假设，确立概念和测量方法，设计问卷，试调查，调查实施，校核与登录，统计分析与检验假设。一般而言，数据的统计分析及假设检验通常使用 SPSS、Stata 和 SAS 等软件进行。

二、网络数据挖掘

随着计算机的大量应用，各种数据以数字、图形、文字、表格、声音、视频等形式广泛存在。要从海量数据中寻找有用的资料，并发现其内在的联系，使用传统的数据分析工具和处理技术已无法实现，为了解决数据爆炸和知识贫乏之间的矛盾，就需要开发新的方法。20 世纪 90 年代，美国的一些应用者和学者提出了“数据挖掘”方法，就是从大量的、不完全的、有噪声的、模糊的、随机的实际应用数据中，获取有效的、新颖的、潜在有用的、最终可理解的模式的过程。

数据挖掘的步骤如下：一是确立目标样本，即由用户选择目标文本，作为提取信息特征的依据；二是提取特征信息，即根据目标样本的词频分布，从统计词典中提取出挖掘目标的特征向量并计算出相应的权值；三是网络信息获取，即先利用搜索引擎站点选择待采集站点，再利用 Robot 程序采集静态 Web 页面，最后获取被访问站点网络数据库中的动态信息，生成 WWW 资源索引库；四是信息特征匹配，即提取索引库中的源信息的特征向量，并与目标样本的特征向量进行匹配，将符合阈值条件的信息返回给用户。现今，应用广泛的数据挖掘包括：Web 内容挖掘、Web 结构挖掘和 Web 使用记录挖掘。①

三、虚拟仿真方法

虚拟仿真就是使用计算机技术为用户创造一个实时反映实体对象变化与相互作用的三维虚拟世界，同时通过头盔显示器、数据手套等辅助传感设备，提供用户一个观测并且能与该虚拟世界交互的三维界面，使用户可直接参与并探索仿真对象在所处环境中的作用与变化，产生沉浸感。被仿真的虚拟世界可以是现实世界的再现，亦可以是构想中的世界。使用该技术开展社会学研究，可以虚拟仿真社会生活中的家暴、禁毒、医务、司法等场景，避免现实场景所产生的敏感、异常所带来的危险以及需要善后的相关工作，还具有难以比拟的成本优势。

综上，网络社会学是运用相关理论和方法，以网络社会本体以及网络社会中的个体、群体行为为研究对象，目的在于揭示其运行规律，促进网络社会良性发展的学科。

① Raymond Kosala， Hendrik Blockeel.Web Mining Research[J]. ACM SIGKDD Explorations Newsletter，2000（02）：1-15.

第一章　网络社会概述

社会是人类生活的共同体，在本质上是生产关系的总和，是以共同的物质生产活动为基础而互相联系的有机整体。互联网的出现是人类历史上一次重大技术飞跃，全面重构了人类的经济、政治、观念和生活方式，生成了一种全新的人类社会组织和生存模式，形成了一种与以往人类社会全然不同的社会形态——网络社会。

第一节　网络社会的生成

互联网是网络与网络之间串联而成的庞大系统，由交换机、路由器等网络设备、各种不同的连接链路、服务器和种类繁多的计算机、终端等硬件设施所组成，这些设施通过全球性的唯一地址以一组通用协议链接在一起，可以将信息瞬间发送到千里之外。互联网的出现，大大加快了信息的传递速度，使得社会各种资源得以共享，已经成为社会和经济发展的重要推动力和生产要素，正在改变着人们的生产方式、生活方式和社会结构，而且还正以难以估计的速度和难以估量的深度继续推进着。“互联网络正在造就有史以来最为奇特的人文景观，信息共享正在把地球变成一个小小的村落”①，“在这个电子世界里，正在进行着有史以来规模最大的文明集结和一种全然不同于以往任何方式的交流与融合。”②

一、互联网重构了人类的生产方式

生产方式是指社会生活所必需的物质资料的获得方式，是一切重要历史事

① 胡泳，范海燕 . 网络为王 [M]. 海口：海南出版社，1997：26.

② 郭良 . 网络创世纪——从阿帕网到互联网 [M]. 北京：中国人民大学出版社，1998：205.

件的终极原因。18 世纪中叶以来，人类先后经历了三次产业革命，它们分别以蒸汽机、电与内燃机、信息技术的出现为标志。在信息技术时代，信息成为生产力增长的主要来源，信息的创造、采集、处理、使用水平决定着生产力发展的程度。互联网使得信息的生产和传递速度空前加快，信息的及时性和有效性大大增强，实现了对人类生产方式的颠覆性变革，重构了人类的生产形态。

互联网变革了产业形态。伴随着互联网的普及，每个行业都终将被互联网重构和改变，导致社会生产的新业务、新模式、新业态不断涌现。“互联网 +”意即“互联网 + 各个传统行业”，就是利用信息通信技术以及互联网平台，让互联网与传统行业进行深度融合，创造新的发展生态。当前大众耳熟能详的电子商务、互联网金融、在线旅游、在线影视、在线房产等行业都是“互联网 +”的杰作，都是互联网与传统行业融合的产物。以电子商务为例，它克服了生产者和消费者之间的时空障碍，减少了商品流通的中间环节和渠道，一经问世就深受消费者的欢迎。2018 年，中国电子商务市场的交易规模达到了 28.4 万亿元之巨，为电子商务服务的物流行业员工就有三百万人。[①] 随着生产智能化的应用，一些拥有人类智能的机器正在替代人从事繁重、单调或者肮脏、有害、有毒等危险环境中的工作，并且逐步取代更多的人类劳动，导致产业的变革。现在，人工智能已经进入一些曾经被认为是专属于人类的行业，比如新闻报道、语言翻译、审案断案、诊断疾病、写诗绘画等。

互联网变革了生产的过程。在传统工业社会里，大媒体发布什么，消费者就看什么；大工厂生产什么，民众就买什么。而在互联网时代，生产者和消费者已经开始融合，普通民众也被赋予了参与生产制作的职能，消费者可以很容易转变为设计者，成为整个生产体系的一部分。小米手机在问世之前，设计师把自己的想法放在了网络上，不厌其烦地询问消费者想要一款怎样的手机，希望自己的手机拥有怎样的配置，最渴望智能终端上哪一款应用。很快，关于小米手机的畅想汇聚成了一个拥有 1.8 亿帖子的专门论坛，被称为“米粉”的“发烧友”就多达 60 万人。这些发烧友既是小米手机的设计者，也很快成为小米手机的消费者和市场扩张的推动者。近年来，随着“移动互联”“大数据”“云计算”“物

---

① 中国互联网经济研究院 . 后浪更磅礴：中国电子商务发展二十年 [EB/OL].https://baijiahao.baidu.com/s?id=1636201786015228191&wfr=spider&for=pc.

联网”“智慧城市”等为代表的新一代互联网技术的出现，德国政府率先提出了“工业4.0”概念，也就是提出了“以智能制造为主导的第四次工业革命时代”。“工业4.0”的目标是建立一个高度灵活的个性化和数字化的产品与服务的生产模式，主要分为两大主题，一是“智能工厂”，即智能化生产系统及过程以及网络化分布式生产设施的实现；二是“智能生产”，主要涉及企业的生产和物流管理、人机互动以及3D技术在工业生产过程中的应用。在这种模式中，制造业将从集中生产、统一生产、模块化生产向智能化、分散化、个性化转型。

互联网改变了生产要素的结构。生产要素指进行生产经营活动时所需要的各种社会资源，工业时代主要包括劳动力、土地、资本、企业家四种。随着科技的发展和知识产权制度的建立，技术、信息也相继作为独立要素投入了生产领域。不断发展的互联网对生产要素的配置起着优化和集成作用，也使得创造力成为信息、技术要素的核心，在生产过程中发挥的主导作用日益凸显。“当世界是平的时候，世界就只有高创想型和低创想型两种国家。因此，区分世界的关键已经不再是发达国家和发展中国家，而是哪个国家能够促进更多的创新火花。”[①] 著名风险投资家、领英网联合创始人里德·霍夫曼（Reid Hoffman）说过：“在硅谷，我们崇尚创造力。你需要关心的事情只是，能做什么、能创造什么以及在这方面有多擅长。如果你擅长某样东西，就会有人想要了解你，然后和你一起工作。”[②]

互联网凸显了个人智慧的重要性。在互联网的世界里，个人智慧与巨量资本有同等甚至更高的地位，智慧的火花可以创造出不可思议的价值。1971年，软件工程师汤姆雷森试图通过网络与朋友聊天，催生了世界上第一封电子邮件；1991年，剑桥大学的一些学生想要随时了解楼下的咖啡壶里是否还有咖啡，于是出现了世界上第一个网络摄像头；1995年，热恋中的皮埃尔·奥米迪亚（Pierre Omidyar），为了帮助女友实现搜集糖果盒的愿望，设计出了世界上第一家拍卖网站——易贝；与传统的dos命令操控的浏览器不同，网景公司推出了鼠标操控的浏览器，在短短4个月内便出现在600万台连接互联网的电脑上，市场份额从0%暴增到75%。

① 中央电视台. 互联网时代 [EB/OL]. https://jingji.cntv.cn/special/internetage/01/.

② 中央电视台. 互联网时代 [EB/OL]. https://jingji.cntv.cn/special/internetage/01/.

二、互联网重构了人类的生活方式

生活方式是一个内容广泛的概念，包括人们的衣、食、住、行、劳动工作、休息娱乐、待人接物等诸多方面，可以理解为一定历史时期内社会成员的生活模式。在历史唯物主义的视野中，作为先进生产力水平体现的互联网，不仅规定着社会生活的本质特征，而且对某一时代生活方式的特定形式发生直接影响。

互联网缩短了时空的距离，方便了人们的沟通。“烽火连三月，家书抵万金”是家喻户晓的诗句，它形象说明了因联络的困难而使得亲人之间的通信更加弥足珍贵。网络使世界的距离变得越来越小，哪怕远隔重洋，但只要是在互联网覆盖的地方，轻轻触动键盘就可以了解亲人的最新信息，对亲人嘘寒问暖。今天的中国有 10 亿微信用户、6.5 亿 QQ 用户，这些惊人数字说明了人与人之间的沟通更加方便，人与人之间的联系更为密切。

互联网改变了知识承载的方式，它现在两天存储的信息就相当于从人类文明出现到 2003 年所有的信息总和，美国国会图书馆的所有馆藏还不到现在人类一天所产生数据量的万分之一。互联网还能够提供电子健康档案、医疗信息查询、疾病风险评估、在线疾病咨询、电子处方、远程会诊及治疗等多种服务，有效保障了人类的健康。近年来，随着电信网、计算机网和有线电视网的三网融合，互联网在为用户提供高清晰的电视、数字音频节目、高速数据接入服务的同时，也搭建了可视化办公的信息服务平台。

互联网扩展了教育的途径。2004 年，沙尔曼 · 可汗（Sal Khan）将自己制作的一个教学视频放在了 YouTube 网站上，没想到一下子拥有了数十万观众。后来他辞职成立了可汗学院，把视频教育当成自己未来的事业，在三年的时间里拥有了一亿网络用户。2012 年，斯坦福大学的吴恩达（Andrew Ng）和达芙妮·科勒（Daphne Koller）教授创建了名为“Coursera”的在线教育平台，旨在同世界顶尖大学合作在线提供免费的网络公开课程。麻省理工学院、哈佛大学和清华大学等 100 多家世界知名高校在此开设了优质的视频课堂，使得普通人也能便捷地接受世界一流的高等教育。可见，互联网成了文化传承的崭新平台，人们可以通过网络搜寻到自己需要的知识，可以通过慕课、微课、翻转课堂等方式进行在线教育，使自己获得充实提高乃至取得相应的学历、学位。

互联网是世界上最大的商品集散平台，顾客能够在线订购车票、机票，能够购买、享受价廉味美的食品，能够根据自己的消费偏好获取自己想看的电影。换言之，在互联网上你能够购买自己所需要的任何商品，足不出户就可以解决生活中的诸多难题。阿里巴巴集团仅在 2019 年 11 月 11 日一天，就实现了 2684 亿元人民币的全天交易额，[①] 创下了全球商务平台单日交易记录的历史新高，也实惠、便捷、高效地满足了众多消费者的购物需求。

三、互联网改变了社会成员的交往方式

交往对于社会的建构有着重要意义，互联网为网民的交往活动提供了宽广的平台，使得网民的交往方式、交往权利、交往意识、交往原则与传统交往有了显著区别。

互联网提供了交往实践全球化的共在场域，电子邮箱、即时通信软件等平台提供了新型的网络交往工具，人们可以摆脱物理时空的限制自由交往。网络的世界里没有中心、没有阶层、没有等级关系，每个人都可以平等地发言，与现实社会中的人际交往相比，网络交往保障了所有网民的话语权，在人类历史上第一次将个人从中心到边缘的组织模式中解放出来，成为人际关系的平等一员；网络信息的全球交流与共享，使不同的思想观念、价值取向、宗教信仰、风俗习惯和生活方式在网络空间的并存、冲突与融合成为可能。这种文化的多元和多歧既给网民提供了多元的选择，也容易产生偏离社会正常交往规范的观念；网络交往是以间接联系为主，以符号为表现形式，隐去了现实社会中的姓名、性别、年龄、工作单位等身份特征，交往行为也因此呈现出虚饰、匿名、奔放等新的特征。每个人既可以隐匿自己在现实世界中的部分甚至全部身份，还可以选择一个甚至多个公众性的交往社区，同时扮演不同的角色，同时展开若干不同的人际交往；传统社会的人际交往有着明确的原则，“人的社会生活之所以可能，是因为个体按照某些规制行事，随着智力和知识的增长，这些规制从无意识的习惯逐渐发展成为清楚明确的表述，同时又发展成更为抽象的且更为

① 凤凰网 . 2684 亿元 2019 天猫双十一全天总成交额出炉 [EB/OL]. https://tech.ifeng.com/c/7rWdR 39rURs.

一般性的陈述。”[①] 而网络社会的交往规制尚未成熟，还处在从无意识的习惯发展成为清楚明确表述的过渡期。

四、互联网改变了社会组织的运行方式

人类自出现以来就以群居方式生存，成员的生活方式相比较其他物种更依赖群体和组织。组织是人们为了执行一定的社会职能、完成一定的社会目标而编制起来的具有明确规制的社会集团，社会成员得以在其中工作、交往，是构成社会的基本单元。网络时代的社会组织与传统组织有四点区别：一是工业时代的社会组织与机器化大生产相适应，组织结构呈现出科层制的权力矩阵关系。组织成员所处的层级位置越高，个人的权力越集中；所处的层级位置越低，个人的被支配、服从特征越明显。这种制度化的支配关系是社会成员加入组织必须付出的代价，社会成员也正是用这种代价换取组织支付给他的利益和报酬。“组织就是一种社会关系，是一种对外界封闭或限制的社会关系，它的规则受特定的领导者或领导群体所掌控。”[②] 网络社会中的组织结构是基于信息网络的扁平关系，由地位平等的“节点”依靠共同目标或兴趣自发聚合起来的，网络组织中只有独立的“节点”而不存在必然的上级和下属，组织中平面结构的伸展和等级结构的消解导致了组织内部和组织间支配关系的减少，增加了基于共同目标和平等交流的合作关系。二是传统的社会组织具有明确的界线规定，成员加入或退出都要经过严格的程序，履行一定的手续。网络社会组织的形成依赖于社会成员彼此心理上的接受，加入或退出无须特别的手续，所有游离在外的节点都可以自愿加入组织，原有的成员也可以随时退出。三是传统社会组织有着明确的分工体系，每个人在社会组织中扮演什么角色、承担什么任务有着明确规定。社会组织不是在同类意识和共鸣原则的基础上形成的社会关系，而是在意识到功能上存在相互依存的强制必要性的基础上形成的社会关系。网络社会组织的分工是自发的，不存在强制性。以维基百科为例，维基百科是一个基于维基技术的全球性多语言网络百科全书，是一个动态的、可自由访问和编辑

---

① 弗里德里希·奥古斯特·冯·哈耶克. 自由秩序原理 [M]. 邓正来，译. 北京：生活·读书·新知三联书店，1998：202.

② 马克斯·韦伯. 经济与社会 [M]. 林荣远，译. 北京：商务印书馆，1997：243.

的知识体。截至 2019 年 8 月，百度百科已经收录了 1600 余万词条，参与词条编辑的网友超过 680 万人，几乎涵盖了所有已知的知识领域，[①] 并且这一浩瀚工程的实现完全是基于网民的自觉自愿而不是强制性的分工规定。四是在工业时代社会组织的运行模式中，问题的解决是沿着等级阶梯逐层上报，直至具有问题解决权力和能力的那一层级给出解决方案方终止。同时，指令信息的传导是自上而下的，传递过程中经历过多的层级，较高层级与较低层级间无法直接沟通，文本中隐含的信息往往无法得到有效解释，往往给组织的运行带来阻碍。网络技术的使用改变了信息原有的传递方式，组织内部间沟通正在由等级制下单维度的垂直沟通向多向度的水平沟通转型，从而导致了组织的运行架构发生了质的变化。

五、互联网带来了新的社会问题并催生了新的社会规范

当社会内部矛盾发展到一定程度成为一种明显普遍的社会现象时，就会产生社会问题。社会问题包括四个联结递进的要素："有一种或数种社会现象产生失调情况；这种失调影响了许多人的社会生活；引起了社会多数成员的注意；必须用社会力量才能予以解决。"[②] 现在，网络应用已经成为大多数社会成员日常生活的重要组成部分，网络空间的开放互通、匿名隐迹也使得网络社会问题不断涌现：计算机病毒是隐藏在可执行程序或数据文献中具有自我复制和传播能力的干扰性电脑程序，往往造成计算机工作不正常、死机、数据毁坏甚至计算机硬件损害等严重后果。如，"2018 年初到 9 月中旬，勒索病毒总计对超过 200 万台终端发起过攻击，攻击次数高达 1700 万余次，且整体呈上升趋势"[③]；360 安全中心监测到"全国感染过病毒木马程序的 PC 机数量为 2.47 亿台，感染恶意程序的安卓智能手机共 1.08 亿台"[④]；有组织的网络攻击和个体的网络黑客都会侵入特定的计算机系统，破译系统的密码并把其中的重要资料向外界

---

① 百度百科 [EB/OL]. https://baike.baidu.com/item/ 百度百科 /85895?fr=aladdin.

② 郑杭生 . 社会学概论新修 [M]. 北京：中国人民大学出版社，2013：388-389.

③ 人民网 . 国内勒索病毒持续高发　今年来超 200 万台终端被攻击 [EB/OL].http://it.people.com.cn/n1/2018/0922/c1009-30309119.html.

④ 腾讯科技 . 第 39 次 CNNIC 报告 [EB/OL].http://tech.huanqiu.com/news/2017-01/10001375.html?t=1486444345938.

传播或占为己有、为己所用。恐怖主义、分裂主义、极端主义等势力利用网络空间的便利煽动、策划、组织和实施暴力恐怖活动，直接威胁人民生命财产安全、社会秩序；网络盗窃、网络诈骗、网络洗钱等新型犯罪活动都严重伤害了社会有机体的正常运行；在互联网上发布攻击性、煽动性和侮辱性失实言论的网络暴力行为，侵害了当事人的人身权利，也触犯了社会道德底线；相当数量的青少年沉迷在网络游戏和网络互动中，严重影响了个体社会化的进程。

网络规范是网络社会运行中的基本要素，既是人们网络行动秩序的象征和意义的传达者，也是网络文化价值的载体。如果说网络技术、网络行动者的网络资源在网络社会运动中更多地扮演一种推动者的角色，那么网络规范则是更多地以一种约束者的面目出现，通过各种途径和方式引导、协调和控制人们的网络行动来实现约束作用。自我国接入国际互联网以来，已经先后颁布实施了《中国互联网络域名管理办法》《网络交易管理办法》《互联网用户账号名称管理规定》《关于网络游戏发展和管理的若干意见》《网络出版服务管理规定》《网络安全法》等几十部法律法规。

综上，根植于信息技术的网络，就像工业革命时期的能源一样重要，已成为现代社会的普遍技术范式，重组社会的方方面面。在人类历史上，每一次关键技术的突破与普及都会导致社会结构的转型与重构，而互联网正是这种具有突破性意义的新技术。在某种意义上甚至可以说，互联网对社会结构的革命性影响，将比历史上任何一次技术革命都远为深刻。现在，网络技术将世界上各个国家、各个地区的人连成了一个整体，形成了一种人机互动、虚实相生的特殊物质形态和社会组织形式，出现了一种崭新的社会形态，人们把它形象地称之为“网络社会”。

第二节　网络社会特征

社会不是单个个人的堆积或简单相加，它是人们的联系或关系，是人们相互交往的产物，是以共同的物质生产活动为基础的全部社会关系的总和。互联网在连接计算机的同时，也连接了使用计算机的人，而一旦通过计算机将使用计算机的人连接起来，计算机网络就变成了社会网络。在这种社会网络中，社会成员的交往活动较以往发生了根本性的变化。

一、空间延展

在传统物理学和哲学观念中，空间呈现相对静止的状态，交往行为的发生局限于特定的范围。当互联网作为一种全新的或特别的媒介进入社会后，让我们的确感受到了它所具有的一种一统天下的气魄，互联网的时空尺度迅速取代了一切传统传播媒介的时空尺度。这是信息传播媒介领域中出现的一个真正意义上的颠覆性事件。中国古时有“秀才不出门，便知天下事”的这种充满自信的说法，其实在那个传统的信息传播媒介统治下的时空尺度中，这只能是一个美好而浪漫的愿望。这种浪漫的愿望只是在互联网时代的时空尺度下，才有了转变成为一种现实的可能。这对每个普通人来讲，都不再是一个洞穴假象。在互联网的时空尺度中，我们看到了一个对应着的全球化的空间尺度的出现，它正在以网络互连、节点互联的平等、自由的技术方式，把全球各个地方及那里的人，统一在了一个有机的网络架构之中。在这个全球化的时空尺度中，时间被压缩了，空间也被压缩了；这种压缩仿佛把世界高度浓缩在了一个时空点上，一个全球化的时空尺度，似乎在瞬间就转变成了一个现实中的“地球村”，由此，加拿大传播学家马歇尔·麦克卢汉（Marshall McLuhan）的预见变成了现实。“地球村”的出现是一个更高意义上的人类社会生活场景的再现和复归，在这样的场景中，信息的传播和交流，实质上是以村落中的每一个成员都是一个真实存在的个体为前提，在这个现场性的环境里，信息的传播和交流是充分的、自由的、即时互动的、高度共享的。

美国学者马克·波斯特（Mark Poster）将网络出现后的世界一分为二，第一世界是现实世界，第二世界是网络世界。而网络世界的“传播和交往有着第一世界无可比拟、望尘莫及的优势。从空间上看，它无边无际、无处不及”[①]。在网络空间中，传统意义上的地域丧失了意义，事件的发生和扩散不再需要拥挤于狭小的空间，空间的概念也不再主要表现为经度加纬度的限定，任何一台接入互联网的计算机都可以自由畅通地与全世界的计算机交换信息，一切社会活动都可以在地理上获得延伸。卡斯特尔认为互联网塑造的“新沟通系统彻底转变了人类生活的基本向度，地域性解体脱离了文化、历史、地理的意义，并

① 马克·波斯特.信息方式——后结构主义与社会语境[M].范静哗，译.北京：商务印书馆，2000：157.

重新整合进功能性的网络或意象拼贴之中，导致流动空间取代了地方空间”[①]。尼葛洛庞帝也说过：“在数字化的世界里，距离的意义越来越小。”[②]网络社会空间能克服自然条件的限制，从而最大限度地将跨地域的、分散的具有共同利益、价值要求的人群联系起来，进入一个共享的空间场域。

二、时间灵动

网络技术采用的是交互式的结构设计，与传统的科层制思想相背离。这种结构设计使得网络具有无数个信息源和无数个信息接收点，各个节点之间可以平等地交互通信，任何人在任何时间、地点都可以在网络触及的地方发言，能够保证网民的自由交流与沟通。这样本来由于处于不同时间段工作、学习和生活中而切割开来的人们却可以在同一个社会场域中相遇，只要参与的焦点问题没有解决，人们可以随意决定自己参与的时间和机会，他们可以在网络社会空间中非常方便、低廉、有效的看到其他时间段中活跃人群的相关活动信息，与他们形成实际上的对话，联系和沟通交流。并且通过事实上的共同活动，通过相互激励、互相促进的循环往复，使得由于时间上的关系各自分离、分散的人群开始围绕同一个焦点逐步聚集，不断发酵。另外，在网络时间框架内，人们的动员活动主要由符号记载，只要不是人为删除，他们就始终保留，随时都有可能成为再开发的资源。

2020年1月10日，一篇名为《生态经济学集成框架的理论与实践》的论文引起网络热议。该论文发表在中文核心期刊《冰川冻土》上，从题目看文章应该是研究生态经济学集成框架的，但实际内容却大篇幅谈论自己的导师夫妇，赞美“导师崇高感和师娘优美感”[③]。面对网民的指责，《冰川冻土》编辑部于1月12日发布撤稿声明，并郑重致歉。1月26日，中国科学院西北生态环境资源研究院决定对《冰川冻土》进行停刊整顿，对相关人员免职处理。令人深思的是，这篇论文早在2013年就发表了，沉寂了6年后突然爆发，充分说明了网络行为

---

① 曼纽尔·卡斯特尔.网络社会的崛起[M].北京：社会科学文献出版社，2003：465.

② 尼古拉·尼葛洛庞帝.数字化生存[M].胡泳，范海燕，译.海口：海南出版社，1997：208.

③ 徐中民.生态经济学集成框架的理论与实践[J].冰川冻土，2013（5）.

不受时间限制的特性。

三、身份平等

身份是人类社会形成的最基本要素，对应主体的生理状况、心理状况和社会角色，交往主体有了身份及其相应的行为规则才能有效开展交往活动，社会关系、社会角色、社会组织和社会群体都是通过身份认同实现的。与此同时，交往对象也需要通过对对方身份的认定才能确定个体之间的社会关系，因为人们的相互作用是通过确定自己与之互动的他人的社会标识来完成的，也就是说有个身份识别过程，需要识别自己、识别他人、识别自己与他人的社会关系。社会定位的规则就是具体规定了具有某一特定社会身份或从属于某一特定社会范畴的人所拥有的权利和义务，有了身份及其相应的行为规则，社会成员的交往活动才能够被定位并井然有序，进而形成有机的社会结构体系。“社会成员内部普遍存在着某种情感，认为他们之间有着某种共同的身份，无论这种情感是以何种方式被表述或揭示出来的。”①

从社会意义来说，网络社会中的信息替代了农业社会的等级和工业社会的资本成为社会中的支配性的因素，网络社会空间的活动主体及主要活动形式均以共同信息编码的形式呈现。信息在网络空间中经过编码既消灭了地域、时间的区隔，也消灭了阶层、组织、财富、学历、地位等社会标识。开放的网络为普通民众的权利表达和信息获取提供了便利，任何人都可随时发表意见，因而能够突破社会身份的限制汇聚成大规模的人群。卡斯特尔认为：“网络是开放的结构，能够无限扩展，只要能够在网络中沟通，亦即只要能够分享相同的沟通符码，就能够整合入新的节点……网络的群集四周都是边缘，因此无论你由哪个方面接近，都是开放性的。事实上，网络是能够称得上具有结构的组织里最不具有结构性的组织。各种纷杂多样的成分，也只有在网络里才能维持一致性。”②

---

① 安东尼·吉登斯．社会的构成 [M]. 李康，译．北京：中国人民大学出版社，2016：156–157.

② 曼纽尔·卡斯特尔．网络社会的崛起 [M]. 夏铸九，等，译．北京：社会科学文献出版社，2001：83.

四、开放包容

在美国国家研究委员会编辑的《理解信息的未来——互联网及其他》一书强调："美国的国家信息基础结构必须建立在开放的数据网络之上，就是可以进行各种类型的信息服务，这些信息可以来自各种类型的提供者，可以给各种类型的用户使用，可以经过各种类型的网络服务机构，而且，这种连接应该是没有障碍的。"具体说来，这种开放性体现在四个方面：一是对用户开放。不强迫用户进入一个封闭的体系，或者说不强迫用户不得连接到其他系统上，而是允许广泛连接，就像电话系统一样。二是对提供服务者开放。可以为商业的或学术的需要，提供一种开放的、可以接入的环境。三是对提供网络者开放。使任何提供网络者可以成为整个互联网的一部分。四是对未来的改进开放。可以在今后增加新的服务，而不是限制在已有服务中。作为一个开放的系统，每一个局部的、单独的网络都可以根据自己的需要来进行设计，可以有自己的接口、有自己的用户环境，只是在接入互联网这一点上，遵循TCP/IP协议即可。可见，互联网就是一个开放的网络，也只有开放的网络才能称之为互联网。

第三节　网络社会与现实社会关系

网络社会和现实社会的关系问题是网络社会科学研究的基础性问题，决定了它们的理论架构和研究视角，也决定了网络社会治理的原则和路径。我们认为，网络社会是现实社会的一部分，其本质属性是现实性。

一、主体的现实性

网络社会是由信息而不是物质所组成，网络社会中的居民是散在的、弥散的，脱离了身体的同一性，只要有意愿就可以去创造许多身份或人物形象。在此背景下有些人就有失偏颇地认为，既然网络交往的身份是虚拟的，那么其扮演的社会角色、形成的社会关系也都是虚拟的，因而网络社会是虚拟的。如，"在网络社会中，主体的实践活动与客观条件发生了分离，主体在网络社会中的角色不再一定是他自己，因此网络行为不但造成主体的可能缺失，同时实践表现出巨大的虚拟性。”[①]

这种观点是难以成立的。首先，交往主体可以以虚拟身份进行交往，并不意味着网络交往的身份都是虚拟的。近三年的《中国互联网络发展状况统计报告》表明：中国网民互联网应用主要集中在即时通信、搜索引擎、网络新闻、网络音乐、网络视频、网上支付、网络游戏、网络购物、网上银行、网络文学等方面。依据常识就可知道，上述应用中诸多网络行为是以真实身份进行的；其次，即使交往主体选择以虚拟身份进行交往，也不意味着这些自制的身份可以脱离现实社会，不具备现实性。通常而言，我们把网络上的身份标识称之为网名。网名有四类：“一是户籍网名，即上网的账号；二是邮件网名，用来接收和发送邮件；三是进入某个社区或网站的账号；四是与他人互动的风格网名。”[②]前三类网名在注册时大都需要真实的身份证号码或手机号码，第四类网名初始注册时条件相对宽松一点，但也需要邮箱号或微信号，可以追踪到其在现实社会中的真实身份。否则的话，就无法对形形色色的网络违法行为进行打击；再次，网络身份的多样性来源于生产力发展带来的人的主体性提升。在网上互动过程中，一个人可以有若干网名或社会身份，网上身份与社会成员的联结和关系是通过这些身份的共同原型产生出来的，这些关系在网络世界没有显著标识，但是上网者本人和与之互动者却可以感受到，因为主体的价值观念、性格特征、行为模式是在现实社会中生成并固定的。“依据现代性的进程，可以将人的主体性发展概括地描述为三个阶段，即人的人类化阶段，人的个性化阶段，人的个体化阶段。”[③]当代社会的人正处在人的个体化阶段，社会生活日益摆脱以往的固定状态，呈现出信息化、符码化和数字化特征和更为流变、多样和未定的状态，以往集体化和组织化的社会景观正在被改造，集体性的记忆、命运、经验图式愈发趋向淡化，也使得人的主体性得以发展并多样化呈现。

社会形态主要有经济社会形态和技术社会形态两种类型。前者以生产关系性质为标准，把人类社会分为原始社会、奴隶社会、封建社会、资本主义社会

---

① 蒋广学，周航．网络社会的本质内涵及其视域下的青年社会化[J]. 中国青年研究，2013（3）.

② 郭玉锦．网络社会学（第三版）[M]. 北京：中国人民大学出版社，2017：38.

③ 郑杭生．社会学概论新修[M]. 北京：中国人民大学出版社，2013：131-132.

和社会主义社会若干阶段；后者以生产力和技术发展水平以及与之相适应的产业结构为标准，人类社会可以分为农业社会、工业社会、信息社会若干阶段。然而，生产力发展水平在同一国家的不同地区经常是参差不齐的，特别是像中国这样一个幅员辽阔、人口众多的国家，其中的一部分社会成员已经深度融合信息时代、以信息化的方式展开社会生活，但还有相当多的社会成员还没有接触到互联网或者拒绝使用互联网，他们的生活呈现出浓郁的工业文明乃至农耕文明的特征。农业社会、工业社会、网络社会等多社会样态在当今中国并存，网络社会蓬勃发展但是还处于雏形阶段，当社会成员评判这个崭新的社会形态时，往往会为其匿名、多样的社会身份、跨时空的交往联结所迷惑，得出其是虚幻、虚拟的结论。

二、时空的现实性

“现实社会的主体的存在及其活动都以时间和空间为存在标志，离开时间和空间，主体和事件也就不存在，时间和空间是现实社会一切物质存在的方式。……虚拟社会是跨时空性的社会，时间与空间被高度挤压和延伸，时间与空间‘脱域’存在。”① 这段话语描述的是现实社会和虚拟社会不同的时空特征，隐含的观点是因为时空特征不同，所以现实社会和虚拟社会是两种不同的社会形态。“所谓虚拟实践，是指人们按照一定的目的通过数字化中介系统在虚拟时空进行的主体与虚拟客体双向对象化的感性活动。传统的实践与时间、空间紧密相连，而且实践主体、中介、客体必须同时在场，实践活动才能得以展开。而虚拟实践的主客体处在虚拟空间，突破了传统实践中物理空间对人们实践活动的制约，时间和空间可以相分离，空间与场所也可以相分离。”② 这段话语的学术旨趣在于时空特征的变化产生了与传统实践相区分的虚拟实践。那么我们就产生了这样一个疑问，交往时空的“脱域”性变化是否必然会带来交往的虚拟化，带来社会关系和社会活动的虚拟化？

社会是由人们的交互活动所构成，这种交互意指人与人之间的交往是通过

① 曾令辉．网络虚拟社会的形成及其本质探究 [J]. 学校党建与思想教育，2009（10）：38–41.

② 谭仁杰．网络时代的高校思想政治教育 [M]. 武汉：武汉大学出版社，2014：140.

一方解读另一方的行为所表达的意义、而另一方也在解读对方行为的意义和解读对方是如何理解该行为的意义而采取的行动。可见，互动的实质是相互传递彼此可以理解和想象的符号，然后彼此把对方的行为作为刺激而给予回应。符号的传递需要借助一定的工具，使得交往双方联结起来并发生关系。历史上，符号传递的工具，也即“媒介技术共经历过五次革命：语言的使用，文字的创造，印刷术的发明，电报、电话、广播、电视等传统大众媒介的普及与应用，计算机技术与现代通信技术的结合。”① 语言的出现使得人类交往超越了用身体动作指号进行沟通的蒙昧状态；文字出现使得交往从形象化走向抽象化，缺场交往成为可能；印刷术的出现使得缺场交往从零散化变为规模化，越来越多的社会成员可以通过文字接收信息、交流沟通；传统的电子媒介不仅使交往脱离了身体在场，也脱离了书写在场，通过看不见摸不着的电磁波把更多的社会成员联结在一起；网络媒介则汇聚、集成并拓展了以往所有媒介的功能，为人类打开了一个前所未有的信息世界，具体变化已如前所述。回顾历史不难发现，人类交往方式的每次重大变化都体现了交往时空的重大变化，都是对时空限制的重大突破。但是，交往时空的重大变化以及不断演进的“脱域”程度并不能改变人类社会的现实属性。如相对于蒙昧的史前社会，我们不能把可以缺场交往的语言文字社会称为虚拟社会；相对于可触可感的语言文字社会，我们不能把通过电视、电话的交往社会称之为虚拟社会；相对于电视、电话交往，我们也不能把时空极度压缩、融通互联的交往社会称之为虚拟社会。

三、载体的现实性

毋庸置疑，网络社会是基于互联网形成和发展的。互联网由三个部分组成：首先，在物理层面上，网络由节点（计算机终端、集线器、交换机、路由器）和连接这些结点的链路组成，主要指数据存储、处理和传输的主机和网络通信设备。其次，在规则层面上，把计算机通过物理方式联结起来还不能称之为互联网，节点和节点之间要想有效地交换信息还要有一个共同遵守的规则。TCP/IP 协议是互联网结构体系的唯一标准，定义了终端连入互联网以及数据在它们之间传输的标准，它让每个终端都有自己专属的、独一无二的地址能够任意联

① 邵培仁. 论人类传播史上的五次革命 [J]. 中国广播电视学刊，1996（07）：5-8.

结网络并在其中运行。需要说明的是，TCP/IP 协议不是一个协议，而是一个协议族的统称，包括 IP 协议、IMCP 协议、TCP 协议以及我们熟悉的 http 协议，等等。不同类型、不同操作系统的计算机都能据此通过网络交换信息和共享资源，电脑有了这些规则就可以和其他终端进行自由交流。再次，在运转层面上，为了方便用户和提高计算机系统的总体效用，互联网的有效运行还需要各种各样的软件。“软件是一系列按照特定顺序组织的计算机数据和指令的集合，一般来讲被划分为系统软件、应用软件和介于这两者之间的中间件，包括在计算机上运行的电脑程序以及与这些程序相关的文档。”[①] 可见，互联网的硬件系统、规则系统和软件系统都是现实而非虚拟的。作为网络社会存在的基础是现实的，那么在此基础上的网络社会就不可能是虚拟的。

网络社会、虚拟社会、赛博社会、信息社会这几个术语有着共通的内涵，即信息技术革命带来了社会生产、社会生活的根本变化，在总体性上产生了新的社会关系体系，生成了新的社会形态。但它们的侧重点不同，赛博社会强调的是这种社会形态的空间特征，网络社会强调的是这种社会形态的互联网基础，信息社会强调的是其核心要素是信息，虚拟社会强调其虚幻、拟制、不可掌控的特征。其实，“虚拟”（virtual）一词在英文中有两种释义，一是指“事实上的、实际上的、实质上的”，二是指“模仿、仿真”。“Virtual Society”（虚拟社会）中的“Virtual”本意是第二种解释，也就是说“虚拟”在英文中从来没有常识意义上的“不现实”或“不真实”的含义。在汉语中，“虚拟”有三种释义，一是“虚构的”，二是“不符合或不一定符合事实的”，三是“由高科技实现的仿实物或伪实物的技术”，其中第三种释义基本符合英文原意。但是第三种释义是伴随着信息技术的发展而产生的，是计算机图形学、人机交互技术、传感技术、人工智能等现代科技集成的结果，仅仅有数十年的历史。维索尔伦（Verschueren）认为：“使用语言必然包括连续不断的选择，这些选择可以是有意识的，也可以是无意识的；可以是由语言内部结构驱动的，也可以是由语言外部的原因所驱动。”[②] 与第三种释义相比，“虚拟”的前两种释义已经经历

① 百度百科 . 软件 [EB/OL].https://baike.baidu.com/item/%E8%BD%AF%E4%BB%B6/12053?fr=aladdin.

② 维索尔伦 . 语用学诠释 [M]. 钱冠连，译 . 北京：清华大学出版社，2003：65-72.

了数百年的文化积淀，成了人们下意识的一种自然的反应镜像。当虚拟社会与网络社会在许多场合互用的时候，自然使许多人产生了网络社会是不真实的社会的观念。可见，由于“虚拟”一词在英语和汉语词义转换中的文化和语用误读，造成了同一能指的歧义所指，也使得很多人在前两种释义基础上理解和使用这个词语。

综上，网络社会的交往主体、交往时空、交往基础都是现实的，网络社会仍然是现实社会的一部分，和现实社会是逻辑上的种属关系。

第二章　网络社会化

在人类社会进入信息网络时代，网络生活已经变得举足轻重和不可或缺的背景下，网络社会化作为人的社会化的一种特定样态，其重要性自然逐步显现出来。

第一节　人的社会化

社会化是在积极有机体与变化多样、反应灵敏的社会环境之间一种复杂的、相互的或者多向的过程。[①] 人的社会化是一个从生物人到社会人转变的过程，是贯穿于人生始终的长期过程。在此过程中，个体与社会发生互动，逐渐形成独特的人格和个性，社会文化尤其是价值标准被个体进行内化，个体习得角色知识，以保证社会结构稳定发展。

一、社会化理论

研究者从不同的视角分析从生物人到社会人的转变，在转变的过程中，主体出现特有的个性，构成一系列鲜明的品质特征，形成自我看法与判断，自我意识显现并发展成熟。

（一）“镜中我”理论

“镜中我”理论由美国社会学家查尔斯·霍顿·库利（Charles Horton Cooley）提出，他认为，自我是在社会互动中产生的，人的行为很大程度上取决于对自我的认识，他人对自己的评价、态度等。他将自我意识的形成分为三个阶段，首先是自身如何想象定位自己的行为方式；其次是他人如何评价自己

---

① 费梅苹．次生社会化：偏差青少年边缘化的社会互动过程研究[M]. 上海：上海人民出版社，2010：3–5.

的行为方式；最后是自己对他人的这些“认识”或“评价”的情感。库利将他人作为反映自我的一面“镜子”，个人通过这面“镜子”认识和把握自己，即如果你想对方成为什么样的人，你就不断重复地告诉他他就是这样的人，以使对方按照此种模式发展。[①]一般而言，以“镜中我”为核心的自我意识取决于他人传播的程度，传播活动越活跃，个人的“镜中我”也就越清晰，对自我的把握也就越客观。

（二）精神分析理论

精神分析理论是由奥地利精神科医生西格蒙德·弗洛伊德（Sigmund Freud）提出，精神分析理论提出人的精神活动会在不同的意识层次里面发生，主要包括意识、前意识、无意识三个层次，而个性发展主要受到“无意识”的驱动。他认为，人格结构的构成是本我、自我与超我三个部分，本我是指原始的自己，按快乐原则行事，其目的是求得个体的舒适，是无意识的。自我是由于本我在现实生活中的各种需求无法立即得到满足而从本我中分离出来，遵循现实原则，接受现实的限制。超我是人格结构中最理想的部分，从自我中分化出来，监督、管束甚至惩罚自己的行为，[②]遵循道德的原则，追求完美。同时弗洛伊德将人格发展分为口欲期、肛欲期、性蕾期、潜伏期、生殖期五个时期，并认为前三个发展时期基本决定了成年人人格的发展趋势，因此人格的形成主要关注儿童时期的环境与经历，成人所表现出来的很多思想行为都与前三个时期有着密切关系。

（三）八阶段理论

作为美国新精神分析派的代表人物埃里克森（Erik Homburger Erikson）认为，人的自我意识发展不止局限于某几个阶段，而是要持续一生，他根据遗传将自我意识的形成和发展过程划分为八个阶段，在每个阶段中都要对周围环境做出反应，因而每一阶段能否顺利度过是由环境决定的。八个阶段按照顺序依次为：

---

① 戴维·迈尔斯.社会心理学[M].侯玉波，乐国安，张智勇，等，译.北京：人民邮电出版社，2016：56–58.

② 史惠斌.弗洛伊德精神分析中的舆情启示及引导策略[J].人民论坛·学术前沿，2019（20）：108–111.

婴儿前期、幼儿时期、学前时期、学龄时期、青少年期、青年期、中年期、老年期，与此相对应的心理也会发生改变，具体表现为：信任与怀疑、自主与羞耻、主动与内疚、勤奋与自卑、角色同一与混乱、亲密与孤独、着眼后代与追求自我、无憾与绝望。要形成健全的人格就要关注人在每一个心理阶段的特征，其中包括了积极与消极两方面的品质，要保证每一个阶段都朝向积极品质发展，反之就会出现“认同危机”，为之后的社会化过程留下隐患。[①]

二、社会化的类型

个体在进行社会化的过程中会呈现出几种不同的类型，主要包括基本社会化、预期社会化、发展社会化、逆向社会化和再社会化。

基本社会化。基本社会化发生在生命的早期，主要指发生在儿童时期的社会化，这一阶段中儿童的生理、心理不够成熟，独立思考与判断的能力尚未形成，多以模仿的形式接受外界的影响，如接受语言的传授或者对其他基础本领的认知。

预期社会化。预期社会化是人们更好地参与社会生活的一个重要步骤，个体为了适应环境变化，成功地扮演符合期待的将来的社会角色而不断进行知识学习积累、技能以及社会价值观习得，青年群体为更好地适应未来工作环境会更为明显地在预期社会化过程中显现出来。

发展社会化。发展社会化也是继续社会化的过程，这是在早期社会化的基础上进行的，是面对新的形势与环境，成年人要满足新角色提出的要求，进而学习的过程。比如在改革开放后，政府官员都需要学习社会主义市场经济的知识。

逆向社会化。逆向社会化主要是指一种反向现象，强调的是年轻一代对年长一代的影响，这也表明社会化并非一个单向过程，而是具有双向性的特质。相比于传统社会，现代社会更新换代速度加快，成年人尤其是老年人无法跟上形势，要想保持发展一致性，不可避免地要接受对新知识消化更快的年轻一代的知识技能传授，接受逆向社会化。

再社会化。再社会化是具有转折意义的阶段，是改变已存在的世界观、价值观与行为准则、模式，重新树立新的价值准则与行为规范的过程。再社会化包含着两方面的特点，一方面是对个体的改造，使其能够符合社会的规范和标

① 郑杭生．社会学概论新修 [M]. 北京：中国人民大学出版社，2014：119.

准；另一方面再社会化是“单个人被迫愈益细致、愈益均衡、愈益稳定地调整其行为”[①]，不一定是主动的，还包括强制性再社会化，比如将罪犯进行改造，要求其放弃原有的价值观念，塑造新的价值观念。

三、社会化的条件

生物个体社会化的过程需要一定的个人条件与社会条件，两者缺一不可。个人条件作为基本条件，是从人的生物遗传因素为基础的，个人条件的缺失将导致社会化活动无法进行，同时具备个人条件的个体但缺失社会条件也无法进行社会化。

（一）语言系统

语言是人的本质所在，人类接受社会化的重要条件就是具有语言系统。人类通过语言来表达自己的想法和想指代的事物，语言有两个基本的特性，一个是当我们的头脑在进行想和思之时，我们在头脑中所形成的语言都是具有指称性的，语句由语词组成，属于复合指称；另一个是语言中所提出的每一个语词都具有一定的概念意义，这种概念是以符号为中介的具有定义的抽象构建。语言的存在也是人区别于动物的一个基本标志，高度进化发达的大脑系统成为发展语言的基础，人类在长期的劳动中积累的生存经验促使语言系统发展完善。虽然动物也存在自己的“语言”，那种“语言”属于生物性叫声，是出自本能或对刺激进行反应的叫声，在动物世界中存在着信息交互的功能，始终不具备指称对象的功能，与人类语言的符号性指称功能不同。具备语言系统的人类通过口口相传来学习知识与经验，提升自身本领，增强技能储备，在发展自身的同时，向他人表达自己的想法与感情，达到与他人互动的效果，适应社会发展。

（二）思维能力

在具有语言系统的基础上，人类需要利用大脑完成分析、综合、概括、比较、概念化等一系列过程，对抽象化的事物进行具体化来使大众接受与理解，同时对感性的材料进行加工得出理性的认识，这形成了思维能力。思维能力包含了

---

① 诺贝特斯·埃利亚斯．文明的进程 [M]. 王佩莉，袁志英，译．上海：上海译文出版社，2009：144.

抽象思维、形象思维与逻辑思维。思维能力作为智慧的核心，支配着其他一切智力活动。形成思维能力的人脑机能与动物脑机能存在着根本性区别，人类特有的思维能力取决于人脑不仅可以在第一信号系统内作出反应，更重要的是在第二信号系统内进行活动,正是基于这种区别使得人脑存在逆向思维、换位思维、目标思维、客观思维、危机思维等各项思维，这也帮助人类从出生起就可以储存大量数据，包括各种文字、颜色、线条、符号、声音等，人类的思维能力在大脑强大的储存功能下进行运作，提取处理人类需要的信息，通过理性思考对周围事物做出事实判断，并形成自己的价值观念与行为方式。

（三）学习能力

个体从事学习活动就需要具有一定的学习能力，学习能力是人类容纳各种知识和技能的能力。人类拥有的学习能力与语言系统和思维能力是分不开的，对于早期社会化，儿童的学习主要表现于语言能力的开发，而处于第二信号系统的思维能力使得人类具有动物远不能比拟的创造力，这一点可以在黑猩猩与同龄人类儿童之间的对比中看出。人类正是凭借出色的语言系统和思维能力在社会中更快速地获取知识，理性看待周围环境，判断事物属性，将社会文化与价值观念进行内化。在此过程中，人类能够有效提取与自身有关或有益的信息，确立起自己的态度、动机与行为方式，用来指导自身实践，更好地适应社会发展。同时，在对周围环境进行适应时，人类又会主动发挥能动性，加强学习动机，使社会化成为一种具有积极性、计划性的活动。

（四）较长的生活依赖期

人类个体在幼童、少年、青年时期心理生理发展不成熟，行为能力尚未健全，不能独立生活，需要较长的生活依赖期。在长达十几年的时间里，个体受他人照顾，被他人监护，此时期是个体接受社会化的最好的时期，也是社会化的基础。由于长时间受到某种环境的影响，这就决定了在依靠父母或其他人照顾的情况下,个体在出生后就要发生与人交往的行为,接受所处环境的生活方式,在与周围发生互动的过程中潜移默化发生改变,形成自身的习惯。一般情况而言,家庭作为与个体交往最为早期也最为密切的群体，父母或其他监护人对个体社会化的影响是最牢固的，由于他们之间存在着依赖与被依赖的关系，个体对自己的监护人产生依恋、敬爱、畏惧等感情，在个体心中树立起权威形象，这会引导个体对监护人的绝对服从，并产生对个体思想观念、行为方式的指导约束作用。

四、社会化的主体

社会化的过程中涉及一系列的人与物，就人的方面来说，父母、老师、同龄群体、同事、领导等都会对社会化产生影响；就物而言，书籍、电视、电影、广播等媒介也会在社会化中起着交互作用。在这些个人、群体与机构中，最重要和最有影响者被称为社会化主体。[①]

（一）家庭（父母）

家庭是个体接受社会化的第一要素，家庭的教育和影响在早期社会化中具有重要意义。一方面，童年期是社会化的奠基时期，父母施教是最初的社会化途径，家庭教育与家庭环境对个体思想观念和行为习惯产生潜移默化的影响，个体关于爱与情感的产生也多发生在家庭中，个体是否能够接受爱，是否能够有爱地与他人交流沟通很大程度上取决于他所处的家庭环境。另一方面，父母在个体心中形成的权威形象对个体进行的社会化指导是无法抗拒的，父母在个体早期的心中是绝对权威的。

（二）学校（老师）

学校对个体的社会化影响具有系统性，一方面，学校通过设立特定的学习环境，教给学生科学文化知识，对人的社会化具有指导性作用，学校受到家庭及社会的委托，带有半强制色彩地帮助年轻一代树立价值观念，使学生在德智体美劳各方面全面发展。另一方面，学校培养组织纪律性，作为一个权威性组织机构，学校设立一系列的规章制度，要求学生遵照、服从规则，做出符合规范的行为，在学校中，学生不仅会在交往中与他人接触，也会按照他人对自己的评价进行调整。

① 戴维·波普诺.社会学（第十版）[M].李强，等，译.北京：中国人民大学出版社，1999：157.

（三）同辈群体

同辈群体是以年龄、性别、家庭背景、兴趣爱好等方面为依托建立起来的同伴群体，同辈群体对个体社会化的影响主要体现在对个体产生的吸引力，以及在社会交往中产生的影响力。一方面，在同辈群体中，个体无权威约束，社会化过程中的约束和限制少，他们在自由平等的环境中建立人际关系，扮演多种社会角色，这在很大程度上提高了儿童的独立意识。另一方面，同辈群体中不同个体之间产生观念交流，独特的兴趣文化会对个体社会化产生重大影响。

（四）工作单位（同事、领导）

成年期后，个体有大部分的时间在工作单位中度过，工作单位为个体社会化带来的影响主要体现在：一是成为检验个体在家庭、学校社会化成果的场所，与在家庭学校中不同，个体走向工作单位意味着其步入社会，前期的积累是否能够满足社会的需求，需要在这里继续检验；二是个体在工作单位中要熟悉各自的工作职责，通过满足社会对个体角色的期待实现理想与价值，形成能力，确立品格，塑造气质；三是个体会在工作单位中发现诸多在学校与家庭中未包含的内容，甚至是与之前形成的价值观念相冲突的内容，新的因素促使个体放弃原有积累进行新的学习。

（五）大众传媒

广播、电视、杂志等大众传播媒介在个体生活中处处可见，随着信息化时代的发展，互联网进入到千家万户，信息热点、网络评论通过大众传播媒介影响到个体对社会的认识与理解。个体接受的新的想法与观念增加了自己的知识储备量，间接影响人们的行为活动。

五、社会化的过程与内容

（一）社会化的过程

若以人的生命周期为依据，个人社会化的过程可以分为儿童时期、青少年时期和成人时期，[①] 以此生命周期中各阶段的任务和特点作为社会化过程的划

① 风笑天．社会的印记[M]. 北京：中国社会科学出版社，2012：56.

分，可分为早期社会化、继续社会化，同时要关注到代差问题。

1. 早期社会化

早期社会化主要发生在儿童期与青年期，儿童期的具象思维决定了儿童通过模仿和感觉来认识环境，适应社会，此时，家庭是对儿童影响最重要的因素，家庭中的父母为子女设立的行为规范与父母自身的处事方式直接影响个体早期的社会化，无论是专制或是纵容都会对儿童产生不利暗示，所以很多成年后出现的问题都与儿童期的经历密切相关。青年期是一个较为特殊的时期，这一时期脱离了只处于模仿阶段的儿童期，又未到达获得成熟价值观的成年期。个体的青年期时长并非是统一的，会因个体与社会条件发生差别。处于青年期的个体世界观、价值观尚未完全树立，很容易对自身定位不清晰，对行为判断出现错误，从而出现社会越轨行为，形成自我认同危机。面对早期社会化出现的问题，要确保个体社会化的顺利进行，社会就要率先垂范，建立统一的社会规则，树立权威的形象，增强大众认同感。

2. 继续社会化

继续社会化主要发生在成年时期，成年期的社会化是在初级社会化基础上进行发展和继续进行的。在这一时期，个体的意志已经形成，具有较强的自我选择与自我判断能力。面对着现代迅速变化着的社会，要追上时代的形势就要接受继续社会化的过程，这不仅关系到个人发展，而且关系到整个社会的转型。成人要接受继续社会化可能包含三种情形，一种是当个体进入到新的环境中，如从一个国家到另一个国家，为了适应反差，成人需要对早期社会化积累的内容进行更新；第二种是人在适应社会化过程中产生了行为偏差，如青年犯罪，被强制性要求进行继续社会化；第三种是当个体进入老年期，老年人要适应自己家庭、社会地位发生的变化，进行继续社会化，以能够安度晚年。

在不同的世代之间还要关注到代差带来的隔阂，社会变化越剧烈，代差就会越大。这种代差是不可消除的，若对代差听之任之势必造成家庭成员之间关系破裂。我们也要正确看待代差，一方面，代差的存在是有益的，表明下一代文化对上一代文化的扬弃，有利于优秀文化的继承创新。另一方面，要辩证看待代差问题，凡是不利于个体与社会发展的，都应抛弃，有利于社会进步的，都要赞扬，有利面与不利面与年老年轻无关。

（二）个体社会化的内容

学习的内容就是社会秩序、社会规则，学习的目的就是达到“最佳均衡状态”。[①]个体社会化学习的内容主要包含了三个部分，分别是生活技能的学习、社会规范的学习以及社会角色的学习。

首先，生活技能的学习。个体首先要进行的是日常生活知识、生活自理能力的学习，这种层级的学习发生在早期社会化阶段，家庭的影响占有主要地位，个体通过模仿和重复来习得社会生活技能。较为丰富的技能知识的获得是来自于学校及其他正式组织，个体经过不断地学习进行提升，更快适应社会化进程。其次，社会规范的学习。社会规范具有规制社会成员行为、维护社会秩序的功能，在团结社会力量方面具有重要作用，社会的剧烈变化带来社会分工的精细，也同时带来社会分化的风险，为避免失范行为的出现，就必须要求个体加强对社会规范的学习，保证社会各个部分能够紧密地结合在一起，保持与主流价值观一致，形成良好社会氛围。再次，社会角色的培养。保持个体与其社会地位、身份一致的心理状态也是个体进行社会化的必修课，找好自身社会角色定位，改变以自我为中心、意气用事等行为，才能更好地融入社会，使社会变得更加有序。

第二节　互联网对个体社会化的影响

一、积极影响

（一）互联网环境有助于个体建立新型社会关系，拓展交往范围

马克思认为：“社会是人们的联系或关系，是人们互相交往的产物，是全部社会关系的总和。”[②]个人想要实现社会化，适应社会生活，需要嵌入到社会关系中，在与他人的交往沟通的过程中实现生物人向社会人的转化。传统的社会结构下，人们社会交往的圈层受到时空和交流方式的制约，社会化的影响

---

① 诺贝特斯·埃利亚斯．文明的进程[M]．王佩莉，袁志英，译．上海：上海译文出版社，2009：532.

② 中共中央马克思恩格斯列宁斯大林著作编译局．马克思恩格斯文集（第二卷）[M]．北京：人民出版社，1979：220.

路径一般局限于家庭、学校、工作单位和大众媒体，因此所形成的社会关系网络往往是与自身拥有相近的社会地位的阶层。而由于网络社会的崛起，使得社会组织和社会关系发生一定变化，正如卡斯特尔在《网络社会崛起》一书中提到的："网络建构了我们的新社会形态，而网络化逻辑的扩散实质性地改变了生产、经验、权力与文化过程中的操作和结果。"[①] 人的价值观念、思维方式和交往方式也随之受到潜移默化的影响，表现之一就是个人的社会交往圈层的扩大和交往机会的增加，使得个体社会化得到前所未有的延展。具体而言，有以下几方面的原因：第一，跨越了时空障碍。互联网的出现打破了人与人之间交流的时空界限，构建了一个开放空间，为思想的传递和交融创造了平台。第二，改变了交往方式。与传统的交往方式相比，经过 Web1.0 到 Web3.0 的发展，网络交往呈现出共享性和随意性的特点，人们可以随时随地在网络公共空间中发表自己的看法，不仅是个人对个人的信息交互，个人也可以对群体传递信息，也就是网络特有的"窗口模式"，单向度的传播方式已被彻底颠覆。第三，扩大了社交圈层。由于网络为人的社会化提供了"虚拟社会"环境，人们在网络空间的交流不再囿于与自己相同的社会阶层，也不用顾及权利、金钱等引起的不被信任、冲突与矛盾，而是可以以一种平等、纯粹的状态进行社会交往，扩大了交往范围。第四，建立新型社交关系。互联网的兴起将人们接纳到同一社交空间之中，建构了全球化的社交网络，促使基于地缘和血缘的社交关系转向新型社会关系，例如基于兴趣爱好聚集起来的网络趣缘群体、基于信仰聚集的网络信缘群体等，这类弱联系也成为个人社会化路径之一，并且发挥着越来越大的影响。因此，互联网的发展为个人创造了更广泛的社会交往环境，有助于社会化的形成。

（二）便捷的互联网学习方式为个人掌握现代科学文化知识，融入社会生活提供了条件

社会化的成果主要体现在对于社会角色的扮演上，这就需要个人学习掌握基本的生活技能、职业技能和现代科学文化知识，获得自我谋生的手段，以适

① 曼纽尔·卡斯特尔．网络社会的崛起 [M]. 夏铸九，王志宏，等，译．北京：社会科学文献出版社，2006：152.

应和融入社会生活。而社会生活是知识的集合体，具有高度的复杂性和综合性，传统的社会化路径在多元文化和价值取向上的传递上远不如网络，难以满足科学知识需求和社会经验需求。因此，需要借助互联网庞大的信息储备和便捷的获取途径，才能实现个人的自我教育，以一种更为自由、双向选择的方式学习现代社会知识。其次，互联网提供了大量学习平台，通过大数据技术提供个性化学习内容的推荐，使得个人的学习环境更为丰富、立体化，针对性地提升所需板块的知识水平，并内化为自身的行为观念。最后，通过与世界各地的网友交流，了解各地风俗习惯、价值观念和文化传统也有助于开拓个人视野，积累社会经验，敢于挑战传统教育的规范，培养和发展自己的个性，参与社会生活。

（三）虚拟社交环境有助于个体正确认知社会角色，表达多重自我

社会角色是指与人们的某种身份、社会地位相一致的一整套权利、义务的规范与行为模式，它是人们对具有特定身份的行为期望，是构成社会群体或组织的基础。[①]社会化的最终目标就是培养满足社会需求的社会成员，为促进社会发展做出贡献。而角色社会化是社会化的任务之一，是社会期待的具象化。在现实社会中，由于社会关系和社会属性决定了一个人往往身负多个社会角色，每个社会角色承担的权利和义务也有所不同，如果不能对自己的社会角色进行学习理解和有效整合，往往会引起角色失调。另一方面，人们大多基于自己的社会角色思考问题，对他人的角色了解不深入，难以换位思考，因此也需要对自己不熟悉的社会角色加以学习。互联网中的虚拟空间为这种角色扮演和角色换位提供了很好的学习和练习环境，让个人获得正确的社会角色认知。网络隐匿性的特点也能让个体在虚拟世界中摆脱现实人格的束缚，实现“换个活法”，以不同年龄、不同身份在网络中进行社会交往，体验不同社会角色的需求和责任以及社会对于不同角色的角色期待，通过这种“角色换位”进行角色练习，并通过信息反馈加以调整。而对于观察和学习他人角色，则可以通过从微博个人动态等方式直观的了解他人的社会角色的生活习惯和价值取向，体会他们看待问题的角度。这有助于个体对社会角色的正确认知的培养、缓解角色冲突以及作为多个角色的集合体的自我表达。

---

① 郑杭生．社会学概论新修（第三版）[M]. 北京：中国人民大学出版社，2007：107.

（四）对信息的自由选择和表达有助于培养个性和自我完善

由于人们的社会化进程往往发生于儿童和青少年时期，还没有形成独立成熟的人格，因此在传统的社会化过程中，作为社会化主体的父母、老师常常处于支配地位，起着引导作用，而作为社会化的客体，则扮演着听从、被支配的角色，长此以往，个人习惯于被动地接受信息，缺少自主评判和创新意识，并将此内化为自己的社会规范。网络的出现让社会化不再局限于个体所处的生活环境之中，个体获得外界资讯变得更加便利，一定程度上使得个体有了选择的自由，他们可以选择性地从网上学习自己感兴趣的知识，这种双向引导模式让个体在一定范围内摆脱了支配者的控制，获得了主动权，促进个性的发展，为实现自身的社会化提供了更多选择。此外，在人格形成过程中，个体往往会遇到很多难以启齿的困惑或问题，通过网络平台进行诉说可以打消现实中被暴露的顾虑，能够更加直白大胆的宣泄自己的想法或者寻求专业援助，从而促进心理健康发展和自我完善。

（五）“文化反哺”现象促进全社会的积极社会化循环

“文化反哺”现象指的是年轻一代向年长一代传递现代化的科技文化知识和生活技能的过程。[①] 在传统社会中人的社会化过程比较简单，老一辈由于自身阅历丰富，有足够的经验向年轻一辈传授。这种“自上而下”的社会化称之为正向社会化。而由于信息技术的发展，新事物、新规则迅猛发展，年长一辈由于人格塑造基本完成，生活习惯和喜好基本定型，加之忙于照料家庭、记忆力衰退或者小心谨慎不敢尝试等原因，对它们的接受程度和速度都低于年轻一代，因此出现了“文化反哺”，即两代人在社会化过程中具有双向性。这种现象是网络时代的产物，代际间的差异观念需要一个媒介的打破与沟通，让年长者在引导年轻人社会化的同时，了解年轻人的思维方式和新鲜事物，缩小代沟，缓解代际冲突，促进社会关系的发展。而年轻一代也需要不断学习丰富自己的社会化知识储备，完善社会化进程以指导下一代。使得全社会的社会化进入积极的循环。

---

① 周晓虹.文化反哺：变迁社会中的亲子传承[J].社会学研究，2000（02）：51-66.

二、消极影响

（一）弱化个人社会化主体的主导地位，使得社会的“控化”功能减弱

社会化主体在传统社会化过程中占据主导地位，具有非常强的权威性，家庭、学校、社区和工作单位对于个体社会化起着决定性作用，包括社会化类型、阶级属性和价值观等，社会化主体和客体界限分明。但是在互联网社会背景下，网络媒介成了全球化的信息平台，个体社会化的形成受到网络信息的严重影响，并且由于在网络上，每个个体都是平等的，每个人发出的信息只是表达自己的观点，不存在制约关系，同时由于网络社交中的弱关系，也难以有同一个人对个体产生持续性的影响，因此，个体受到的来自网络的“控化”是杂乱且不成体系的，没有主导者角色，面对网络上纷杂的信息，个体面临的诱惑越来越多，社会化主体逐渐失去父辈权威，致使对于个体的控制功能逐渐减弱。在以家长、老师及其他竖向社会化主体的“控化”功能削弱的同时，网络上的水平社会化主体很难对个体起到严格的约束作用，此时个体更易被不良信息煽动，走向不正确的社会化道路。

（二）个体面临复杂、低俗的外部环境，致使道德社会化偏离

个体的道德社会化是指个体将社会道德规范逐步内化为自己行为准则的过程。[①]首先，在传统社会化过程中个体的价值观一般来自家庭教育、学校教育和社会传统美德，而互联网的普及使得个体获得道德规范和道德思想新渠道的同时，也会接触到一些复杂不良的外部环境信息，如引导性的西方价值观的渗透，这些社会意识形态在一定程度上会影响个人社会化进程中价值观的形成，从而导致行为上的不适和障碍。其次，互联网上的信息鱼龙混杂，随着网络商业化进程推进，网站往往为获取点击率和流量来增加吸引力，以便获取利益。因此在提供自身网站内容的同时，会开放一些通俗的、便于大众参与的项目和广告，比如娱乐性质的竞猜项目或者夹杂着低俗文学的网络小说广告等。更有甚者，隐蔽地通过欺骗诱惑和色情信息吸引网民，赚取浏览量。这些行为不仅使得网

① 李小豹，徐建军．网络文化与青年道德社会化 [J]. 中国青年研究，2009（02）：100–103.

络环境趋于低俗化，社会文化品位降低，而且这些垃圾信息对于正在社会化的个体来说具有一定的诱惑性，他们会出于好奇或冲动心理特意寻找色情、赌博和血腥暴力信息来寻求满足，与这些不良信息的接触会造成个体的道德素质下降，也可能在现实生活中对此进行盲目追求和模仿，从而导致道德失范行为和犯罪行为的发生，偏离社会化道德准则，成为社会中的不稳定因素。

（三）多重社会角色的扮演可能诱发人格障碍，造成人格社会化的缺失

一方面，网络交往中个体所扮演的社会角色的多样性可能诱发各种人格障碍。网络人际交往的特点之一是虚拟性，在现实社会中的许多信息和特征被淡化，使得一些网民认为在网络上的言行无须承担后果，因此在网络上发表言论时比现实生活中更为坦率真实，容易出现极端看待问题、贬低他人或者漠不关心等表现，这些表现可能增强人格特质中的攻击性因子，形成攻击型人格。另外，人们在网络上的形象往往与现实形象不一，是经过包装加工后的形象，在体验多重角色的同时也可能面临着角色差异和角色冲突，如果这种冲突转变过快或是没有得到有效的疏导时，就会产生心理错位，形成双重或多重角色障碍。另一方面，过于依赖网络进行社会交往，会陷入“网络沉溺”，导致人格缺失。网络中信息时效性强，新鲜事物层出不穷，对于正在社会化的个体来说有极强的吸引力，导致其对网络极度迷恋，相应地忽视现实中的人际交往，形成与现实社会的隔阂，变得不善与人交往，长期的网络交流会带来现实交往中的功能弱化，表现为在网络中能说会道，夸夸其谈，而在现实生活中则沉默寡言，闭口藏舌。长此以往，在现实社会中建立新的社会联系的能力将逐渐弱化，以前的人际关系也可能出现裂痕，致使个体人格社会化受到严重影响。具体而言，可能导致对于现实环境丧失参与积极性，从而形成孤僻、冷漠、缺乏责任感等不良人格特点，甚至诱发犯罪。而现实社会中的孤独感反过来影响到个体在网络中的行为，即希望自己在网络中的言行得到关注，这种极度膨胀的社会角色定位，很有可能导致“角色自我迷失”。

（四）网络科技发展影响个体思维方式

人类思维是认识活动的最高形式，是人类区别于其他生物的根本特征。在

工业革命时期，机械思维拥有广泛的影响力，作为一种行为准则指导人们的行为，强调确定性和因果关系，极大促进了人类社会的发展。随着信息化时代的到来，机械思维已经无法适应大量不确定性数据的筛选，而是需要个人对信息自选，而非全部接受。此时人的思维是借助虚拟的数字化空间开展，将具象的信息用数字化表达和运算后，再用人的思维方式提取形成新的信息，将人的生产劳动和生存方式数字化，从而简化思考和实践的过程，大数据技术的运用将这一过程再次简化，它剔除情感的干扰，成为获取最客观信息的手段。但是，过度依赖这种大数据思维会减少思考理解的过程，人们往往获取更容易接收或更愿意看到的内容，并越来越依赖网络寻求答案，逐渐失去主动思索、深思熟虑的能力。

（五）网络社会伴生的职业易造成个体价值观的扭曲，不利于社会化目标的实现

网络的发展产生了许多新兴职业，例如基于短视频平台生成的“网红”群体，由于短视频时间短、类型多、内容吸睛等特点，很容易获得处于社会化的个体的追捧，而“头部网红”群体的收入及巨大的粉丝数量也受到一些价值观念未完全形成的个体的渴求，虽然很多“网红”是积极向上的，但更多的是不择手段吸引关注来达到“走红”的目的，这些现象无疑给个体树立了不良范式。如果人们对这类人产生崇拜和效仿，很容易造成思想上的偏废和价值观的扭曲，对未来的职业目标取向也会产生负面影响，认为个人的能力和科学素养无关紧要，只要在网上“发发图片、怪言怪语”就可以获取经济效益，这实际上是侥幸心理和不劳而获的错误价值观的体现。新华网曾做过一次调查统计，发现54% 的“95 后”最向往的新兴职业，就是主播或网红。[①] 这种忽视个体思想道德素质、带有强烈名利观念的现象不利于人们社会化终极目标的实现，在代际社会化传递中也起着消极作用。

第三节　个体网络社会化的实现

从 1994 年中国成为世界互联网成员开始，互联网以惊人的速度在中国发展

---

① 人民网 .“网红”成为 95 后的职业选择“新宠”[EB/OL].（2016-07-18）. http://ent.people.com.cn/n1/2016/0718/c1012-28563980.html.

起来。2020年，我国网民规模达到9.89亿，互联网普及率达到70.4%。[①]互联网的运用也渗透到人们生活的方方面面，从学习到工作，再到娱乐和交往。网络不仅仅是一个平台或者工具，而且成了一种生活方式，形成了一个“网络社会”。“网络社会”已经成为一种新的社会形态，网民在网络社会中进行网络社会化。与传统社会化一样，网络社会化也对社会的良性运行产生巨大的影响，所以探索网络社会化的任务与途径对现代社会具有重要的意义。

一、社会化与网络社会化

在社会学中，社会化是指个体在与社会互动的过程中，逐渐养成独特的个性和人格，从生物人转变为社会人。并且在这个过程中，通过社会文化的内化和角色知识的学习，逐渐适应社会生活。[②]

经过多年的发展，互联网运用范围越来越广，在各类运用中经过网民的互动构建了一个网络社会。虽然与现实的社会相比，网络社会是一种虚拟的社会空间，但是它同样具有社会的属性，网络社会中的网民也存在社会化的过程。与在家庭、同辈群体、学校、传统大众媒介中进行的传统社会化相比，网络社会化则是依托网络进行的，指的是接受网络社会文化影响和熏陶而展开和完成的人的社会化过程。对于网络社会化概念的内涵，李一从狭义和广义两个层面去解读，认为狭义的网络社会化，是特指那种完全受到或主要受到网络社会文化因素影响，而得以在网络空间和网络生活中展开和完成的人的社会化过程。广义的网络社会化，则未必仅仅限定于在网络空间和网络生活中进行，而是可以泛指叠加和交织着受到来自网上生活和网下生活各类社会文化因素影响的人的社会化过程。[③]

二、网络社会化的特征

网络社会化作为传统社会化的一种补充，由于网络具有跨时空性、匿名性等特征，以网络平台为依托的网络社会化与传统社会化相比具有其独特的特点，

---

① 中国互联网络信息中心.第44次中国互联网络发展状况统计报告[R/OL].(2019-08-29).http://www.cnnic.cn/gywm/xwzx/rdxw/20172017_7056/201908/t20190829_70798.htm.

② 郑杭生.社会学概论新修[M].北京：中国人民大学出版社，2019.

③ 李一.网络社会化：网络社会治理的“前置要素”[J].浙江社会科学，2019（09）：81-87，157-158.

探讨网络社会化的特点有助于我们后面理解网络社会化的任务和路径。

（一）网络社会化具有丰富性

网络可以跨越时空的限制，其信息容量大，传播速度快。通过网络，人们可以了解到不同时期全世界各国各地的文化、价值观。所以网络社会化的内容极其丰富，涉及的范围包括网络社会生活中的各种技能、知识、行为和思想观念。但是也由于在网络社会中，信息内容极其丰富，价值标准多元化，在网络社会化的过程中人们容易被错误的信息和价值观误导，从而导致一些社会问题。所以相对于传统的社会化，网络社会对人们信息筛选和价值判断能力的要求更高。

（二）网络社会化具有不确定性

传统的社会化过程一般发生在一定时空中，并且会受到这一时空结构的约束。在传统的社会化中，受社会化者是谁、施社会化者是谁、社会化的内容是什么、社会化的环境怎么样、社会化的任务是什么，这些一般都有着明确的规定。比如儿童的社会化是个体最初阶段的社会化，一般以家庭和幼儿园为主要场地，施化者一般是父母和老师，社会化的任务主要是基本生活技能的学习、自我观念的发展和培养良好的道德等。而在网络社会化中，上面所提到的因素都是不确定的。首先，没有特定的施社会化者和受社会化者。在网络上所有人都可以发布自己的讲解，而且一个信息发布出来，它会被无数的人看到，然后人们又会又进行讨论，在这个过程中，施化者和受化者都是不确定的、不固定的。其次社会化的内容也是不确定的，因为每次打开网络我们接收到的内容都不会是完全一样的。

（三）网络社会化更具有个性

在传统的社会化中，社会化的主体一般是家庭、学习、同辈群体和工作单位，人们的社会化环境和任务大体上是一致的，所以人们的社会化在一定程度上具有相似性，特别是同一时期一定区域内的人。而网络社区不同于现实社区，它具有跨地域性。网络中互动的网络群体也不同于现实中的群体，每个人在网络上所处的网络社区都具有个性化。所以在网络社会化中，人们有更多的选择，并且更具有自主性和个性。

三、网络社会化的任务

（一）学习网络知识和网络技能

网络知识和网络技能是人们能够进行网络生活的前提。如果没有基本的网络知识和网络技能就无法使用网络产品和网络平台。学习网络知识和掌握网络技能是网络社会化的基础内容，也是网络社会化的开始。随着互联网技术的快速发展，互联网的运用越来越多，并且内容更新快速。所以学习网络知识和网络技能不仅仅是在接触网络的最开始阶段需要做的事情，而是持续存在于人们网络社会生活的整个过程中，需要不断地学习新的知识，掌握新的技能。学习网络知识和掌握网络技能是网络社会化的开始，也是基础。

（二）习得网络规范和网络法律法规

在学习了网络知识和网络技能的基础上，进一步的网络社会化就是学习网络规范和网络法律法规。网络社会虽然是虚拟社会，但是并不是法外之地。因为使用网络的主体都是真实的个人，不管是在网络上还是网络下，都会受到法律法规的约束。所以学习网络规范和网络法律法规是网络社会化不可或缺的一部分。学习了网络规范和网络法律法规外，还需将其内化于心，真正做到自觉遵守法律法规，提高网络修养。遵守网络规范和网络法律法规是网民自由参与网络生活的前提和保障。在参与网络社会生活的过程中，每一个人都应该成为一个合格的主体，努力成为具有较高程度网络修养的网民。

（三）学习扮演网络角色

社会化的核心任务是学习扮演社会角色。社会角色是指与人们的某种社会地位、身份相一致的一整套权利、义务的规范与行为模式，它是人们对具有特定身份的人的行为期望，它构成社会群体或组织的基础。[①] 人们在交往互动中会产生各种各样的社会角色，网络角色则指人们在网络交往互动中形成，依照网络规则、要求和标准承担的角色。但是人们在网络上的互动有两种情况，一种是原本在现实社会中就认识，只是通过网络联系，比如亲朋好通过邮件或者微信 QQ 在线上联系。这种情况下，网络只是他们交往互动的一个工具和手段，

---

① 郑杭生 . 社会学概论新修 [M]. 北京：中国人民大学出版社，2019.

人们的网络角色只是他们的社会角色在网络上的延续，并不会发生改变。另一种是原本互相不认识，而通过网络进行交往和互动，例如以共同的兴趣爱好为纽带结成的网络社群中的成员。这种情况下，他们会形成新的社会关系，并且产生新的网络角色。所以我们所说的网络角色一般指后者情况下产生的角色。

在现实生活中，根据社会角色的获取方式，可以将社会角色划分为先赋角色和自致角色。先赋角色是指人们与生俱来或在其成长过程中自然而然获得的角色，它又分为两种类型。“一是先天性的先赋角色，例如人生下来就有性别之分，归属于某一民族或种族，如果是个男孩，他就要按男孩的角色发展自己。二是制度性的先赋角色，这主要指的是古代奴隶、封建制度下很多职业和阶层是不可随意改变的。”[①] 自致角色又叫成就角色，指人们在后天的活动中经过自学或努力而获得的角色，例如科学家、教授、司机等。所以在现实生活中，人们社会角色的获取会受到各种社会因素的影响和约束，比如血缘、地缘、职业等。有些社会角色甚至是个体自己不能选择和改变的。

在网络社会生活中，基于兴趣、利益或信仰，人们在网络中建立、加入不同的网络社群，形成新的网络社会关系，并扮演各种各样的网络角色。网络交往具有匿名性的特点，网络角色也具有匿名性的特征。网络角色的匿名性是指人们在网络中，可以隐藏自己在现实生活中的真实身份，包括姓名、性别、年龄等。人们可以按照自己的意愿重塑自己的形象，根据自己的需要和喜好自行扮演自己喜欢的角色。所以不同于现实生活中的社会角色，网络角色的获取和扮演具有很强的自主性和随意性。但是并不是说网络角色与现实生活中的社会角色就完全是割裂的。在有些情况下，网络角色的扮演会受到现实中社会角色的影响。当人们的网络角色是以现实生活中扮演的社会角色为基础时，网络角色扮演得如何在很大程度上会取决于现实生活中社会角色的扮演情况。比如线上医生的角色，如果在现实生活中不是医生，并且对医生这个社会角色的扮演模式也不了解，那么他在网络上的线上医生角色很有可能无法成功扮演。而如果在现实生活中本来就是一名很优秀的医生，那么往往也可以扮演好线上医生的角色。

---

① 郑杭生 . 社会学概论新修 [M]. 北京：中国人民大学出版社，2019.

（四）适应网络生活

网络对人们生活的渗透已经扩展到方方面面了，在生活中有网络购物、网络外卖、网络支持，在学习中有网络视频教学、搜索引擎，在娱乐中有网络游戏、网络视频、网络音乐。似乎大部分人都无法躲过网络。中国互联网信息中心（CNNIC）发布的《第 47 次中国互联网络发展状况统计报告》显示："截至 2020 年 12 月我国非网民数量 4.16 亿，60 岁及以上非网民群体占非网民总体的 46%"。从上面的数据可以得知，绝大部分人都参与到了网络生活中，并且网络多方面融入人们的生活中。网络社会随着互联网技术的快速发展也会不断地发生变化，所以我们要不断地适应变化，不断调整自己，不断学习网络新技能，从而很好地去适应不断变化的网络生活。

四、网络社会化的途径

网络社会化是个体与网络社会双向互动的过程，但是个体的网络社会化并不是与现实社会割裂的，而是紧密相联的。所以个体的网络社会化不仅受个人的主观能动和网络环境的影响，也会受到现实社会的影响。所以探索网络社会化的有效途径可以从个体、网络环境和现实社会环境三方面进行。

（一）个体方面

首先，要主动学习网络知识和技能。未来的社会是互联网时代，是信息时代。网络知识和技能成为人们必备的基本素养，个体要主动通过各种途径学习网络知识和技能。网络社会化与传统的社会化不一样，会有明确的施受者和教化任务。所以个体需要自己主动寻找途径学习网络知识和技能。其次，要主动学习网络规范和法律法规。除了具备网络知识和技能外，学习和内化网络规范、法律法规，也是个体网络社会化的一个重要途径。个体可以在每次的网络社会参与中内化网络规范和法律法规，在面对网络违法行为时，主动抵制，形成正确的网络态度。

（二）网络环境方面

通过加强网络主流媒体的建设，推动网络道德教育阵地的搭建。通过主流媒体加强对网民的网络行为道德教育，构建道德标准，创造良好的网络社会氛围。同时个体也要加强自我的道德教育，提高自己的网络道德修养。政府要严密监控网络上的信息动向，对色情、暴力等有害信息能够及时发现和处理。可加强监控系统软件的设计，构建网络信息监控平台，为处理有害信息提供技术支持。要制定各类网络政策和网络法律法规，以政策和法律法规来规范人们的网络行为。加强网络社会化的监督和引导，创造良好的网络环境，还要广泛调动网民抵制和举报网络有害信息的积极性。最后还要加大网络政策和法律法规的宣传力度。

（三）现实社会环境方面

家庭对个体社会化的影响主要体现在个体生命历程的早期，同样家庭对个体网络社会化的影响也是在早期。家庭可以在儿童开始接触网络时，有意识地培养他们的网络意识和信息意识。这可以为个体后期掌握网络知识和技能打下基础，从而协助个体更顺利地开展网络社会化。学校的教育是最系统化的，所以学校为个体开展网络知识和技能教育能够在很大程度上协助个体网络社会化。学校可以专门设立计算机课程或者兴趣课堂，为个体普及网络知识和计算机操作技能。目前我国大部分中小学都已经开设计算机课程。学校的教育和家庭对个体网络意识的培养是个体早期网络社会化的重要力量。

网络与人们的生活紧密相连，在学习、工作、交往、娱乐等领域都融入了人们的生活里。所以网络社会化并不是与现实的社会割裂开的，而是现实社会化的一种特殊形态。个体的网络社会化不仅仅能够让其完成个人的社会化，同时也会反作用于社会，对社会的运行起着重要的影响。我们应该重视网络社会化，不断探索网络社会化的新的任务和途径。

第三章　网络个体行为

对人类行为的研究一直是社会学的使命，将个人及其社会行为作为研究对象是社会学的悠久传统。与之相对应，网络社会学将网民行为作为重要的研究对象。“网络行动不仅构成了一切网络社会现象和网络社会过程的基础，也构成了把网络与网络社会同整个人类社会系统联系起来的纽带，社会学对网络的研究无疑应当从对网络行动的分析开始。”[①]

第一节　网络社交行为

“网络社交是以互联网为基础、通过数字化方式进行的人与人之间信息、情感的交流活动。”[②]交往是社会关系中的个体与个体之间、个体与群体之间相互作用的一种基本方式，交往使得个体得以生存和发展，从而进一步找准在社会关系中的角色定位。社会交往不仅仅是信息在人与人之间的传递模式，也是一个共同建构现实和意义的过程。在这个过程中，人们使用信号系统以及相互可以接受的原则以保证交往的顺利进行。作为一种新的交往方式，网络交往拓展了人们的交往空间，体现了数字化时代的鲜明特点，使人类社会的交往形态发生了变革。

一、网络社交的发展历程

中国网络社交的发展历程主要有四个阶段：早期社交网络雏形 BBS 时代、

① 冯鹏志．网络行动的规定与特征——网络社会学的分析起点 [J]. 学术界，2001（02）：74-84.

② 赵联飞，郭志刚．虚拟社区交往及其类型学分析 [J]. 社会科学，2008（08）：72-78.

娱乐化社交网络时代、微信息社交网络时代、垂直社交网络应用时代。

（一）以 BBS 为代表的雏形阶段

“Web1.0 的本质是聚合、联合、搜索，其聚合的对象是巨量、芜杂的网络信息。”[①] 在这一时期，互联网以门户网站为代表，以编辑、浏览为主要特征，网站提供给用户的内容是编辑进行选择、处理过的，浏览者只能被动阅读网站提供的内容，当时的代表是新浪、搜狐、网易三大门户网站。伴随着互联网技术的发展，BBS 等实时或非实时在线交互工具迅速被广泛应用，浏览者能够在查看相关图文或影音资料的基础上，进行留言或与其他共同感兴趣的用户进行自发的交流。早期的 BBS 只是通过电脑来传播或获得消息，后来由于爱好者们的努力，BBS 的功能得到了很大的扩充，淡化了个体意识，将信息多节点化并实现了分散信息的聚合，做到了“群发”和“转发”常态化，用户理论上可以向所有人发布信息并讨论话题，网络交往从单纯的点对点交流推进到了点对面交流。天涯、猫扑、西祠胡同等是 BBS 时代的典型企业。BBS 时代的网络社交行为是弱交互的，以发布、浏览、留言为主要行为，局限于社交平台的功能。同时，这段时期内用户还未对网络社交产生极大的兴趣，网络社交行为缺乏个人的深度体验。

（二）以博客、开心农场为代表的娱乐化社交网络时代

随着社交网络普及，开放平台迅速被引入国内，给予每一个网民都可以参与传播的“场”，它使得互联网允许所有用户，无论是机构还是个人，只要在法律允许范围内都可以不受任何限制地创造信息和传播信息，其相关支持技术主要有即时信息、简易信息聚合、社交网站、网络书签、基于地理信息服务等，尤其使得娱乐化的社交游戏变得随手可得。用户只需要在线注册无须下载客户端，用零散的上网时间，即可与好友轻松分享游戏的喜悦。LinkedIn、Myspace、Facebook 等，这些优秀的社交网络产品或服务形态，遵循社交网络的“低成本替代”原则，降低人们社交的时间与成本，取得了长足发展。这一时期网络社交行为是带有娱乐性质的，社交的娱乐性被大大增加，互动性行为的

① 刘畅 .“网人合一”：从 Web1.0 到 Web3.0 之路 [J]. 河南社会科学，2008（02）：137-140.

出发点是简单地基于共同的兴趣的交流沟通，但已显现出现实生活中社交行为互相间影响的特点。网络社交的行为更多表现为一般使用行为和内容创建行为，用户个体的社交行为呈现单向的展示式分享的重要特征。

（三）以微博、微信为代表微信息社交往时代

微信息即快速信息传播。2009 年，新浪微博的出现拉开了中国微信息社交网络时代的大幕。用户可以通过 WEB、WAP 等各种客户端组建个人社区，以 140 字（包括标点符号）的文字更新信息，并实现即时分享。微博作为一种分享和交流平台，是一种通过关注机制分享简短实时信息的广播式的社交网络平台，关注机制分为可单向、可双向两种，其更注重时效性和随意性，并且微博能表达出每时每刻的思想和最新动态。2011 年，出现了一款新媒体社交应——微信，现已经深深镶嵌在我们的生活当中。微信具有其独特性，一方面，微信中的朋友是以现实的人际关系，即熟人关系作为基础的。熟人交往的这种网络关系，可以看作是现实人际关系的一种网络投影。如果用户在现实生活中具有较好的人际关系的话，微信上也会拥有相当程度的人际关系资源，这在微信的聊天功能以及朋友圈功能都有所体现。这两种功能都有效地加强了现实生活中的强关系。另一方面，同时它还有“附近的人”“摇一摇”以及“漂流瓶”这三种认识陌生人的功能，也就成了开拓新的人际关系或者排解孤独的一种选择。无论是熟人交往、还是陌生人交往，实则都是在低成本的社交平台进行的社交行为。

微博、微信的发展使得个人为中心的交往传播更为流行，进一步弱化了传统媒体组织的“把关人”角色，使得交往门槛进一步降低。在人人可以发布信息的 Web2.0 时代，信息发布、转载成本极低，又基于微博、微信这类的社交网络平台，极大地扩充了网络社交行为的空间场域，熟人交往的场所被扩充到网络中。同时，在网络中个人形象是可再塑的，而社会身份更是虚拟的、匿名的，陌生人们可以打破身份限制平等地进行网络社交。人们之间的网络社交行为既具有随意性，又带有自主选择性，因为身份模糊，人们在与陌生人网络社交中自我表露意愿体现强烈，在互动的同时除了信息的交换外，同时也会在信息的不断交换过程中产生一定的社会支持。

微信息社交网络时代的网络社交行为是强交互的典型的外显体现，网络社交的行为更多表现为一般使用行为和内容创建行为。信息在用户之间是自由流

动的状态。在某种意义上而言，从微信息社交网络时代开始，网络社交行为中网络这个必要因素起到的作用越来越明显，平台数量也迅速增长，人们的网络社交行为的表现方式更加多样，尽管减少了现实体验，但进行社交的成本较低，使用的场合同样较为随意，并且可以跨时间和空间进行，这大大扩大了人们对网络社交行为时间上的投入。

（四）垂直社交网络应用时代

垂直社交是对一群兴趣相投的人的交流方式的称呼。与一般网络社交相比，会有针对性地投放信息，能满足用户对某个方面的需求。目前，垂直社交网络主要是与游戏、电子商务、分类信息等相结合，这也可以被认为是社交网络探究商业模式的有益尝试。进入 Web3.0 时代，社交平台将不仅仅局限于建构人们之间的简单聊天、交流、沟通、分享，甚至游戏，社交平台的搭建和目的将是更具体的、有针对性的、有明确方向和目标引导的。这个时代的社交平台将在社交属性的基础上，拓展自己的功能，开发出文化属性、商业属性、信息属性等。Web 2.0 时代的去中心化，使得信息推送过载，进而导致了信息拥塞和信息冗余的发生。如果说，人们过去执着于成为快速提供信息的机器，结果被淹没在信息的汪洋大海里，那么 Web3.0 让新的变化与转变成为可能。在 Web 3.0 时代，用户的需求开始发生变化，由需求大量的信息变为寻求精确的、个性化的信息。这种用户和社会需求下，能够成功、准确地找到潜在的用户兴趣点，并且完善个性化的用户推送和呈现界面，实现兴趣挖掘与商业着眼点的无缝对接，构成了垂直社交网络应用时代的背景环境。

垂直社交网络应用时代，人们的网络社交行为不再是简单的、受限的一般使用行为和内容创建行为，而是在这两个具体行为活动的基础上，有了内容消费行为。这时人们的网络社交行为其实是联系着线下的现实生活的，包括实体店、线下服务以及其他内容。朋友推荐方法、社交好友数据集获取就是在体现一种个性化的数据搜集，同时，这也是线上线下的交互，充分展现了网络社会与现实社会的被包含与包含的关系。从某种意义上说，人们的网络社交行为是以需求搭建的，但也是有针对性的、贴合人们需求的。缩小了圈子但加强了信息的专业性和必要性，扩充了内容的广度和深度。

二、网络社交的特点

社交网络源于网络社交的需要，而网络社交行为的演变又是社交网络变化的衍生物，基于此种思路，需要结合互联网的技术变迁展开论述。

（一）超时空性

互联网的发展使得社交不再受限于地理位置和时间，它克服了现实交往中同时同地的局限性。在现实的交往中，人们只能在特定的时间和地点进行交流，而网络交往能够让人们实现远距离和非同时进行互动交流。人们可以在任何时间、任何地点就任何内容进行交往。就空间而言，可以让原本没有可能认识人进行交流，有更大的概率找到与自己志趣相投的人，也能让更多有共同追求的人聚到一起，形成网络社群；同时，已有的社交关系也比较容易维护，如毕业后天南海北的同学还能在班级群里相互吐槽。就时间而言，非同时交流是指大部分网络社交不像面对面的交流时那样需要实时作出反应，大多情况下，在现实的人与人交往中，与对方互动时我们需要快速做出反应，否则就会感到有些奇怪。而在网络交往中，人与人的互动交流可以接受较长时间的间隔。这可以让人在交往中有更多思考的时间，有充分的时间去组织自己的语言去回应对方，从而减少交往中的紧张和压力。

（二）匿名性

网络社交中的好友关系一般由两大部分组成，一部分是现实生活中认识的熟人在网络上的延伸，另一部分是通过各种社交软件进行的关系拓展，大部分是原本不认识的陌生人。而且网络交往中的人际互动往往是非面对面的互动，在这里人们的交往是平等的，人与人之间通过网络连接在一起，人们可以模拟不同年龄的人，注册不同年龄的资料，让对方信以为真。[①] 所以如果是与一个陌生人在网络上进行交往，很多时候在互动之初，交往双方并不知道对方的真实信息，具有匿名性的特点。因此现实社会交往中的种种制约因素在网络交往中容易被淡化。网络交往中的人际关系也具有更强的互塑性和建构性。在网络

① 李忠艳，黄刚 . 论网络场域下的社会交往 [J]. 齐齐哈尔大学学报（哲学社会科学版），2011（5）：49–51.

上没有人知道你是谁，可以按照自己的意愿重塑自己的形象，或者根据自己的需要自行决定在网络交往中身份或角色。所以有些人会出现一种现象，在网络社交中是一种性格与形象，而在现实生活中则是另一种。

（三）方便快捷性

在现实的社会交往中，我们大部分是一对一的交流，大多数情况下互动交流的对象数量并不多。我们也很少能够将一个信息一次性专递给成百上千人。而在网络交往中，这个就很容易做到，比如一个微信群最多可以有 500 人，群主发布一个消息并且 @ 所有人，那么在群内的所有成员就可以马上收到消息，这样消息传递的效率就大大提升了。并且现在各种社交软件建群的步骤都特别简单。以微信群为例，只要两步就可以建立起一个群：第一步，点击微信界面右上角的 + 图标，然后点“发起群聊”；第二步，勾选想要添加到群里的好友，然后单击“确定”，就可以创建好一个微信群。甚至可以面对面建群，只要大家输进同一个密码就马上可以加入同一个群。因此，网络传播行为将个体传播行为与大众传播方式相结合，实现了个体对个体的传播，消除了传统中介媒体的代理权，使人与人之间的传播更加直接和个性化。互联网使许多人以这种方式快速、经济、直观、有效地交换思想和信息。[①]

（四）自由平等性

大部分情况下，网络交往中的互动交流是具有很强的自愿型。首先是自愿参与到网络交往中，比如人们可以因为具有某种共同兴趣（如粉丝群）或者面临着某种同样问题（如病友群）而在网络上进行交流或者加入某个社群。社群成员也可以自由地退出原有的网络社群或者加入新的网络社群。其次，人们可以在平等的基础上，自由交流、分享想法，可以自由选择交往的对象、交流的时间和内容。在网络交往中，所有人之间都是平等的关系，任何人都没有权力对其他成员进行干涉。在合法合规的基础上，每个人都有发表言论的自由。此外，在网络交往中，人们可以根据不同的情境、不同的交流对象、不同的事情而采用不同的交流形式。人们在网络交往中可以采用文字、语言、图片、视频等形式。

---

① 赵芬妮，田西柱 . 网络社会交往的特点与冲突 [J]. 武警工程学院学报，2002（2）：32–35.

多元的形式更加有利于人们准确地去表达自己的想法，并且可以增加交流的趣味性。如表情包的出现让网络社交变得更易表达和更有趣，很多人觉得表情包让聊天变得更加容易和有趣，人们很多时候都会觉得表情包更能形象地表达自己的想法和情绪。

当然，各种社交软件方便了人们的生活和工作，加强了人们之间的联系和交流，但是也因为其约束性较弱，从而出现了一些不当政治言论、暴力色情、造谣诈骗等违法违规的行为。

三、网络社交中的问题

网络既是一种技术也是一种社会现象，既具有独立地位又全面嵌入社会。由此也必然给个体带来一定的负面影响。

（一）网络社交依赖程度高

网络社交依赖是指在社交活动时过分依赖网络，甚至以网络社交取代现实社交的状态。网络依赖实质是一种由于长期过度使用网络引起的对于网络的着迷状态，表现为想要增加使用网络的时间并且自制力与耐受性会明显减退。很多用户认为，自己在平时容易将注意力放在网络社交的互动内容上，导致刷新社交平台界面或网络社交手机 APP 客户端的频次越来越高，总想在第一时间回复好友的留言，从中寻求乐趣。使用的网络社交工具以手机登录客户端为主，并处于全天在线的状态，只要有消息提示就会点开查看。其中女性的使用时间较男生更长，会随时随地使用手机登录网络社交客户端。一些人每天睡前会刷新观看后再入睡，早晨醒来第一件事是登录网络社交平台，上厕所、等车、排队的过程中都会习惯性的刷新微信、微博朋友圈，自动点击更新提示已经变成了一种无意识行为。还有一些用户在感受到自身使用网络社交时间过长并对学习、工作、生活造成影响后，仍不能很好地控制自身使用网络社交工具的时间。这种过度关注好友和互动留言的行为，表明其形成了对于网络社交的依赖。

（二）社交孤独感上升

费孝通先生提出的“差序格局”理论，通过定义“差”（人与人之间的横向关系）和“序”（人与人之间的纵向关系）描述人际交往中的关系网络。提出在社交关系的影响力作用下，会以个体为中心出现圈层人际关系网络，距离中心越远人际关系就越弱。因而个体在人际交往过程中会受到自身所处“圈层性”社会关系的影响，传统的中国社会圈层关系受到血缘与地缘的关系影响最为明显，同时人际交往中的信任水平与交往的具体方式取决于人与人在圈内关系的亲疏远近。互联网的崛起为人们提供了一个跨越物理距离、跨越时空界限的人际互动与交流的空间，人们不再需要通过面对面的方式完成信息的交换。通过对网络社交关系人数统计，我们也许有成百上千的朋友，但真正能做到内心亲密的好友只有 4 到 5 个左右。可见，网络在扩大人际交往的同时，也带来了人与人之间的情感冷漠和疏离，人们一旦从虚拟世界进入现实世界，就会出现各种心理障碍。[①] 表面的好友数增多，实际背后隐藏的是朋友间距离拉远，现实生活中的孤独感上升。

“世界上最遥远的距离不是生离死别，而是我在你身边，你却在刷朋友圈。”这是调侃热衷网络社交忽视现实生活中社交现状的一句话。20 世纪 90 年代初电视机刚刚开始普及时，人们指责电视机的出现不利于家庭沟通交流，人们将工作之余的大量时间用来看电视，忽视了与家人朋友的亲近。如今，网络社交工具风靡，一家人坐在一起专心看电视已经成为一种奢求。一些网民平均每天投入网络社交的时间大于经营现实中好友关系的时间，形成线上交际的泛滥与线下社交的人际疏离。慢慢的人与人在现实世界面对面的交流时会变得尴尬和不知所措，很多在社交网络上无话不谈的朋友见面后却变得无话可讲，朋友聚餐纷纷低头玩手机的现象屡见不鲜，朋友间面对面专注的交流与倾听变得越来越少。这是因为网络社交的特殊性导致交流过程中谈话双方既在场又不在场，很多时候交谈双方是以文字形式交流的，长期的文字交流方式会使人际交往的态势语水平退化，从而影响现实中的社交能力。如果一个人的大部分社交经历都是在社交网络上进行的，那么他的面对面社交技巧就一定会退化，很多人在离开网络社交工具后变得孤独、孤僻并产生现实社交焦虑与恐惧。

（三）容易形成角色冲突

由于网络社会具有虚拟性的特点，人与人之间面对面的交往变成了人与机

---

① 米平治 . 网络时代社会交往的变化以及问题初探 [J]. 大连理工大学学报（社会科学版），2002（1）：60–63.

器、机器与机器，或者通过电脑网络的间接交往。这恰好构成了一个舞台，电脑显示屏是人物角色表演的舞台，人成为后台的导演，虚拟出各种不同性格、不同种类的角色，在电脑舞台上表演从而与另外的虚拟角色交往，组合成一个完整的戏剧场面。因此，网络交往行为呈现出戏剧化特点。戏剧化网络交往行为有助于网络交往主体在交往过程中自由、真实地表达自己，因为在一般情况下，人的许多真实感情在别人和公众面前往往不易表露，在面对面的社会生活中往往会自觉不自觉地按照某种社会规范来行事。而在网络交往环境中，当戏剧化了的网络交往行为主体的真实身份不为别人所知时，他就易于克服交流障碍真实地表达自己，实现了真诚、自由的交流。

与此同时，网络交往所扮演的是一种虚拟的角色，角色之间的关系是陌生的。虚拟的网络社会给人们提供了一个虚拟的交往空间，人们可以将自己的性别、职业等情况暂时隐藏起来，自由地选择和扮演自己的角色。网络交往主体的多重角色身份扮演，不仅可以在不同时间发生，而且也可以在同一时刻实现。在网络社会中，存在交友聊天、交流感情、共享信息等类型的人际交往。在这些不同的交往类型中，网络交往主体可以扮演不同的角色与他人进行交流，当他们在采用某一固定角色进行交往遇上困难时，就可以换一种角色身份继续与之进行交往。所以，网络交往的虚拟性特点促进了网络交往主体双重甚至多重角色扮演，最终导致网络交往主体的网络角色与现实角色分离。网络世界给人们提供了实践不同角色扮演的空间，但也使网络交往主体遇到了要分离多种不同角色的形势，一个人所承担的角色越多，那么角色间冲突的发生概率也会越高，就难以在现实的角色与网络的角色扮演之间取得一个平衡。

（四）造成个人信息泄露

社交网络作为你一种虚拟的社交平台，为个体提供了朋友间分享信息保持联络的空间，新颖的网络社交主页形式也吸引了越来越多的网民张扬个性展露自我。很多网络社交平台在用户注册阶段会让用户录入很多描述型信息，鼓励用户使用真实信息进行注册，包括姓名、电话、邮箱等私人信息，“人人网”对使用个人真实照片进行注册的用户给予享受“星标”特权的奖励。社交网络在用户完成注册之后，便以个人主页的形式将个人信息以一种完全公开的状态展现在网络上。

一些网民喜爱这样的自我展示，便会将更多个人信息和生活点滴投在个人主页上，却没有考虑过这样的举动背后的隐患，为信息窃取者提供了机会。

第二节　网络购物行为

网络购物简称“网购”，联合国经济合作和发展组织将其定义为“以互联网为服务手段，为满足大众的消费需要而提供服务，并通过电子付款的方式进行购买或享受服务的过程”。根据交易双方的主体不同，可以将网络购物分为两大类：广义的网络购物包括企业之间的交易行为（Business to Business，简称B2B）、企业和消费者之间的交易行为（Business to Consumer，简称B2C）、个人与个人之间的交易行为（Consumer to Consumer，简称C2C）以及政府和企业之间的交易行为（Government to Business，简称G2B）；而狭义的网络购物仅仅是发生在个人之间以及企业和消费者之间的行为方式，即B2C和C2C。

一、网络购物的发展历程

中国的第一宗网络购物发生在1996年的11月，购物人是加拿大驻中国大使霍华德·贝祥（Howard Balloch），他通过实华公司的网点，购进了一只景泰蓝“龙凤牡丹”。1999年，一些海外归来的人士开始着手建立网上商店，但是发展情况却不容乐观，甚至受到了许多质疑与批判。这种质疑主要来自三个方面：第一，当时中国的网民人数只有890万，并且大部分网民还未形成网络购物的习惯，国内网络购物的市场并不大；第二，当时快递行业还只是处于起步阶段，全国性的物流配送体系没有形成，物流的主力是中国邮政，运输速度较慢；第三，从消费观念上看，比起刷卡消费当时的中国人更喜欢现金交易，即买卖双方面对面的一手交钱一手交货，而且基于资金安全的考虑，国人对于通过网上支付的购物行为表现出明显的排斥。

2001年，国内的网络购物开始进入发展阶段。国内最大的商务拍卖网站易趣也在这个时候创立，易趣揭开了中国电子商务发展史的重要一页，开创了中国电子商务C2C的模式。此后，不到半年的时间，易趣网就成了“国内拍卖网站之冠”，在CNNIC发布的第五次《中国互联网络发展状况统计调查》中显示：易趣网以最高票数位居国内拍卖网站之首，成为中国最受欢迎的拍卖网站。

易趣网在全国首创24小时无间断热线服务，还与新浪结成战略联盟，并在2000年5月并购5291手机直销网，开展网上手机销售，把这项业务做成易趣的特色之一。[①] 这一系列动作给当时相对苍白的互联网应用增添了不少亮色，中国网民也因此感受到了网络购物的快乐与方便。当时还有一个B2C网站值得注意，那就是当当网。当当网由美国IDG集团、卢森堡剑桥集团、美国老虎基金、日本软投公司和中国科文公司共同投资，面向全世界中文读者，提供20多万种中文图书及超过1万种的音像商品。[②] 当当网主要从事收集和销售中国可供书数据库工作，是国内首个有专门针对性的销售的网站。这无疑为很多想看书，却找不到资源的普通人提供了机会。不同于易趣的多元化服务，当当网有针对性的服务很好地满足了相关人群的需求，是当时中国互联网商务领头羊一般的存在。

2002年，电子商务进入冰冻和调整时期，意味着网络购物也在冷却当中。但与其说是冷却，不如说是蓄力。因为当时的中国的网络化已经非常普及，80后“90后”对于网络已经有了依赖，电子商务的发展只是缺少机遇罢了。

2003年春天的非典疫情，打乱了人们正常的生活和工作秩序，在全世界范围内给各国的经济造成了一定的负面影响，其中交通运输业、旅游业、餐饮 业、娱乐业所受的损失尤为严重。但网络经济却因为自身的特点而获得了意外的商机，侧重于商贸活动的电子商务更是风光无限，成绩喜人。由于强制隔离措施带来了国内外贸易困难，电子商务无疑是持续贸易进行的最有效的措施。因此，2003年到2005年迎来了电子商务的复苏与回暖。网络购物在这个时期快速发展。据统计，主营音像、图书、软件、游戏等流行时尚文化产品的电子商务网站卓越网在4月份前20天销售额即达到1500万元，日均订单量5000例，环比增长25%。从成交数量上看，易趣网上交易最热门的是服装和化妆美容两类，并且保健品、“84”药水、口罩的需求量都大幅攀升。阿里巴巴公司面对这股热潮，投资1亿元人民币开发“淘宝”，建构中国本土个人网上交易平台。“淘宝”网于2003年5月10日正式推出，截至7月4日，已拥有会员1.7万人，上网商品6.2万件，日平均网页浏览量达30万人次，日平均访问人次达2.5万人次。

① 桂国强.21世纪中国纪实文学大系（2003卷：众志成城）[M].上海：文汇出版社，2012.

② 肖离离，周莉.电子商务案例与实训教程[M].北京：北京交通大学出版社，2009.

上海国美也及时推出了网上购物的新渠道，国美电器的“网上商城”已经创造了每日成交30万元的历史纪录。

2008年，金融风暴席卷全球，当政府以及社会各界苦寻扩大内需途径时，以“淘宝”为代表的网络零售行业却保持翻番的增长势头；京东商城一直保持高速成长，连续六年增长率均超过200%；2010年12月8日，“当当网”成功登陆纽约交易所，上市融资2.72亿美元。2009年9月4日阿里集团启动“大淘宝战略”，旗下“淘宝网”和阿里巴巴合并发展，共同打造全球最大电子商务生态体系。2010年11月1日，“淘宝商城”启用独立域名，开始打造“双十一”盛大购物狂欢节。其中，2010年销售额为9.36亿元，1000家品牌企业参与；2018年为2135亿元，180000家品牌参与。2019年，“双十一”开场仅12分49秒成交额就突破500亿元。

2010年上半年全国刮起了一股团购飓风。继美团、F团等一线城市的团购网站取得佳绩之后，各二三线城市团购网站更是异军突起。随着搜狐、腾讯、新浪等互联网巨头的加入，使这场被称为“百团大战”的战事趋向白热化。中国电子研究中心的报告显示，截止到2010年6月底，国内团购网站数量飙升到480家。这个阶段的网络购物逐渐渗透进百姓生活的方方面面，目标不再是购物的便利，而是生活的便利，在生活其他方面节省网民的时间。同时，购物者更加关注性价比，需求进一步升级，在购物方便的同时希望可以以便宜的价格买到更加高质量的商品，消费者心理也有了变化。

2015年，政府部门出台多项政策促进网络零售市场快速发展。《“互联网+”流通行动计划》和《关于积极推进“互联网+行动”的指导意见》明确提出：推进电子商务进农村、进中小城市、进社区，线上线下融合互动，跨境电子商务等领域产业升级；推进包括协同制造、现代农业、智慧能源等在内的11项重点行动。上述政策有利于电子商务模式下大消费格局的构建。《中共中央关于制定国民经济和社会发展第十三个五年规划的建议》提出将“共享”作为发展理念之一，而网络零售的平台型经济顺应了这一发展理念，使广大商家和消费者在企业平台的共建共享中获益。在政策的支持下，跨境电商成为网络零售市场新的增长点，影响力直达全球。商务部数据显示，中国主要跨境电商交易额平均增长率在40%左右，其中进口网络零售增长率在60%左右，出口网络零售增长率在40%左右。网络零售平台引入美国、欧洲、日本、韩国等国家和地区的五千多个海外知名品牌的全进口品类，国内超过五千个商家的五千万种折扣商品售卖到包括“一带一路”沿线的64个国家和地区。与此同时，网络零售企业深挖农村市场消费潜力，农村地区网络购物用户占比达到22.4％，阿里巴巴、京东、苏宁等平台在农村建立电商服务站，招募农村推广员服务于广大农村消费者。

2019年末，爆发了波及全球的新型冠状肺炎疫情。在此次疫情当中，以互联网为载体的网络购物激发出新的活力，社区电商为蜗居在家的人们提供生鲜菜品，从而获得了一个很好的发展契机。另外，像盒马生鲜、美团、饿了么这类O2O模式的互联网平台都增加了送货力度。并且由于疫情，也使得网络购物的形式得到了创新，比如，一家百货商店品牌服饰柜台的柜员从2月3日开始将柜台商品搬到了微信朋友圈，每天将折扣产品、限时秒杀等信息分享在微信朋友圈并且写道：“特殊时期，在线上班；线上订货，不用见面；视频连线，顺丰到家；隔离病毒，不隔离爱。”

二、网络购物迅速兴起的原因

毫无疑问，网络购物的基础便是网络科技的迅猛发展。而科技的迅猛发展带来的大变革，需求产生市场，由科技带来的便捷使得网络购物成为席卷中国的热潮。

从政治层面分析。网络购物的热潮离不开政府的大力支持和推动，以网上购物为代表的电子商务的优势和美好前景已经引起世界各国的广泛关注。这些国家充分认识到，谁在电子商务领域领先，谁就能在未来的国际市场竞争中抢得先机。于是，各国政府纷纷出台各种鼓励和刺激其发展的政策，以求在这个全新的战场上夺取一席之地。

从经济层面分析。网络购物所创造出来的巨大财富是具体可测可见的，“双十一”狂欢节在短时间内所创造的巨大财富是任何经济增长手段所不能达到的。也正是由于这其中的巨大利益使得越来越多的人积极投身于网络购物，并且一定程度上促进了整个系统的完善成熟。一手交钱一手交货的传统思想不再根深蒂固，先付款后到货的新型购物文化的广泛接受，也改变了传统的面对面直接交易或洽谈方式，创造了新的交易渠道。

从社会层面分析。1985年，马克·格兰诺维特（Mark Granovetter）提出“嵌入性”概念，认为人的一切经济活动都是嵌入于社会关系之中的。个人是其所在社会关系中不可分割的一部分，相关人群的想法、行为，以及社会关系中的规则、文化规范是一个人行为产生的依据，甚至以此对个体的行为进行组织。嵌入客体是主体行为产生、发展的影响因素，主体的发展需要与环境形成一种互动关系。嵌入客体与嵌入主体之间呈现的往往是一种因果关系特征。[①] 在当前已经进入的消费社会中，网络购物不仅仅是为了满足生存的商品交换过程，它已经成为人们的一种休闲活动。同时，人们的生活也正在被网络购物所改变，包括消费观念、消费行为、生活方式等。网络用户被嵌入到社会大环境之中，行为方式受到社会环境的影响较大，网络购物行为会被人际网络、信任和所处的情境所建构。

从传播层面分析。大众传媒与人们的日常生活密不可分，通过媒介传播，人们可以快速、有效地获取必要的信息，并认识世界和了解世界。我国的传媒产业是在 20 世纪 70 年代逐步建立和发展起来的。改革开放后，高科技手段越来越频繁地被运用在媒介使用上，报刊、广播、电视等传统传媒产业遭受到了巨大的挑战，数字电视、智能手机、互联网等新型传媒开始不断涌现。目前，我国已经进入信息时代，各式各样的传媒交织在一起，对人们的生活进行强势包围。广告作为一种有效的宣传手段，在传媒时代进入了空前繁荣发展时期。消费主义认为广告是一种预言性的话语，它使物品成为一种伪事件，正是因为广告，消费者对此这种伪事件产生认同，从而产生购买行为。各大网上购物商家为了提高知名度和销量都在绞尽脑汁地做各种广告宣传。大街上、地铁里、公交车上、楼道里，都贴满了各式各样的网络购物广告宣传海报。电视上、网络上，无时无刻不在播放着网络购物广告宣传片。网络购物广告已经渗透到人们日常生活的各个场景当中，对人们的购买行为起着相当大的催化作用。各式各样纷繁杂乱的广告通过语言、声音、形象、色彩等影响着人们的感官，构建一种新的消费文化。这种文化具有深刻的影响力，诱发人们对于网络购物的好感，从而刺激他们的购买欲望。

---

① 周雪光 . 组织社会学第十讲 [M]. 北京：社会科学文献出版社，2003.

三、网络购物的优点

首先，省时、省力、省钱。在网上查找、对比想购买的商品，只需要几分钟的时间就可以了，无须再去人群拥挤的大街上寻找。如果有确定购买目标的话，在商城中稍加搜索就能直接找到，更加便捷。现在有很多导购类比较购物网站，在这些网站上可以很直观地比较不同商城里同一款产品的价格，利用筛选功能和读评论的方式可以免去为了货比三家而来回比对的麻烦。此外，不同于传统的实体店，互联网上的商家 24 小时不打烊，用户可以随时随地下单购买，无须考虑商家的营业时间。用户下完订单之后，足不出户就能收到货物，即一键到家形式，既使采用货到付款的支付形式也一样，商家会很高兴地将货物在最短的时间内送达。网络购物还能省钱，因为购买过程省去了许多中间环节，与实体商店相比，卖家进货成本较低，用户就可以通过更低价格购买到所需要的商品，满足了其追求物美价廉的心理。对于商家来说，网络营销门槛低，无须较大的仓库，无须租用昂贵的店面，进货渠道也不复杂，经营规模也不受场地限制，这就导致网络经营的成本低廉，会有更多的企业选择网上销售。对于整个市场经济来说，通过互联网对市场信息的及时反馈适时调整经营战略，可以提高企业的经济效益和参与国际竞争的能力，这种新型的购物模式可在更大的范围内、更广的层面上以更高的效率实现资源配置。

其次，商品齐全。互联网上商品众多、品牌齐全，这让用户有了更多的选择，可以买到本地买不到的商品，甚至可以通过代购买到国外的商品。线下购物有时候想买件东西，在各大商城里找了很久也没有找到，或者需要东奔西跑，挑挑拣拣地比较，可是网上商城用一个页面就能直观清晰地描述出这种产品的数据，让你清晰地了解它的特性。此外，零售业在网上发展迅猛，很多用户能无意之中找到了一件自己中意很久的东西。[①] 现在网上支付系统比以前要精确复杂，程序的增加保证了安全力的增加，更何况第三方交易平台保证了用户付出的钱绝对有迹可循，即使购买的产品不满意要退货，钱也照样能够退回。

最后，是心理上的舒适感。在实体店购物时，大多数时候会有导购为客户推荐和介绍商品。这些导购存在两个极端，要么过分热情的推销商品，要么一副爱买不买的冷淡态度，甚至是一副“你买不起，不要乱摸乱看”的恶劣态度。

---

① 李建刚，李强 . 计算机应用基础案例教程 [M]. 成都：电子科技大学出版社，2019.

这两种情境下，用户通常会感觉到不自在、不舒服，这会导致他们对于出门逛街带有明显的抵触心理。而网络购物时用户与卖家之间是在一个虚拟的平台，进行的是非面对面的交流，双方能够顺畅的展开沟通，用户对于商品的疑惑也能够得到有效的解答。在阿里旺旺的设置中，具有很可爱的动态表情，用户可以通过这些动态表情直接简单有效地表达在线交易时的心情。“淘宝体”的走红，使得用户在网络购物的咨询阶段，即对物品的了解阶段，获得了轻松愉快的氛围和较好的视觉享受，这些互动符号所带来的愉悦感，在实体店购物是没有办法实现的。加之，许多购物平台还设置了较为完整的信用评价系统，基于可能会被买家给予本店商品或服务进行差评的风险，卖家通常能够提供良好的态度和优质的服务。

综上可以看出，网上购物突破了传统商务的障碍，无论对消费者、企业还是市场都有着巨大的吸引力和影响力，在新经济时期无疑是达到“多赢”效果的理想模式。但与此同时，消费者权益保护问题却成了约束网络购物持续发展的关键问题。电子商务的电子化、数字化、虚拟化、自动化、开放性等特性，使得网络购物天生具有比一般购物更大的不确定性和风险性。以次充好、销售假冒伪劣商品、虚假打折、雇人刷评价、拒绝消费者给差评、虚设退货门槛、故意泄露消费者个人信息等，成为网络购物纠纷的主要焦点问题，导致网络购物消费者的交易安全权、公平交易权、知情权、依法求偿权、隐私权等权益受到威胁。

第三节　网络直播行为

网络直播是一种伴随互联网出现而产生的新型传播形式，又叫在线直播、互联网直播，是指运用互联网技术进行的视频、音频、文字图片等即时双向传输的人类信息传播活动。

一、网络直播的分类

目前国内“网络直播”大致分两类，一是在网上提供电视信号的观看，例如各类体育比赛和文艺活动的直播，这类直播原理是将电视（模拟）信号通过采集，转换为数字信号输入电脑，实时上传网站供人观看，相当于“网络电视”；

另一类则是在现场架设独立的信号采集设备（音频 + 视频），导入导播端（导播设备或平台），再通过网络上传至服务器，发布至网址供人观看。从内容层面上讲，网络直播又可以分为：网络视频直播、网络音频直播、图片文字直播。随着网络直播平台的增多和移动直播的强势崛起，直播的场景变得日益丰富，直播者工作、学习、生活、娱乐等任何场景都可以作为直播的内容，通过对网络直播平台的观察分析，网络直播主要有游戏类直播、体育类直播、休闲娱乐类直播和教育培训类直播四种。

游戏类直播是网络直播中发展较早的一类，也长时间占据网络直播内容的主体。中国第一家游戏类网络直播平台是 YYTV（2014 年更名为虎牙直播），YYTV 在 2012 年推出了一款支持网络游戏个人直播的插件，标志着中国进入了游戏直播时代。目前国内主打游戏类直播的有斗鱼 TV、熊猫 TV、战旗直播等。在游戏类直播诞生初期，网络竞技类是游戏直播的主体部分，像 DOTA、英雄联盟、CF 等都吸引了大批的玩家。但随着社会发展，单机游戏、手机游戏等类型也进入到游戏直播中来，内容变得更为多元和丰富。在直播过程中，主播会将自己游戏的画面呈现给爱好者观看，但吸引观看者的不仅仅是游戏主播娴熟的操作技巧，幽默风趣的解说内容和风格也是相当重要的一部分。

休闲娱乐类直播和游戏直播一样，是网络直播发展初期阶段的主要内容，目前所占比重还有增加的趋势。“不管是较浅层次的娱乐还是较高层次的艺术，都是源于生活的需要。娱乐的形式和手段虽然多种多样、五花八门，但其最终目的都是为了快乐，娱乐显然并不是庸俗浅薄和玩物丧志的代名词”[①]。人类追求娱乐是天性，所以在网络直播诞生的初期是以休闲娱乐性的内容为切入点的，休闲娱乐类直播节目在刚开始主打“美女经济”的“秀场”模式，直播内容一般都是穿着比较暴露的女性在镜头前与直播的观看者进行聊天，或者是唱歌、表演等形式，打擦边球的内容较多。随着相关部门对网络直播监管力度的加强以及行业发展模式的逐渐成熟，直播内容变得丰富和正规，不仅仅局限于早期的聊天、唱歌、表演等内容，还增加了像脱口秀、户外、购物、观影、旅游等直播内容，以往受制于传播渠道的演唱会直播也日益增加，甚至于像吃饭、

① 孔令顺．论电视娱乐节目的逻辑起点 [J]. 现代传播（中国传媒大学学报），2012（5）：15–19.

睡觉等都成了网络直播的内容。

体育类直播对于赛事活动的版权依赖性较大，要想获取优质的赛事资源，网络直播平台就要花费巨额资金拿到赛事转播权。2015 年，“腾讯”以 5 亿美元拿下 NBA（美国男子篮球职业联赛）在中国网络上 5 年的独家转播权；PPTV 斥资 2. 5 亿欧元拿下 2015 至 2020 年西班牙足球甲级联赛中国区独家全媒体版权；乐视体育 27 亿人民币买断了 2016 至 2017 赛季中国足球超级联赛网络独家转播权。受制于版权等问题，一些非热门项目成了网络直播可以利用的内容资源，除了摔跤、赛马等民间体育等项目，还有网络主播解说的体育赛事的回放等形式。

教育培训类直播相当于一个网络课堂，直播者将自己的专业知识以及从业经验作为“秀”的内容提供给观看者，这类直播属于网络直播的新兴领域，目前，教育培训类的直播内容集中在考试培训、投资理财等方面，所涉及的到有医学、金融等行业，这类直播不同于上述的三种直播内容，在直播的内容上更讲求知识性、实用性，对于主播某一专业方面的要求较高，而且受众群体也往往具有针对性，是网络直播内容中的一个细分领域。随着网络直播平台的增多和移动直播的强势崛起，直播的场景变得日益丰富。

二、网络直播的发展阶段

（一）萌芽时期：2004 年至 2013 年

2005 年以前，直播行业最早的形态是以为 PC 端为载体的传统秀场，因为家用互联网普及率较低，网络直播只是属于少数人的盛宴。2005 年，“9158”实时视频平台在中国上线，被誉为中国视频直播软件的鼻祖，因为模式新颖、运营得当深受中国市场的追捧，后与新浪 SHOW 合并成立天鸽集团，2014 年在美国上市。除了 9158 以外，相继走上“秀场”模式的还有六间房和 YY 直播，如果说 9158 是网络视频直播行业的领军者和缔造者，那么 YY 则是在业务上进行了改革和发展，并且直接推动了直播行业创新的直接贡献者。2008 年，YY 直播在广州诞生，它是国内网络视频直播行业的奠基者，也是当时中国普及率最高的一款社交软件。但一直到 2011 年，YY 才开始涉足直播行业，由于在语音界积累深厚底蕴，在很短时间内便已成为 9158、六间房（韩国）的劲敌，2012 年 YY 在纳斯达克上市。2009 年，六间房的开始将重心往在线“秀场”转型。

仅仅一年时间就实现了盈亏持平，还成立了演艺公司，签约了两千名艺人。至此，早期的三大巨头便以形成。

然而，2004 年至 2013 年，网络视频直播行业整体而言仍是处于起步阶段，平台的增长速度相对较慢，属于蓄力蛰伏期。视频网站对于视频直播的大趋势也有着前瞻性的预判，纷纷开始在自家平台增加直播功能和板块。因此，2013 年以前的网络视频直播的生存多数是依附于视频网站，还并未广泛形成独立的网络视频直播平台模式。同时，“秀场”迎来资本摄入，酷狗繁星、酷我秀场、56 秀、网易 BOBO、炫舞、优酷来疯、爱奇艺奇秀纷纷强势入驻，这段时间各平台竞争激烈至白热化。

（二）发展时期：2013 至 2016 年

2013 年以后，网络直播整个行业迎来了快速发展的重要时期。智能手机的出现，不仅导致了相关行业的快速变革，同时也深刻改变了当代人的生活模式。移动时代的到来，给予了手机无穷的附加值，一部手机即可搞定所有环节，人们逐渐远离了电脑，消费者和开发者纷纷将目标转向移动平台，各类 APP 蜂拥而至，全民直播时代到来，这时的直播已经远远不再只是一种表演的形式，而是用户获取信息、满足需求、娱乐社交的重要途径。各大资本也围绕直播市场展开了你死我活的拼杀，成百上千的直播 APP 如雨后春笋般出现，2016 年也被誉为是中国网民的“直播元年”。

这个阶段主要是以英雄联盟、DOTA 为代表的游戏直播为主，由于社会需求，学习提升游戏水平的因素，导致游戏直播平台的受众面越发广泛，顶尖比赛甚至演变为全球性赛事，甚至于影视圈一线明星都纷纷跨界参与其中。游戏直播较前一阶段的“秀场”直播更加注重内容为王的发展理念，不仅着手提升主播素质，更加看中内容质量。各大平台不断引进众多职业主播、高端玩家及职业选手，提升平台门槛的同时，以优质内容来换取用户使用与满足的提升和平台黏性的增强。从盈利模式方面来看，游戏直播打破了“秀场”模式的僵化思路，开辟了更多元的盈利方式。除了靠虚拟道具、广告、游戏发行与联运这三大盈利板块，游戏直播平台也探索出打赏、广告、电商、会员服务、游戏联运、线下活动、主播代言等多种模式。与此同时，因为各大平台之间的竞争，主播成了竞争的焦点，平台方给予主播超高比例分成、诱人底薪、高额奖金，很多年入千万的主播由此孕育而生。

随着竞争的加剧和平台监管力度的规范化和标准化，很多小型平台因为自身实力不足被迫离开这个“战场”。在 2016 年 1 月公布的《互联网直播服务管理规定》中，对直播平台资质、主播实名、内容审核等方面都做了详尽规定，要求直播平台必须要同时拥有“信息网络传播视听节目许可证”“网络文化运营许可证”才可以继续运营，而获得双证的只有 YY、虎牙、映客等少数几家。2017 年，国家继续加大监管力度，多款直播类应用软件因涉嫌传播低俗信息被下架，曾经的千家直播平台只剩下不到百家。

（三）成熟时期：2016 年至今

这个时代也是现在我们所处的时代，各平台拼的不再是单项能力，而是综合实力。截至目前，优质企业数据库共收录直播行业相关企业 210 家，涵盖广播电视、秀场、电竞游戏、泛生活及 VR 四大关键产业链。网络视频直播系统进入全新发展环节，除了传统直播行业外，以快手为代表的短视频平台开始发展起直播业务；游戏直播领域开始大力发展虚拟主播和云游戏业务，以进一步提高用户黏性；一对一直播的兴起，为更多的直播用户提供了私密空间，也使主播的入驻门槛更低，还让更多的行业看到了额外的道路（如，一对一心理辅导、一对一财经直播间等）。随着技术应用的逐步深化，网络直播有变成一种基础性的功能或服务的趋势，有越来越多的专业内容纳入直播当中，各种垂直的行业领域、各种专业的领域，都会提供专业的、优质的内容，这就是目前要进入的“直播 +”时代的状态。[①]

以“直播 + 电商”为例。在“直播 + 电商”模式诞生以前，买家和卖家的空间场景并未被打通。买家仅靠卖家提供的网络图片、文字描述或者短视频来对商品进行评估。然而无论是文字，还是图片，都只是单维度的媒介，无法做到立体生动，更无法做到真实可信。视频虽然可以提供立体饱满的信息，但却可以提前录制和后期处理，真实感较弱。对于电商而言，最重要的就是获取用户对产品和平台的信任感，否则就直接影响销售额和平台的收入，如何建立信任是电商平台需要考虑的重要问题。事实上，“直播 + 电商”模式之所以能成

① 谈华 . 直播的主播新生态：从广电主播到新晋“网红”[J]. 视听界，2020（4）：29-33.

功，很大原因就是借助了平台资源和直播媒介属性，在有效解决了用户信任感的同时，直击了用户的购物痛点。用户可以通过直播形式来全面真实的获取信息，企业也能够通过直播平台为用户提供更立体和优质的服务。到了 2019 年前后，又出现了国外代购模式、产地直播模式、砍价模式以及博彩等新型模式。其中，产地直播由产品的生成、储存、运输链条构成播出基地，直播人员在各个基地现场开播；砍价模式适合珠宝、古玩等产品，主播拿到产品后，把商品优缺点分析给粉丝听，征询有意向购买的粉丝，主播砍价，协商一致后，主播收取一定的代购费和佣金。

VR 技术是指虚拟实境，也被称作灵境技术或者人工环境。它是通过电脑对 3D 环境进行模拟，包括视觉、听觉、嗅觉和触觉等感官的模拟，最终形成一个以假乱真的虚拟环境。用户在这个模拟的环境中会体验到前所未有的临场感和真实感。目前，VR 技术和网络视频直播结合的 VR 直播尚处于成长期，但却表现出令人兴奋的蓝海前景。VR 技术被看好主要基于两点：首先，VR 技术不仅是一 种代表未来的新技术，更是互联网科技产业链发展同人类日益增加的娱乐需求相结合的产物，可以说是顺应技术发展方向和人类需求轨迹的产物。远古时期的人类通过石刻或岩画来传递口语媒介，文字的出现让口语媒介突破时空阻隔将信息传递得更远；电话的发明又让人类相隔千里却能够回归口语时代的即时交流方式；再后来可视电话甚至网络直播的出现，人们才真正重拾媒介进化过程中顾此失彼的感官集合，实现真正意义的在场感。从象形文字到全息摄影术，媒介的发展历程一次次见证了人类关于传播过程中在场体验的追求和进步。其次，从 VR 媒介技术本身而言，它是继文字、音频、视频之后，一个完全颠覆以往信息传播方式的媒介。全景式内容和超仿真的信息传播环境不仅使信息的传播与前技术环境高度重合，同时这种传播技术具有跨行业协同发展的潜力。尽管目前该技术主要运用于演唱会、新闻事件、体育赛事、游戏等类型的直播中。对于普通观众而言，可以无须亲临现场，只借助一台 VR 直播设备（手机网络视频直播 APP 或一体机等设备），就能够在家享受到 360 度全景式直播体验。对于追星的粉丝而言，也再不必局限于场地和位置等因素，VR 直播设备甚至可以让观众免受导播镜头所导致的视野束缚，即使相隔再远，仍然可以近距离清楚地欣赏他的表演。此外，各类音乐会、体育赛事等实况场景，受众能够将自己置身观众群，感受身边观众的情绪变化，体验到良好的现场氛围。

网络直播先后经历了以“秀场”直播为代表的PC端网络直播的萌芽阶段、以游戏直播为代表的网络直播发展阶段、以移动直播为代表的网络直播成熟阶段，以及以“VR+”直播为代表的网络直播新趋势。无论是从PC端走向移动端，还是从单一模式走向细分垂直领域，网络直播的每一次转型都是技术和需求的结合。

四、网络直播目前存在的问题

存在低俗直播内容。网络直播的初期阶段主打的是“美女经济”的“秀场”模式，这种模式一般选用面容姣好的女主播在镜头前进行表演，以此吸引用户的观看。由于“秀场”模式对主播的要求不高，准入门槛较低，除了专门的演艺经纪公司培养的女主播外，大量草根用户也加入直播中来，这就造成了直播人员鱼龙混杂，素质参差不齐，不少直播人员通过打色情擦边球的方式来吸引用户关注，获得较高的流量，提高用户黏性。有些女主播穿着暴露，直播时故意“走光”，或者聊一些具有“性暗示”的话语。网络直播中除了色情信息屡见不鲜外，暴力、血腥的画面也层出不穷。部分主播在直播过程中满口脏话，甚至出现直播斗殴等血腥场面。另外在主播与用户进行互动的过程中，语言暴力的现象时常发生。一些用户借助于弹幕，通过发表带有侮辱性的文字和表情等方式来对主播进行谩骂，由于网络的匿名性和隐匿性，使“施暴者”肆无忌惮地发言和宣泄情绪。“弹幕传播机制的即时性与瞬时性特点，也使语言暴力的形成更加快速、直接、暴烈”。

直播形式同质化。在目前网络直播平台上，不管是直播界面的设计还是包含的直播内容都极其相似，出现在网络直播平台界面首页的大都是清一色的美女，大眼睛、高鼻梁、尖下巴的“网红脸”似乎已经成了首页的标配。直播间的装饰布置俨然同一个车间流水线生产出来的一般。在直播内容的设定上，为了吸引不同的用户，过分地追求“大而全”，只要别的平台上线的内容我都要加入，不外乎就是游戏直播、秀场直播、脱口秀直播等形式，并且直播内容差异性极小，要么依靠主播的“奶声奶气”的直播语调，卖萌扮可怜的表演，要么依靠低俗的段子来吸引用户的观看。

虚假之风横行。假人气、假流量、假工资、假送礼，甚至开挂、水军，网络直播行业中有太多的虚假和恶意竞争。一些运营主播团体的演艺经纪公司为了增加直播平台的分成，会专门对主播进行包装和推广，还会帮助主播买粉丝、买道具和虚拟礼物。在直播过程中总有一些用户不参加互动、交流，但还是具有用户名、ID、粉丝和关注者，他们就是躺在那里增加人气的“僵尸粉”，在某平台的一次直播活动中，在线观看人数竟然超过了13亿。除了经纪公司自己购买的“僵尸粉”之外，直播平台为了激发初级用户使用直播软件的积极性，会为直播用户提供一些机器人账号。为了获得好看的数据，直播平台会与经纪公司联合起来进行数据造假，经纪公司大量向直播平台充值可以获得五折优惠，充值的金钱金额经过平台打折优惠后相当于获得了所充值金额两倍的虚拟货币，经纪公司会将所获得原金额两倍的虚拟货币全部花费在自己旗下的主播账号上面，然后与直播平台进行五五分成，经纪公司就可以得回充值的金钱。换句话说，经纪公司没有损失一分钱，就将自己旗下的主播捧红了，同时主播账号收获了大量的人气和流水，直播平台也得到了大量优质的数据。这种恶性循环的发展模式让网络直播短期内获得大量的关注和极高的人气，但是，受众无法根据准确的收视数据来选择自己感兴趣的网络直播节目，造假的数据会误导受众的选择，长期来看，它破坏的是普通用户的媒介使用体验，并最终扰乱行业秩序。

盈利能力不强。网络直播的盈利能力直接关系到这种新兴的媒介形式的长远发展，有了充裕的资金作为后盾才能为节目创新、提高收视率等提供支持。在当前的发展阶段，网络直播通过两种方式来获取收入，第一种是用户付费，这种付费的模式就是用户对主播进行打赏，打赏的虚拟礼物都是通过平台充值的方式所购买的。第二种就是商家付费，网络直播平台作为一个广告投放平台，通过接受投放其他商家的广告来获取广告费，另外通过为商家提供直播服务来收取直播服务费以及游戏类直播中的游戏联运也属于这种模式。在现阶段用户付费为主导的营收模式下，要想形成一个成熟的盈利模式非常困难。因为直播平台为了短期内获取大量用户的关注，大多采取高价签约明星主播的方式来吸引流量，这些明星主播的签约费动辄上千万。为了形成品牌效应，各个网络直播平台在线上线下投放了大量的广告，宣传成本直线飙升。除了广告投入，视频直播所产生的带宽成本以及平台的管理和架构产生的运营成本对于直播平台来说也是一笔巨大的支出，为了方便用户及时回看网络直播节目的内容，对直播内容的存储也增加了运营成本，一线直播平台每月的带宽成本都在两千万人民币上下。可见，在投入高于产出的背景下，如何形成稳定的盈利能力是平台需要解决的问题。

第四节 网络参与行为

互联网将浩如烟海的各类信息组织在一起，通过浏览器呈现给用户，大大降低了信息交流和共享的门槛，被构建起来的全球化的公众信息平台，已成为社会公众进行信息传递、利益表达、情感宣泄、思想碰撞的一个主要渠道。

一、网络参与的缘起

意见表达是公民的基本权利，是指公民可以依法表达自己对国家政治生活、群体及个人利益的意见和诉求。根据表达渠道的不同，民众意见表达可以分为正式表达和非正式表达。用制度形式固定下来的民意表达即为正式表达，如人大代表的提案、信访、参加听证会等；正式渠道外的方式即为非正式表达，如街谈巷议、网络发帖等，这类表达往往没有一定程式，自由而随意。根据表达主体的主动程度不同，意见表达可以分为主动表达与被动表达。主动表达包括发表言论、出版作品、请愿申诉、抗议游行等自发行为，被动表达的方式主要有被邀请或要求参加座谈会、听证会、公民投票、民意调查等。主动表达是公民自身意愿的主动表现，被动表达往往与国家的政治生态、政治设置密切相关。

对于处于社会转型时期的国家来说，社会经济越是发展，社会结构就越是分化。“经济发展使社会上的每一个人，每一个集团，每一个阶层都有了自己的经济利益，由于有了自己的经济利益，他们就会要求参与政治生活，要求了解政治体系的活动过程，尤其是关心政治体系的决策，关心政治体制将会给他们带来怎样的后果。”[①] 因此，会有越来越多的公众通过各种途径和形式进行意见表达并参与国家的政治生活。

民众的表达意愿不仅和外部的社会环境密切相关，而且和主体的政治文化素质紧密相连。改革开放以来，我国教育进入全面发展时期，义务教育不断完善，高等教育逐步加强，国民受教育程度不断提高。“2018 年，我国九年义务教育巩固率达 94.2%；普通本专科在校学生 2831 万人，15 岁及以上人口平均受教育年限由 1982 年的 5.3 年提高到 9.6 年。高等教育毛入学率已达到 48.1%，高于

① 王沪宁 . 比较政治分析 [M]. 上海：上海人民出版社，1987：237.

中高收入国家平均水平。”[①] 全民族文化素质的提升会对社会政治生活产生深刻影响，带来表达能力和表达意愿的持续提升。从20世纪90年代后期起，越来越多的意见表达超越个人利益诉求，呈现出为了公共利益而表明政治态度和发表意见的态势。如，2002年，律师乔占祥状告铁道部未举行听证会就在春节期间就擅自涨价；2006年，全国人大代表黄琼瑶建议取消劳动教养制度；2013年，20余位人口学学者联名建议全面放开二胎政策；2017年，清华大学邓志东教授建议大力发展人工智能技术与产业，把发展人工智能上升为国家发展战略。这些意见和建议不仅反映了表达意愿的提升、表达范围的拓展，而且推动了经济社会的发展。

二、网络参与的发展阶段

（一）以聊天为主的起源阶段

聊天功能的实现主要依托于网站设立的在线聊天功能，网民可以选择自己想要交流的对象在提供聊天的网站上设立聊天频道或者直接进入网站上已有聊天频道与他人进行交流，聊天的过程中以文字、图片、语音、视频为主，因以图文为主要聊天方式所要求的硬件水平相对偏低，网站对其的开发较为广泛，加之对使用者也未有技术方面的过多要求，更符合大众化需求。聊天中分为两种方式，一种是在同一个“聊天室”内，两人甚至多人同时进行交流，加入“聊天室”内的新人也会同步获悉，此方式称为“群聊”；一种是要求只与一人进行交流，聊天的内容相对隐蔽，不允许第三人知晓，此方式称为“私聊”。初期的线上聊天打破了时间与空间的限制，加强了网民之间的关联度，这种能够兼顾“群聊”与“私聊”的方式，使公众在无形之间形成了社会关系网络。2008年人民网舆情监测室提出，在中国已经出现了一个“新意见阶层”，这就是主要依托于互联网产生的阶层。

（二）以留言为形式的早期阶段

“聊天室”的开发与应用使使用者之间的联系更加密切，但聊天者之间往

① 国家统计局．沧桑巨变七十载 民族复兴铸辉煌 —— 新中国成立70周年经济社会发展成就系列报告之一 [R/OL].（2019-07-01）.http://zhuanye.eol.cn/201907/t20190711_1670231.shtml.

往会对多个主题进行交流，很少形成话题集聚情况，要想对某个话题进行深入细致的讨论还需要其他平台配合。在这种情形下，网络论坛与新闻网站为网民提供了场所，“留言跟帖”行为风靡互联网。跟帖评论主要出现在论坛、新闻网站上，在网络论坛中通常设置了时事评论、幽默搞怪、文章感悟等不同的版块，而网站也会根据各自的用户的数量及热点设置网站的特色版块，网民可以根据自己的需求进入到相应版块，经过浏览选择自己感兴趣的网站论坛进行信息注册。有的网站根据网民想要开设自己论坛版块的意愿，提供了可供使用的模板，鼓励用户申请自设论坛。网站论坛是一个开放式的留言板，用户在论坛上传文章、图片等行为是“上贴”，其他论坛用户会浏览或者进行评论，评论的行为称为“跟帖”，一个帖子可以拥有多个“跟帖者”，“跟帖者”多的帖子会成为热门帖。由于在论坛中发表评论时所用的名称可以进行虚构，很多人会用动物、文章中的话语作为自己的用户名，对用户隐私进行保护，在遵守论坛规则的情况下，用户之间可以根据自己的想法发表真实言论，网络论坛成为自由交换意见的空间，具有代表性的论坛有人民网的强国论坛、海南的天涯社区等。在新闻网站中也可以实现新闻跟帖，在权威性的新闻网站下往往会设立留言板，如人民网、中国新闻网等，网民在阅读新闻后跟帖留言，促使某一新闻成为热点新闻进而成为舆论议题。

（三）以新平台为支撑的强化阶段

2012 年，手机系统操作生态圈全面发展，移动互联网呈现井喷式发展，智能手机的应用极大方便了用户对相关议题的实时关注与评论，各类 APP 成为公众手机中的常备工具。目前，按照 APP 的媒体性质进行分类大致可以分为四类，第一类是以对信息进行筛选加工的传统媒体手机新闻 APP，如“澎湃新闻”；第二类是提供综合类信息资源和信息服务的门户网站，如“新浪新闻”；第三类是根据用户多样化需求，对其他网站的新闻进行引用聚合展示给用户的聚合类新闻 APP，如“今日头条”；第四类是具有更强用户针对性的垂直媒体类手机新闻 APP，如“财经新闻”。此阶段的平台信息更加丰富繁杂，成为网民政治参与的主流场地。值得注意的是，微博和微信公众号的兴起推动了网络参与更加迅猛地发展。

三、网络参与的技术优势和法律保障

（一）网络参与的技术优势

网络技术的作用在于形成了一个全球范围的、多媒体的信息传输、接收和处理系统，使人类的信息交流达到了前所未有的方便程度。互联网实现的不仅是技术上的突破，而且由于自身内在优势成为民众意见表达的重要平台。特点包括：

首先，参与的平等性。网络空间中的表达不需要标明自己真实身份，而是以数字、代码的形式出现，因而没有现实社会中地位、财富、等级的约束，呈现出表达的平等性。互联网出现以前，传统大众媒介是单向式的传播，普通群众只是被动的信息接受者，很难主动发布信息。网络空间是以无中心性的网状格局而无限扩展的，每一个连接点都可以接收和发布信息。普通民众只要能够上网，就可以表达意见和传播信息，改变了过去自上而下的信息传播模式。在20世纪末，“数字化生存”的倡导者尼葛洛庞帝就断言：“计算不再只与计算机有关，它决定了我们的生存。……在广大浩瀚的宇宙中，数字化生存使每个人变得更容易接近，让弱小孤寂者也能发出他们的心声”。[①]

其次，参与的充分性。社会网络化使社会信息的生产和沟通以几何级数倍增，信息的生产者不再局限于专业化和组织化的传播机构，每个可接近传播终端的个体都可能参与到信息的发布和互动中去。借助网络新兴媒体，人们不再是被动的信息接受者，而是想知道什么信息，就能知道什么信息，这样人们就可以根据自己情况选择信息进行表达。此外，由于存储技术和数据压缩技术的不断发展和广泛使用，存储费用及难度不断降低，网络上不仅可以大量存储各种各样的文本信息，而且还可以存储大量的图形、图像、声音、软件等各种类型的信息，使得民众的表达突破了载体的限制，产生了越来越大的力量。有人曾经这样形容：“当你的粉丝超过100，你就好像是本内刊；粉丝超过1000，你就是个布告栏；超过10000，你就好像是本杂志；超过10万，你就是一份都市报；

---

① 尼古拉·尼葛洛庞帝.数字化生存[M].胡泳，范海燕，译.海口：海南出版社，1997：14.

超过 100 万，你就是一份全国性报纸；超过 1000 万，你就是电视台。”①

再次，参与的即时性。“比特没有重量，能以光速传播，易于复制，可以由无限人使用，使用的人越多，价值越高。”②网络上信息传递方便快捷，可以最大限度缩短信息发布者与接受者之间传播时间，几乎能够做到“零秒传递”。现在通过手机进行现场直播，已经是常见的表达形式。一条信息只要上了网，很快就会被受众所知晓。如果事情本身具有冲击力，就会快速形成围观和聚焦。当前民众之所以更愿意采取网络维权的方式，主要是因为成本低、见效快，网络中存在着追求公平正义的强大后备力量。一旦得到了网络曝光，事情的进程就会有明显改观。

最后，参与的互动性。与传统的参与渠道相比，互联网给予普通民众一个聚集、讨论、交流以及在公共事务和公共生活中“扩大声音分贝”的出口。民众不仅可以接受信息，还可以根据自己的需要主动对信息进行甄别、拒绝、选择，还可以通过互联网直接表达自己的意见和建议。信息发布可以局限在特定的封闭的人际团体内，也可以面向更为广泛的社会公众和潜在参与者。网民在发布信息之后，受众也可以快速发表自己的意见，这些意见在交流碰撞后能汇聚成强大的舆论，进而要求信息的指向者做出回应。“在网络社会中，原本分散的公民个体因共同的兴趣或对某事务共同关注而迅速发出群体的声音，并使他们的声音被政府或政治家听到，从而给民主打下了潜在而又深深的印记。”③于是，互联网上的信息表达不再处于静止的状态，也不再处于单向流动状态，而是在一对一、一对多和多对多的互动联系中形成动态、多向、扩散式的新的信息流通方式。

（二）网络参与的法律保障

从系统论的观点出发，系统是有组织的和被组织化的全体，强调内外关系的有机统一。其中，“政治系统的维系和发展是通过输入、输出、反馈、再

① 百度贴吧 . 微博的作用 [EB/OL]. https://tieba.baidu.com/p/2483331939?redtag=0771322959&traceid.

② 尼古拉·尼葛洛庞帝 . 数字化生存 [M]. 胡泳，范海燕，译 . 海口：海南出版社，1997：211.

③ 迈克尔·德图佐斯 . 未来的社会：信息新世界展望 [M]. 周昌忠，译 . 上海：上海译文出版社，1998：149.

输入等环节而实现。输入为系统提供原料、信息和动力，也对系统提供压力，迫使系统采取有力政策摆脱困境，是政治系统赖以存续并维持长久生命力的基石。"[①]社会学的冲突理论也告诉我们，一个社会的长期稳定并不在于它没有矛盾和冲突,而在于它是否有合理的制度化渠道让不同群体的利益诉求得以表达，是否有恰当的机制容许不同利益群体沟通、协调，最终实现社会的稳定。[②]可见，政府应当通过多种途径吸纳社会诉求、民众意愿,从而使政策输出以民意为基础，增强民众对该系统的信任感和归属感，保证政治系统的稳定运行。随着市场经济的发展，公众表达的热情不断高涨，我国民众的政治参与取得了长足的进步，有力推动了社会主义民主政治建设。

网络时代，普通民众可以通过网络对各个层面的公共事务发表意见、表达诉求、维护权益，互联网正在成为广大民众行使知情权、监督权、表达权、参与权的重要渠道之一。互联网越是普及，民众的网络参与意愿就会越发强烈。面对不断增加的意见表达，法律也进行了保护和规约。我国《宪法》第三十五条规定：中华人民共和国公民有言论、出版、集会、结社、游行、示威的自由。表明言论自由是公民的基本权利，受到国家根本大法的保护。网络参与是现实社会中公民言论自由权利在网络空间的延伸和实现，同样受到法律保护。2016年11月，第十二届全国人民代表大会常务委员会通过了《中华人民共和国网络安全法》，其中第十二条明确规定："国家保护公民、法人和其他组织依法使用网络的权利，促进网络接入普及，提升网络服务水平，为社会提供安全、便利的网络服务，保障网络信息依法有序自由流动。"[③]作为一种新兴事物，民众网络参与也存在诸多不足。如，表达动机鱼龙混杂、表达内容真伪并存、表达秩序相对混乱等，需要法律加以规约以保证其在健康轨道上运行。《互联网信息服务管理办法》第十五条规定："互联网信息服务提供者不得制作、复制、发布、传播以下九类信息：含有反对宪法所确定的基本原则的；危害国家安全，泄露国家秘密，颠覆国家政权，破坏国家统一的；损害国家荣誉和利益的；煽

① 戴维·伊斯顿.政治生活的系统分析[M].王浦劬，译.北京：华夏出版社，1989：26.

② 尹保华，魏晨.通识社会学[M].长春：吉林人民出版社，2004：99.

③ 全国人大常委会.中华人民共和国网络安全法[EB/OL].http://www.gov.cn/gongbao/content/2011/content_1860864.htm?IDTc6TT2Il0d.

动民族仇恨、民族歧视，破坏民族团结的；破坏国家宗教政策，宣扬邪教和封建迷信的；散布谣言，扰乱社会秩序，破坏社会稳定的；散布淫秽、色情、赌博、暴力、凶杀、恐怖或者教唆犯罪的；侮辱或者诽谤他人，侵害他人合法权益的；含有法律、行政法规禁止的其他内容的。”[①]《中华人民共和国网络安全法》在保护公民网络参与权利的同时，也作明确要求：“任何个人和组织使用网络应当遵守宪法法律，遵守公共秩序，尊重社会公德，不得危害网络安全。”

四、网络参与的影响

（一）正面影响

首先，为政府决策提供信息。在管理决策过程中，决策者进行理性判断和抉择的能力是有限的，在有限理性下，决策只能达到满意化而不是最优化。有限理性阻碍了行政决策科学化的实现，而造成了人类有限理性的主要原因是信息的缺失。网络参与者可以将其见解和意愿随时发布于网上，并且带动其他网民就相关问题各抒己见，引发信息的网上聚集，这样有可能实现在适当的时候把适当的信息提供给适当的决策者，从而减少由于不完全信息导致的有限理性。在“周老虎事件”初期，“打虎派”和“挺虎派”各执一词，争执不下，呈现胶着状态。网友“攀枝花 xydz”在天涯论坛上发了一张年画虎的截图，表明周正龙照片中的老虎是假老虎，是依据年画虎而拍摄，为政府随后对事件的定性处理提供了坚实依据。

其次，有利于提升公民参政能力。在网络参与行为中，尽管网民的组成结构、心理特征、文化水平层次不一，但开放的网络平台，近距离的对话窗口，多元化的互动方式，不仅有助于政治参与制度的不断完善，而且还有利于提高参与主体的参政议政能力。网民针对社会中的热点问题通过微信、微博、博客、论坛或者其他网络公共平台发表自己的建议和意见，政府经过调查研究后会对问题进行反馈。这个持续的过程体现了政府与公民之间的互动，有助于公民养成主动参与政治生活的责任意识和习惯。中青在线的青年话题论坛版主李方认为：

① 国务院 . 互联网信息服务管理办法 [R/OL].http://www.cctv.com/news/china/20001001/80.html.

“网络生活给了很多人最初的民主训练：网络使人们意识到言论自由表达的重要性，而且言论自由又是一个民主社会的基石。人们通过自由的表达，特别是负责任地发表自己的意见和观点，开始意识到自己的公民身份。”①

再次，扩大了政治监督的效能。开放的网络平台使得任何人都可以自由传播信息、发表意见，网民只要具备一定的计算机技术、能承担基本的上网费用，就可以便捷地发布或发表自己关于反腐倡廉方面的信息或看法，大大降低了普通民众表达和传播个人意见的门槛。政府也从网络集群行为的信息表达中获得大量线索，了解情况的成本也在降低。同时，网络参与行为基本上是自发的，不是一种政府或组织行为。任何一个网民只要发现问题官员或腐败情况，都可以在网络上进行反映，不需事先经过任何组织和机构的同意。可见，网络时代人人都是监督员，借助亿万网民的力量，官员的一言一行可以成为大众观察的阳光区域，不再是不可见的灰色地带。因此，“明智的为官者为人做事一定小心翼翼，从而也少犯法，少犯错误，这必然是时代的一大进步。”②

（二）负面影响

首先，加剧阶层对立。因为人总是归属于特定的群体，维护某个阶层利益就会伤害其他阶层的利益。非理性网络参与行为的频频发生使得很多群众认为：权益被侵害后，通过合法手段、制度性渠道难以有效维护，相反，只有把事情“闹大”才被重视，问题才能得到解决。这就造成了社会主要规范和重要价值观念受到质疑，“对社会一些重要规范的群体性背离而使社会变得不可预测，并造成维护规范与背离规范两种社会成分之间的紧张与冲突”③，从而使社会秩序与社会稳定受到威胁。

其次，虚假信息干扰政府决策。网络参与者是一个集信息接受者、发布者、传播者于一身的角色，加上网络信息的虚拟性、多向传播性和海量性特征，使得政府无法做到像传统媒体那样对其进行严格的审查和筛选，控制和把关的难度非常大。其中的理性言论会对政府决策提供有价值的信息，并起到民主监督的作用。但是虚假信息在网络的泛滥，也妨碍人们正常判断，特别是在“一边

① 李方．互联网：民主？大民主？[J]. 凤凰周刊，2004（8）.

② 张传发．网络时代人人都是“监督员”[N]. 农民日报，2008-12-15.

③ 杨和德．集群行为研究 [M]. 北京：中国人民公安大学出版社，2002：24.

倒”的舆论压力下，容易形成与现实不相符合的意见，造成政府决策不当。“杭州飙车案”一审判决后，一名网民以“刘某明”为网名发了大量的帖子，称“受审的胡某是替身，而非本人”，对公众舆论进行了误导，引发了网民的种种猜测，对政府决策也造成了负面的影响。在经过多方调查之后，事实证明该网民所说不属实，公安机关对其进行了行政拘留十天的处罚。[①]

再次，情绪化表达妨碍司法独立。司法独立意味着司法权应避免任何外来干预，由司法机关独立行使，不受其他政治机构和社会团体所左右。在网络参与过程中，带有情绪色彩的言论更有传染力与煽动性，在其引导下往往会形成简单化的道德结论。这种现象最为重要特征是在司法部门对案件审判之前，网络舆论先于司法程序对涉案者的定罪、量刑或败诉、胜诉抢先进行判断，发布结论，进而通过媒体的舆论力量影响司法机关的审判结果。用道德标准评判法律是非，有时与法律标准相同，有时可能不同甚至截然相反。司法审判需要的是严格法律意义上的真凭实据，倘若没有经过证据法、程序法的认定，法院不能随意用来裁判案件。从法理上来说，“网络审判”违背了国际司法通行的“罪刑法定”原则，与社会公平、正义的要求背道而驰。但是，在网络舆论“一边倒”的重压之下，司法机关有时不得不做出迎合公众的判决，导致对司法公正的干扰和伤害。

---

① 吴廷俊 . 新媒体时代中国舆论监督的新议题：网络揭黑 [J]. 现代传播（中国传媒大学学报），2011（01）：34–39.

第四章　网络集群行为

当今中国社会急速变迁，现代化进程中伴随着各种利益关系的深刻调整，同时也意味着各种冲突和矛盾相对集中呈现。网络集群行为作为社会冲突的网络呈现，它的频频发生往往造成强烈的社会反响，对整个社会的政治、经济、文化和公众心理、价值选择和行为方式带来冲击，关于网络集群行为的研究也因而具有了重要的理论和实践价值。

第一节　网络集群行为的概念

为了准确把握新出现的事物，人们往往把所感知的事物的本质特点抽象出来以形成概念。概念作为反映事物本质属性的思维形式，体现了对新事物从感性认识到理性认识逐步深化的过程，是进行科学研究的逻辑起点。针对目前学界关于网络集群行为概念众说纷纭的状况，本文试图运用历史分析和要素归纳的方法加以界定。

一、历史分析：承继了现实集群行为的主要特征[①]

历史分析法是运用历史观点分析客观事物的一种方法，强调客观事物的出现总是有它的历史根源，只有追根溯源才能弄清其实质、揭示其特征。

2003年3月，湖北青年孙某某被广州市公安机关以“三无”人员的理由收押，在拘禁期间被收容所员工殴打身亡。此事不仅在现实社会引起了强烈反响，而且也带来了大规模的网络声讨。此事件发生后，一些学者开始关注网络媒体在

① 集群行为和群体性事件是对同一内容的不同表达，二者可以通用。文中引用的一些学术论文虽以“群体性事件”为中心词，但所指涉对象与集群行为是一致的。

事件集群中的作用。2003年6月，徐乃龙的文章《群体性事件中网络媒体的负面影响及其对策》提出："网络媒体的多样性、开拓性，其传播的速度快、范围广、自由度高、难以监控，使其在群体性事件发生过程中容易产生不真实和不恰当的报道，增加事件的处置困难，甚至致使事件恶性发展。"①这篇文章最早把群体性事件和网络媒体联系起来。2006年11月，郑大兵、封海东在分析现实群体性事件发生范围时，第一次使用了网络群体性事件的术语："各级党委、政府高度重视预防和解决群体性事件，有效缓解了很多事件的发展。但有一个领域的群体性事件却往往得不到足够的重视，虽然目前它还不是十分尖锐，但却发展迅猛、影响很大，这就是网络群体性事件。"②2007年9月，揭萍、熊美保在《群体性事件及其防范》一文中说："网络群体性事件是指在一定社会背景下形成的'网中人'群体，为了共同的利益利用网络进行串联和组织，公开干扰网中网外秩序，干扰网络正常运行，造成不良的社会影响，乃至可能危及社会稳定的集群事件。"③这个定义第一次对网络群体性事件进行了概念界定。2009年，网络集群行为进入高发期，先后发生了"杭州欺实马""上海钓鱼执法""巴东邓某某""艾滋女"等轰动全国的事件，使得学界对网络集群行为的研究呈现出快速增长的态势，也导致了概念界定的众说纷纭。

从网络集群行为的发展轨迹和既有研究可以看出：网络集群行为作为一种社会现象，是在网络逐步普及的时代背景下出现的；网络集群行为作为一个学术概念，则是在研究和应对现实集群行为网络扩展的过程中产生的。在逻辑关系上，网络集群行为和集群行为是从属关系。因此，要厘清网络集群行为概念，就有必要先解释什么是集群行为。

毛泽东主席曾在"关于正确处理人民内部矛盾的问题"的重要讲话中指出："一九五六年，在个别地方发生了少数工人学生罢工罢课的事件。这些人闹事的直接原因，是有一些物质上的要求没有得到满足；而这些要求，有些是应当和可能解决的，有些是不适当的和要求过高、一时还不能解决的。但是发生闹

---

① 徐乃龙．群体性事件中网络媒体的负面影响及其对策[J].江苏警官学院学报，2003（06）：11-14.

② 郑大兵，封海东，封飞虎．网络群体性事件的政府应对策略[J].信息化建设，2006（11）：34-35.

③ 揭萍，熊美保．网络群体性事件及其防范[J].江西社会科学，2007（09）：238-242.

事的更重要的因素，还是领导上的官僚主义。”[①]可见，毛泽东是将此类事件界定为“群众闹事”的，以区别于“阶级敌人”的捣乱破坏，总体上强调其人民内部矛盾属性，突出其政治性。

2004年，中共中央办公厅、国务院办公厅对此类事件做了统一界定：“群体性事件是由人民内部矛盾引发、群众认为自身权益受到侵害，通过非法聚集、围堵等方式，向有关机关或单位表达意愿、提出要求的事件。”[②]从这个定义可以看出：群体性事件的主体是由人民群众中的一部分聚合而成的群体，而具有敌对政治立场的组织、势力、犯罪集团等，一般被排除在群体性事件主体的范围之外；群众参与群体性事件的主观目的是为了维护权益、表达诉求或发泄不满，是希望政府解决其现实问题；群体性事件的客观方面是实施了游行、示威等制度外行动，对社会秩序和社会稳定造成负面影响；就事件呈现的本质特征而言，群体性事件具有规模性、冲突性、集群性、人民内部矛盾等特征。

网络集群行为来源于现实集群行为的事实表明，其概念界定也必须满足以上特征。

（一）规模性

“所谓集群行动，就是有许多个体参加的、具有很大自发性的制度外政治行为。”[③]群体性事件中构成事件主体的不是单个的人或少数几个人，而是由多人聚合而成，规模性是其重要的外显特征。依据目前的分类，小规模的现实集群行为有十几人或几十人参与，中等规模的事件有上百人或几百人参与，大规模的有上千人或几千人参与，超大规模的集群行为有万人以上参与。

网络集群行为也具有明显的规模性，数十万、百万级参与人数的事件屡见不鲜。因为，传统集群行为的组织、动员、串联受到时间、空间、人力和资源的限制，很难在较短的时间内聚集大量的人群，而网络却可以凭借自身的隐蔽性、低成本、高效性等优势克服上述限制。因为，互联网除了作为信息传播的渠道之外，还是一个互动的平台，这种互动使原先松散的社会个体在同一个社会议

① 毛泽东选集（第五卷）[M]. 北京：人民出版社，1977：395.

② 中共中央办公厅，国务院办公厅 . 关于转发《积极预防和妥善处置群体性事件的工作意见》的通知 [EB/OL].http://www.doc88.com/p-395268464900.html.

③ 赵鼎新 . 社会与政治运动讲义 [M]. 北京：社会科学文献出版社，2006：2.

题的引导下凝聚成为一个相对组织化的群体。

（二）集群性

戴维·波普诺（David Popenoe）强调："群体是由两个以上的具有共同认同和团结感的人所组成的集合，群体内的成员相互作用和影响，共享着特定的目标和期望。"[①] 古斯塔夫·勒庞（Gustave Le Bon）也认为："大量的个人聚集在一起并不足以构成一个群体，只有聚集成群的人，他们的思想和情感全都转到同一个方向，他们自觉的个性消失了，形成一种集体心理，才可称之为一个真正意义上的群体。"[②] 也就是说，群体并不是社会个体毫无关联的物理组合，而是需要以基本一致的共同目的、共同情感、共同行动为基础。群体成员要有相同或相似的群体意识，要有一套共享的群体规范，要有持续的相互交往活动。这些联系使得群体成员情感上比较接近，语言上容易沟通，行为上趋于一致。街道上熙熙攘攘的人群、剧院里密密麻麻的观众、超市里摩肩接踵的顾客，虽然都是大规模的人群聚集，但因为不具备上述特征就不能称之为集群行为。

心理学研究表明，每个人都害怕孤独和寂寞，都希望自己归属于某一个或多个群体，可以从中得到温暖，获得帮助和爱，从而消除或减少孤寂感。计划经济时代的社会成员归属于单位，每个人都清楚知道自己所属群体以及自身所扮演角色，无须为"我是谁""我属于谁"这样的问题而困惑。伴随着当今中国的社会转型，职业变迁处于不断流动之中，社会成员接触的环境、人群不断扩大。与之相适应，人的社会归属感也受到了强烈的冲击，单位归属受到了很大的挑战，人需要找寻更为宽泛的群体归属才可以满足自己的心理需要。只有这样才"可以抵消广泛存在的疏离感、陌生感、孤独感等，这些感受由于社会流动性增强、传统社群的瓦解、家庭活动的分散化、代沟和持续的城市化而变得更加恶劣"。[③] 数字媒体有巨大的容纳性，网络提供了汇聚海量信息的平台。

① 戴维·波普诺．社会学（第十一版）[M]．李强，译．北京：中国人民大学出版社，2007：114.

② 古斯塔夫·勒庞．乌合之众——大众心理研究 [M]．冯克利，译．桂林：广西师范大学出版社，2007：45.

③ 亚伯拉罕·马斯洛．动机与人格（第三版）[M]．许金声，等，译．北京：中国人民大学出版社，2008：27.

网民通过参与网络事件可以寻找某种作为联系的心理纽带，形成相同或相似的价值理念、群体意识乃至共享的群体规范，在持续的交往互动中获得情感愉悦和归属满足。网络集群的性质也是如此，网民之所以参与网络群体性事件，是因为大部分参与者有着共同的心理基础和价值理念，能够根据各自的偏好采取目标一致但方式各样的行动。

（三）出现社会行动

在社会学的视野里，集群行为必须要以社会行动为外在表现，不可能出现超越或脱离社会行动的集群行为，否则的话就只能是内在的集体意识或集体心理。韦伯认为，了解社会要从了解行动者入手，因为社会是由千千万万的行动者构成的；而了解行动者就要从社会行动开始，因为行动者通过行动来完成目标，参与社会运作，实现价值。韦伯还定义了四种社会行动的类型："目的理性的行动、价值理性的行动、情感式的行动、传统式或威权主义式的行动。以上四种分类可以作为社会学家的分析工具，个体对这四类行动类型又有不同的反应，从而形成了一个各种类型的行动相互交织的综合体。"① 帕森斯（Talcott Parsons）也强调："社会理论进行经验研究的主题之所以是人类行动，是因为人通过表达意义的各种象征，表现出他们的主观感受、观念和动机，而且使人的行动和各种内化的无形因素联结起来。"②

网络集群中的社会行动以电脑为平台，以光纤为连接载体，以基本的 IT 技术知识为进入手段，通过网站、博客或 QQ、微信群，传播各种与行动相关的资讯和理念主张，建构行动的议题，动员广泛的社会公众参与其中，通过网络发声和互动表达诉求，形成网络集群独有的"众声喧哗"。

（四）冲突性

社会矛盾是推动社会发展的动力，也是社会冲突的根源。集群行为之所以出现，是因为参与者有一个没有实现的共同诉求，而这个诉求又和其他群体或制度存在矛盾冲突。在现实生活中，这种矛盾可能是经济方面的，也可能是政

① 马克斯·韦伯 . 经济与社会 [M]. 闫克文，译 . 上海：上海人民出版社，2010：1543.

② 塔尔科特·帕森斯 . 社会行动的结构 [M]. 张明德，等，译 . 南京：凤凰出版社，2008：56.

治方面或其他方面的；有的是直接的，有的是间接的；有的是已经实际受损的，有的是尚未受到损害或不会受到损害但群众自认为会受到损害的。

网络群体性事件是现实社会矛盾的网络呈现，矛盾和冲突的存在是其生成的前提。虚拟现实理论告诉我们，网络是现实生活的一种折射，每一起网上群体性事件都能够从现实中找到触发点和源头。“赛博空间并非是一个与现实社会截然分开的存在，它毕竟仍然以种种方式或种种渠道联系着现实社会中的历史积淀，联系着现实社会中的脉搏跳动，现实生活中的种种文化的、心理的乃至政治的、权力的关系仍然会自觉不自觉地以不同程度地带入到赛博空间中。”[①] 比如，“我爸是李刚”事件体现了普通民众和特权阶层的冲突，“范跑跑”事件体现了高层次道德和低层次道德的冲突，“赞美师娘”事件体现了严谨治学与学术不端之间的冲突。

黑格尔（Georg Hegel）曾经说过：“公共舆论是人民表达他们意志和意见的无机方式。……其中包括一切偶然的意见，它的无知和曲解，以及错误的认识和判断也都出现了。”[②] 埃瑟·戴森（Esther Dyson）也指出：“数字化世界是一片崭新的疆土，可以释放出难以形容的生产能量，但它也可能成为恐怖主义和江湖巨骗的工具，或是弥天大谎和恶意中伤的大本营。”[③] 网络集群中的冲突表达既有实事求是的理性分析，也有侮辱谩骂式的人身攻击、不符合事实的谣言、对他人隐私的公开曝光等非理性行为。

（五）人民内部矛盾

人民内部矛盾与敌我矛盾在性质上的不同表现在于：敌我矛盾是对抗性的矛盾，矛盾双方在根本利益上是对立的、互相冲突的，其中任何一方利益的实现，都必定以牺牲另一方利益为必要条件；而人民内部的矛盾是在根本利益一致基础上的矛盾，存在着的只是局部和暂时利益的矛盾，而这种矛盾按其本性来讲是相互依赖、相互渗透、相互转化的，其中任何一方利益的实现都可能促进另

---

① 刘丹鹤．赛博空间与网际互动——从网络技术到人的生活 [M]. 长沙：湖南人民出版社，2007：153.

② 黑格尔．法哲学原理 [M]. 范扬，张启泰，译．北京：商务印书馆，1961：332.

③ 埃瑟·戴森．2.0 版数字化时代的生活设计 [M]. 胡泳，范海燕，译．海口：海南出版社，1998：17.

一方利益的实现，或者为另一方利益的实现准备必要的条件。

就总体而言，群众参与群体性事件的目的不是为了重构社会价值和政治体制，而是以具体的经济利益或其他合法权益为诉求目标，常常是群众在利益受损或不满情绪长期积累之后的一种反应性行为，往往围绕着一些具体问题特别是一些现实的经济利益问题而起，也因这个问题得到某种程度的解决而止，具有被迫反应性和暂时性的特点。我国已发生的群体性事件的目的都是为了引起政府和有关部门的关注和重视，使其所要求的问题得到解决。肖唐镖依据几次大规模的问卷调查后分析指出，群体性事件参与者“依然认同于现行的政治基础和制度框架，并无意变革之。……目前这种不稳定事态的目标是短期的、微观的，而非中长远的、宏大的，针对的是有关的政策（及其执行者），谋求的是解决身边的现实问题，而非要求国家制度层面的变革。”[①] 于建嵘教授在研究农村群体性事件时也指出，“约束基层公共权力而不是取而代之，这是农民维权抗争与‘造反夺权’的根本性区别。”[②] 可见，群体性事件中的群众诉求大多是合情合理的，事件性质属于非政治性、非对抗性、暂时性、局部性的人民内部矛盾。

在进行理论研究时，应当准确把握网络集群行为的人民内部矛盾属性，不能把对抗性的敌我矛盾纳入其范畴。比如一些反动言论在网络上的汇聚，尽管有一定规模，也有明确的价值取向和对立冲突，但因为是敌我矛盾，就不能称为网络群体性事件。当然，也不能把没有矛盾的事件也纳入网络群体性事件范畴，比如网络上对“最美女教师”“最美司机”的赞扬、“你妈妈喊你回家吃饭”的网络炒作以及“网络水军”的行为等。

二、要素归纳：具有鲜明的网络属性

要素归纳法指通过对被界定对象的发生场域、行为主体、表现形式等要素进行分析，依据事实归纳概念的方法。如果说历史分析法强调纵向的承继关系，要素归纳法则强调横向的内涵概括。网络集群行为和现实集群行为区别在于发生场域的不同，以及由不同场域而带来的行为主体、表现形式的不同。因此，

---

① 肖唐镖. 从农民心态看农村政治稳定状况——一个分析框架及其应用 [J]. 华中师范大学学报（人文社会科学版），2005（05）：10-17.

② 于建嵘. 利益表达、法定秩序与社会习惯——对当代中国农民维权抗争行为取向的实证研究 [J]. 中国农村观察，2007（06）：44-52.

网络集群行为除了要具备现实集群行为的一般特征外，还应当在网络空间内考察分析它的构成要素。否则，就无法和现实集群行为相区分，也没有必要产生网络集群行为这一新的概念。

（一）参与主体——网民

在当今中国10亿多网民中，相当一部分经常浏览网络新闻，关注社会热点，并对热点问题产生意见，能够催发出具体的网络行动，成为网络集群行为的主体。依据他们在网络集群中扮演的角色不同，大致可以分为以下几类：

1. 网络求助者

一些现实社会中利益受损的民众，如果通过传统渠道无法解决问题，就会使用网络求助的方式，将具有某种共同利益或者价值观念的人在网络上聚集起来，通过网络民意形成群体压力，从而最大限度地保障其共同利益和价值。当然，在互联网应用不断普及的情况下，也有一些网民没有经过传统渠道的尝试，就直接在网上发帖求助。网络求助者使用的手段和现实群体性事件中的"问题化"策略很相似。受政府官员的时间、精力和资源所限，只有小部分最紧迫的问题能进入议事议程。民众反映的问题尽管客观存在，却不意味着可以得到有效解决。为了尽快和尽可能好地解决问题，他们总是强调问题的严重性，把自己的困境建构为政府真正关心的社会问题，从而使政府不能够推诿和敷衍，这也可以说是民众对政府采取的强制性议程设置。

2. 网络搬运工

网络搬运工指不做原创，对网络信息进行转发或把信息从传统媒体搬到网络上的网民，主要指博客、微信、微博的转发者和一些网站的编辑。自媒体时代，信息源遍布网络覆盖的地方。每一个公众只要有手机或网络，都可以将文字、图片、视频、音频传送出去，而接收者同时又可以是下一个发送者，新闻的生产者、发送者与接收者不再有身份区别，记者和受众的概念模糊甚至消失。自媒体的传播路径不再是传统媒体的一对多的扇形模式，而是多对多的网状模式。同时，不同的载体之间信息发送路径完全没有技术屏障，如公众随时可以将博客上的信息转发到即时通信软件、交友平台、论坛上。在海量的网络信息中，选取有价值的信息并得以有效传播则成为网络搬运工的任务。另外，由于每个网站对网民言论管理的严格程度不同，在这个地方被屏蔽的内容，在其他地方却可以发布，网络搬运工就常常把网民关注的舆情热点搬运出来。

根据网络搬运工发布信息的动机和目的不同，“搬运”行为大致可以分为以下几类：一是出于道德义愤而曝光丑恶行为，如针对2008年“范跑跑”、2011年“郭美美”的搬贴；二是认为有意思的话题或信息，如韩寒和方舟子的骂战，一些热点事件中的图片等；三是希望借助网络维护社会公德和公平正义，此类转发最容易促成大规模的网络群体性事件。

3. 网络围观者

网络围观者指通过新闻跟帖区、论坛、微博、博客、贴吧等渠道，对热点人物、事件或话题进行点击、跟帖和评论的网民。网络围观能使一些发生在小范围内的事件迅速得以传播，最终生成为全社会关注的事件。网民的网络围观可以划分为三个层次。第一个层次网络围观的主要特征是围观者观而不语，比如点击网络新闻、“泡论坛”等。在这种围观中，围观者大多不发表或极少发表言论，不会产生激烈的话语论争。第二个层次网络围观的主要特征是围观者既观且评，围观者通常会在一定的网络空间内展开激烈的论争，但这种争论只停留在网络世界之中，围观者的行为不会延伸到现实生活。第三个层次的网络围观主要特征是围观者既观又评且行，围观者不仅在网络中发表言论，而且其情绪会跨越虚拟的网络世界以现实的实际行动对被围观者造成影响。

《中国青年报》的民意调查显示，网络围观的功能具有两面性：“一方面，它产生积极的社会干预，能够形成强大的舆论监督力量；另一方面，它又会产生消极后果，存在着容易被利用达到炒作目的，损害当事人合法权益等问题。”[①] 在非理性的网络围观中，被围观者不仅面临隐私可能遭到暴露的危险，而且还必须承受激烈话语带来的精神重荷。比如，“姜某事件”[②] 中，被围观者的隐私信息被网民公开，遭到单位停止工作后被迫辞职，生活受到极大影响。不仅如此，来自网民的恐吓和威胁也使此事件的当事人承受了巨大的精神压力而出现精神抑郁，最终只得拿起法律武器来抵挡围观者的进攻。“民众狂热而非理性的群众暴力行为，是这个事件的根源所在。人民高呼着正义的口号，用某种极端甚至野蛮的方式，在精神上对事件当事人进行摧毁，当这种群众暴力发泄在了错

① 向楠.民调：84.7%受访者确认“网络围观”现象普遍[N].中国青年报，2011-05-26.

② 2007年12月29日晚，31岁的白领女子姜某从24层楼的家中跳下身亡。在之前的两个月，她的日记将自杀原因归结为丈夫出轨，该日记后在网络曝光。

误对象上时，所酿成的悲剧会是非常可怖的，足以将一个人的精神信仰彻底摧毁，甚至造成对肉体的直接损害。”[①]

4. 网络意见领袖

美国学者拉扎斯菲尔德（Paul Lazarsfeld）等人在从事一项关于总统选举的投票行为调查时发现，大众传媒向社会大众传递信息时，存在着二级传播的现象，即“意见通常从广播和印刷媒介流向意见领袖，再从意见领袖流向人群中不太活跃的部分”[②] 拉扎斯费尔德由此在《人民的选择》一书中正式提出了意见领袖的概念，用来指代在信息传递和人际互动过程中少数具有影响力、活动力，但并不是经正式途径产生的民众。意见领袖一般颇具人格魅力，具有较强综合能力和较高的社会地位，在社交场合比较活跃，并且拥有很强的公民意识，愿意为弱势群体呐喊代言。他们拥有信息、经济、政治、文化知识的优势，在自己领域内拥有能力和话语权，他们的加入大大增加了集群行为的力量。以 2003 年“孙某刚案”为例，孙某刚因无暂住证被强制送至收容所并导致死亡的事情震惊国内，网民强烈要求有关部门彻查真相，给予官方很大压力。但对事情起决定性作用是五位著名法学家联名上书全国人大常委会，提请相关部门就该案及收容遣送制度实施状况启动特别调查程序，政府随后派出专门小组查清此案，同时促使国务院废除了《城市流浪乞讨人员收容遣送办法》。

意见领袖不仅在现实社会中存在，在虚拟的网络空间中也同样存在。他们具有相当程度的号召力与话语权，能够基于自己的阅历、知识，评价事件当事人的对错、分析事件发生的根源、预测事件的社会影响等，影响、改变网民的态度和行为，形成具有一定影响力的主导型舆情。网络意见领袖不仅是群体中积极的信息交换者，还能够成为群体中的焦点人物和意见导向，他们的思想和观点能扩散到较大范围，影响更多的人，并获得较高的认同和支持。他们包括社会名人、知识分子、草根写手以及论坛版主等。在具体事件中，他们可能并未实然出现在现场，但是其网络言论往往在网络讨论中充当着掌舵人的角色，引导着事件不断深入的讨论下去，直至形成强烈的社会效应。网络意见领袖与

---

① 古斯塔夫·勒庞．乌合之众——大众心理研究 [M]. 冯克利，译．桂林：广西师范大学出版社，2007：55.

② Lazarsfeld.The People’s Choice：How the Votes Makes Up His Mind in a Presidential Election[M].New York：Columbia University Press，1948：151.

受影响者之间的关系建立则是依靠双方持续对某一共同内容的关注以及受影响者对自己所推崇的意见领袖及其言论的关注。

5. 网络推手

网络推手是指通晓网络操作规则、熟谙大众接受心理、以营利为主要目的，能够借助网络媒介进行策划、实施并推动特定对象产生影响力和知名度的人。从早期自我炒作的木子美、宁财神等，到后来炒作出了“芙蓉姐姐”“凤姐”“小月月”等著名网络推手老浪、陈墨等，网民们在不知不觉中已经和他们打了很久的交道。网络推手也从一开始的坚决否认，到如今以营销公司抑或是公关公司的名义广泛存在，公开招揽生意。依据CNNI数据监测统计，微视觉、乐云传媒、尔码中国三家公司在众多网络推手公司中排名处于2019年的前三位。[①]

一般而言，网络集群行为中推手们的炒作路径是：寻找或刻意炮制的一些非常规事件，通过写手在网络发表刺激性文章，然后雇佣一些底层的发帖、刷帖者，迅速将所需话题置顶、推为精华帖，吸引更多网民的点击和关注；当大量网民开始关注事件后，炒作人员就会分析当前的网民心态，准确把握网民的情绪点，利用持续不断的发帖、回帖和更加刺激情绪的“偶然”事件引起更深的内聚动员和外扩动员。当把话题“养”到差不多成熟的时候，就联络网站编辑制作专题在大型网站上推广；当网络推手将话题变为舆论焦点后，传统媒体自然而然就会不断地报道有关的信息。这时，网络媒体和传统媒体相互促动，让该话题不仅是网络舆论焦点，同时也成为现实中的舆论焦点。

目前国内网络推手已逐渐走向组织规模化，但由于此行业没有形成成熟的自律和他律规范，一些公司为追求商业或其他利益而用“非主流”、耸人听闻的手段挑战受众的心理极限进行恶性炒作。“为吸引眼球，网络推手大多通过精心编造的令人感动、震惊或愤慨的情节，来诉诸网民简单的同情心和正义感，刺激他们的情绪性反应，以达到群情激昂的轰动效果，引起网民们的声援如潮或强烈反响。”[②]然而，真实性是新闻的生命，这些网络推手的炒作往往只顾新闻运作效果的成功与否，而没有顾及事实本身。在一些网络集群事件中，网

① 搜狐.2019中国十大网络推手排行榜[EB/OL].（2020-01-08）. http://www.sohu.com/a/365475830_120161676.

② 庄瑞玉. 网络红人或者网络热门事件的背后，大多有“网络推手”操纵的影子[N]. 深圳特区报，2009-04-07.

络推手甚至连捕风捉影都没有做到，就直接采用捏造事实、传播制造谣言的方式吸引网民的关注。

（二）表现形式——意见的网络汇聚

转型时期的中国各类矛盾集聚，网络成为意见呈现的一个平台。网民为了保障其共同利益，往往借助网络表达向政府和当事人施加压力，期望以此影响或改变事件的走向。网民通过各种形式将自身的意见汇聚于网络，在很短时间内就能够快速形成一个强大的关注、质疑、批评群体，出现“一呼而百万应”的效果。有学者统计：“网络群体性事件中的本体事件一经发生，一般在 2 至 3 小时后就可在网上出现，6 小时后就可被多家网站转载，24 小时后在网上的跟帖和讨论就会达到一个高潮。”[①] 在网络应用日益多样化的背景下，网民发表意见及汇聚的方式有以下几类。

1. 新闻网站上的跟帖评论

新闻网站指以新闻业务为主要经营内容的网站，包括新华网、人民网等政府网站，网易、新浪等商业网站，长江网、大洋网等地方网站。在网络新闻不断增加、更新的情况下，网民为避免被烦冗的信息干扰，会主动通过浏览特定的门户网站获取新闻信息。在随机或有意的阅读行为中，有些事件的内容或报道角度会引起网民关注，产生共鸣或不满。这时，一些网民会敲击键盘对新闻进行评论，或针对其他网民的评论进行评价。现在多数新闻网站都在新闻正文后设有网友评论入口，其功能是让网友即时发表自己阅读新闻之后的感受、观点和意见。如新浪网、腾讯网的“我要评论”、网易的“发帖区”、搜狐网的“我来说两句”、人民网的“我要留言”等。这些网友的留言评论以跟帖的形式与新闻正文“捆绑”在一起，形成互文关系。

网络新闻跟帖评论由网友自行发布在网络媒体上，具有很强的个体性和随意性，属于一种大众化的意见表达，虽然跟帖评论需要经过网站审核后才能发布，但几乎所有网站都会在显要位置申明：“本评论只代表网友个人观点，不代表本网站观点。”因此，网络新闻评论的门槛很低，只要不违背相关法律法规，

---

① 姜胜洪．网络舆情热点的形成与发展、现状及舆论引导 [J]. 理论月刊，2008（04）：34–36.

任何人都有可能使自己的评论进入传播渠道，形成网络时代的“众声喧哗”。

2. 网络论坛中的发言及评论

BBS（Bulletin Board System）意即电子公告牌或电子公告栏，是用计算机及软件建立的一种电子数据库，可以让人们登录，并在上面留下各种各样的信息。网络论坛是基于BBS功能建立起来的网络讨论系统和多元言论空间，里面的信息通常可以分为若干个话题组，任何用户在这个公共区域里都可以阅读或提交信息，比较有名的全国性论坛有天涯社区、西祠胡同、强国论坛等。论坛的新闻或信息由网民自行发布，网民既可以根据自己感兴趣的事件、新闻、议题、现象、问题以及自我遭遇的挫折、怪事等发表感慨或感想，吸引其他人的讨论参与，将公众意见聚焦到所设定的关注主题上；也可以参与其他主题论坛板块的讨论，发表个人见解，附议热点话题，增加舆论热度。

论坛通常招聘一些知识或技术精英担当论坛的版主、管理员，由他们对网民发布的帖子进行管理，如编帖、封帖、删帖等，但这种管理的效果对于公众来说非常有限，因为只要在国家法律法规的许可范围内，个体都可以自由表达意见和看法，甚至进行情绪上的宣泄。相反，论坛的管理者为了吸引受众、扩大影响，会刻意对公众感兴趣的帖文标题进行加粗、前置、飘红等，以形成网上关注。

3. 博客及跟帖

“博客”一词是英文weblog的简称，是Web和Log的组合词，Web即互联网，Log的原义是“航海日志”，后指任何类型的流水记录。可见，weblog的意思是网络日志，是网络上的一种流水记录形式。博客是网民自我管理、自我拥有的话语或言论空间，网民可将自我写作的文章发布上去，也可转载他人博文。相对于五花八门的新闻跟帖者而言，博文在话语长度、分析深度、议论集中度、语言精练度等方面和新闻跟帖相比往往更有优势。作为一种“个人编发、公众阅读”的新型网络传播方式，博客可以把个人空间直接变成公共领域。1998年1月17日深夜，德拉吉（Drudge）在他的网站上发布了“克林顿绯闻案”，成为世界上第一个报道克林顿和莱温斯基绯闻的人。在此后整整半年时间内，他的博客引领了美国的舆论导向，使得传统的主流媒体蒙羞，也让世人第一次感受到了博客的力量。

浏览新浪博客的排行榜就会发现博客的影响力：在2019年的新浪博客总排

行榜中，排名第87位的方舟子博客被点击阅读数为8789万次，排名第17的徐静蕾博客被点击阅读数为3.2亿次，排名第8位的韩寒博客被点击阅读数达6.01亿次，而排名第一的徐小明博客点击数更是超过24亿次。[①]

4. 微博及评论

微博是微型博客的简称，是一种用户可即时更新文本并公开发布的简短博客形式，通常不超过140个字符。它是由电信运营商、微博使用者和微博网站三方共同合作，共同构建的一种信息传播模式。微博创作有着较低的准入门槛，发言无须深思熟虑和长篇大论，其短小精悍的特点迎合了忙碌的现代人记录生活片段、分享心路历程的需要，深受广大网友的推崇和喜爱。微博的重要价值在于建立了手机和互联网应用的无缝连接，增强了手机端同互联网的互动，从而使手机用户顺利过渡到无线互联网用户。同时也因为微博的存在，手机的照相功能演化成了图片即时报道，手机的短信功能演化成了即时文字报道，手机的录像功能演化成了即时电视报道，手机的录音功能演化成了即时广播报道，使得舆情传播更加便捷和具有冲击力。

5. 微信等网络社交平台中的发布和交流

与其他开放性的载体不同，网络交友平台是由具有相关性（如同学、同事、朋友等）的网民构建的相对封闭的交流空间，主要有QQ、微信、Skype等。平台能够通过地缘、业缘、学缘、热点事件等各种主题关系的汇聚，将具有共同兴趣爱好、利益诉求和社会认知心理的人聚集起来，通过用户之间重重叠叠的关系嵌套，形成一个个相对稳定的网上社交群落，引发舆论共鸣效应。微信是腾讯公司于2011年推出的一个为智能终端提供即时通信服务的免费应用程序，微信支持跨通信运营商、跨操作系统平台，可以通过网络免费快速发送（需消耗少量网络流量）语音短信、视频、图片和文字，也可以使用“摇一摇”“漂流瓶”“公众平台”“语音记事本”等服务插件。目前，微信已经发展成为我国最具影响力的互联网社交平台。依据腾讯公司的报告，微信的月活跃账户数已达11.5亿人，汇聚的公众号数量超过350万个。90%以上的用户每天都会使用微信，大约三分之二的用户每天使用微信超过一个小时。微信平台上每天有

① 新浪博客.新浪博客总流量排行[EB/OL].http://blog.sina.com.cn/lm/top/rank/.

450 亿次信息发送出去，有 4.1 亿音频呼叫成功。[①]

与论坛、博客等公开性的平台相比，微信具有私密性的特点：微信朋友圈只有“好友”才能看到用户发布的信息，而且用户还可以通过设置朋友圈权限来决定哪些“好友”可以看到。微信群聊只对群内成员开放，非群内成员不可以浏览和参与讨论。微信的私密性特征为事件参与提供了有效保护，在网络集群事件中得到了越来越多的应用。

6. 抖音、快手等平台上的短视频发布及评论

“短视频”是以网络和智能移动终端为平台，由用户自主拍摄剪辑制作的时长短、可即时传播、内容形式灵活多样的移动视频新媒体。短视频内容制作流程简单，只需具备网络、手机两个条件便能轻松完成视频内容的生产与发布。《2018 年中国网络视听发展研究报告》显示，我国网络视频用户规模达 6.09 亿，短视频用户规模为 5.94 亿，占网络视频用户的 97.5%。目前，我国发展较为成熟的短视频平台主要可分为以抖音、快手为代表的社交媒体类，以西瓜、秒拍为代表的资讯媒体类，以 B 站（Bilibili）、A 站（AcFun）为代表的 BBS 类，以陌陌、朋友圈视频为代表的 SNS 类，以淘宝、京东主图视频为代表的电商类，以小影、VUE 为代表的工具类这六大类别。在这六大类别中，抖音、快手牢牢占据了目前短视频市场的龙头地位。短视频的迅速兴起与普及，扩展了信息传播渠道，提升了信息活跃程度，使传播者与受众间的互动得以加强。在短视频的传播过程中，一些主播为赚取较高的商业利益，不惜采取低俗手段扩大知名度，致使“低龄产子”“早恋直播”“内涵段子”等内容广泛流播，严重扭曲了社会价值观，也使之成为网络集群行为的一个重要来源。

综上，网络集群行为在历史沿革上继承了现实集群行为的内涵，具有规模性、冲突性、集群性、人民内部矛盾等特征；在要素构成上具有鲜明的网络属性：发生空间在网络场域、主体是网民、形式是意见的网络汇聚。因此，网络集群行为可以定义为：数量较多的网民为了实现某种诉求，围绕热点问题、针对特定对象在网络场域大规模发表、汇聚意见进而影响现实生活的集群行为。

---

① 腾讯公司 . 微信 2019 年数据报告 [R/OL].https://www.sohu.com/a/367159630_120408183.

第二节　网络集群行为的生成原因

斯梅尔塞（Smelser）的价值累加理论认为，产生集体行为或社会运动必须依次出现6个要素："环境条件、结构性紧张、普遍情绪的产生或共同信念的形成、诱发因素、行动动员和社会控制能力。"[①] 在斯梅尔塞看来，集体行动实质上是人们在受到威胁、紧张压力的情况下，为改变自身的处境而进行的尝试。所有的集体行为都是由多个因素相互作用产生的，某个因素的出现也许不足以产生集群行为，但当多个因素出现时，它们的价值就会被放大，群体性行为出现的可能性就大大增加。该理论整合了其他关于集群行为产生的观点，被学界公认为有较高的解释力，本书拟采用其作为网络集群行为产生原因的分析框架。

首先，价值累加理论强调了社会结构在集体行为发生中的基础作用。社会结构指一个国家或地区占有一定资源、机会的社会成员的组成方式及其关系格局，是"社会诸要素按照一定秩序所构成的相对稳定的结构"[②]，主要包括经济结构、政治结构和文化结构三部分，它们分别对应着社会的经济基础、上层建筑、意识形态。社会结构各要素之间如果有序均衡、相互支持，社会系统就能协调运转。如果各部分之间紧张失调，则会导致社会紧张，形成社会冲突。"结构性助长，即有利于产生集群行为的社会结构或周围环境；结构性压抑，即社会上存在的一些令人感到压抑的贫困、冲突和不公正等状态。"[③] 二者都可能诱发人们通过集群行为来解决问题，是集体行为产生的现实条件。应当说，斯梅尔塞的这个观点暗合了历史唯物主义的基本原理。

其次，价值累加理论强调了社会心理在集体行为发生中的重要作用。社会形态由社会存在和社会意识两个部分组成，其中社会意识又可以分为社会心理和意识形态两个层次。"社会心理是低层次的社会意识，是人们对社会存在的自发反映，是没有经过加工的、不系统、不定型、自发形成的认知、情感、态度等；而意识形态则指那些系统化的、具有确定规范的、自觉的社会意识形式，如政治、法律、道德、艺术等。"[④] 社会心理作为社会存在与社会意识形态的

---

① 周晓虹．现代社会心理学 [M]. 南京：江苏人民出版社，1991：430.

② 陆学艺．社会学 [M]. 北京：知识出版社，1991：284.

③ 周晓虹．现代社会心理学 [M]. 南京：江苏人民出版社，1991：431.

④ 曹广胜．马克思主义哲学原理（新编本）[M]. 沈阳：辽宁大学出版社，1990：212.

中介环节，既受二者制约，也对二者产生重要作用。一方面，社会心理反映一定的社会风貌，表现一定的人心向背，直接作用于社会存在，对政治、经济、文化发展具有重要影响力。所谓“影响了社会心理，也就影响了历史事变。”[①]另一方面，社会心理为社会意识形态提供了最初的动机和丰富的材料，成为社会意识形态的思想基础。“一切思想体系都有一个共同的根源，即某一时代的心理，这是不难理解的。”[②]在人的心理和行为关系上，心理影响、支配和调控人的行为，行为则是心理的现实体现。深入分析网络集群行为的生成原因，就不能仅仅停留在社会结构的层面上，还必须深入了解事件生成的社会心理动因。长期以来，斯梅尔塞一直被认为是集体行动的社会心理学分析论学者，只不过“他在社会学化的道路上走得最远”。斯梅尔塞所强调的普遍信念，也就是由结构化冲突所衍生出的共同情绪，它使得人们通过对情绪的积累而做好行动的准备。

再次，价值累加理论强调了行动动员和社会控制能力的重要作用。社会结构紧张和社会情绪累积能够决定集体行动必然产生，但何时产生，在多大范围内产生，爆发后的影响与效果如何，则主要取决于参与者的行动动员能力和统治者的社会控制能力，取决于双方的制衡与博弈。斯梅尔塞认为，动员是指有目的地引导社会成员积极参与社会活动的过程，主要通过宣传、示范、渲染、暗示等方式，强化结构性民众的认知与情绪，使参与者对某事的态度转化为对某事的具体的行为。社会控制机制则是对前面五个因素聚积的能量进行防止、抑制和疏导。集群行为最后是否发生，主要依靠这种控制手段是否成功。一旦控制失败，集体行动便在所难免。

一、环境条件——网络公共领域生成及话语权释放

集体行动的发生需要必要的环境场所，环境条件就是指有利于产生集体行动的社会环境。随着网络时代的来临，互联网正在重构人类社会的方方面面。传播学大师麦克卢汉认为：对社会真正有意义、有价值的讯息不是各个时代的媒体所传播的内容，而是这个时代所使用的传播工具的性质、它所开创的可能

---

① 普列汉诺夫．普列汉诺夫著作选集（第1卷）[M]．北京：生活·读书·新知三联书店，1974：374.

② 普列汉诺夫．普列汉诺夫著作选集（第3卷）[M]．北京：生活·读书·新知三联书店，1974：715.

性以及带来的社会变革。因为，媒介最重要的作用就是影响了我们理解和思考的习惯，人类只有在拥有了某种媒介之后，才有可能从事与之相适应的传播和其他社会活动。即所谓："媒介即讯息""媒介是人体的延伸"。[①]开放、交互、匿名的互联网为网络集群行为的生成提供了帮助。

（一）促成了网络公共领域

汉娜·阿伦特（Hannah Arendt）最早进行了公共领域方面的研究，她将人类活动的领域分为三个方面：私人领域、社会领域和公共领域。公共领域"意味着一种公共的生活方式，意味着人们在这里学会放弃诉诸暴力和强制，以言辞和劝说来实现公共理性，从而使不同背景的人们能够通过政治的互动作用来表达和交流他们对善的理解"。[②]尤尔根·哈贝马斯（Jürgen Habermas）对公共领域进行了系统研究，成为这一理论的代表性学者。他认为："公共领域虽然是可以划出内部边界的，但对外它却是以开放的、可渗透的、移动着的视域为特征的。公共领域最好被描述为一个关于内容、观点、也就是意见的交往网络；在那里，交往之流被以一种特定方式加以过滤和综合，从而成为根据特定议题集束而成的公共意见或舆论。"[③]

在政治学的理论视野中，公共领域是民主政治实践的重要场域，它的有效运作是民主体制得以真正运转的重要保证。首先，公共领域作为介于私人领域与公权领域之间的特殊空间，在国家和公民之间架起了一座沟通的桥梁，使得公众的政治情绪能够顺利释放，为避免话语霸权以及多数暴政构筑了一个重要的场域；其次，公共领域的社团组织、传播媒介和社会运动等中介机制为公民提供了广阔的交往空间，使得公众能够走出封闭的私人领域，增强了对自身主体性地位以及公共意识的认识，并在参与公共事务的治理过程中体认到公共生活的意义和价值，形成个体人格之善与共同体之善的良性互动；再次，公共领域里的自由表达和沟通，以公共利益为依归，以公共权力运作理性化为重要途径。"作为非强迫性的共识，是通过交流和沟通，通过人们之间的协商、商谈以及

---

① 麦克卢汉 . 理解媒介 [M]. 何道宽，译 . 北京：商务印书馆，2000：129.

② 汉娜 · 阿伦特 . 人的条件 [M]. 上海：上海人民出版社，1999：2.

③ 尤尔根·哈贝马斯 . 在事实与规范之间 [M]. 童世骏，译 . 北京：生活·读书·新知三联书店，2003：446.

相互理解和相互宽容而达到的，它将有效地提升公共事务治理的社会合法性。”[①]

按照哈贝马斯的界定，公共领域构成有三大要件：一是由私人组成的公众，能够基于理性和良知就普遍利益问题展开辩论；二是拥有自由交流、充分沟通的媒介；三是公众的自由辩论和理性批判能够达成某种共识，形成公共舆论。[②]对照这些条件就会发现，中国的网络公共领域已经初步形成。

第一，网民对应的是现实生活中的不同个体，当一群个体在网络上因为共同话题聚集到了一起的时候，就已经形成了一个网络社群，这种独立生成的社群数量不断扩大就可以推动公共领域向前发展。网络公共领域中的语言表达尽管理性程度有待进一步提升，但大部分网民能够超越一己私利，基于共同关注的普遍利益而进行沟通和对话。

第二，网络技术采用的是交互式的结构设计，使各个节点之间可以平等的交互通信，同时具有无数个信息源和无数个信息接收点，这就意味着任何人在任何时间任何地点都可以在任何网络触及的地方发言，保证了网民拥有自由交流与沟通的媒介。在此媒介里，专家学者、大众平民是在平等的层面上自由地进行交流、交锋，已经参与进来的网民不能拒绝和自己观点不一致的他人提出意见，这让过去习惯于单向传递理论或信息的专家们变得更加谨慎，因为随时都可能要为证明自己观点进行解释或辩论。

第三，在网络公共空间里，任何相识或不相识的个体因为共同的话题都可以表达思想、相互商榷甚至激烈辩论，最后在社会上形成较为一致的意见，影响事件当事人甚至左右社会舆论。网络上存在着数以千万计的网站、社区、博客、论坛等，每时每刻都在聚焦或大或小的公共事件，能够自发生成强大的网络舆论，深刻影响着现实的社会生态。时任人民网舆情工作室秘书长的祝华新早在2010年就指出：“中国客观上已经产生一个压力集团，这就是3.38亿网民。”[③]

（二）消解了“把关人”的控制

一般而言，话语意味着特定社会阶层、社会组织或个人通过语言表达的方

---

① 尤尔根·哈贝马斯.交往行动理论——行动的合理性与社会合理化[M].曹卫东，译.重庆：重庆出版社，1994：4.

② 尤尔根·哈贝马斯.公共领域的结构转型[M].曹卫东，译.上海：学林出版社，1999：187-205.

③ 祝华新.地方政府10条应对网络舆论建议[N].中国青年报，2010-07-24.

式将一定的意义向社会传播，与其他社会成员进行信息交流。法国后现代哲学家米歇尔·福柯（Michel Foucault）提出“话语即权力”的观点。他认为，“话语”意味着一个社会团体依据某些成规将其意义传播于社会，以此确立其社会地位，并为其他团体所认识。在福柯看来，话语权就是统治权，历史上的话语权一直掌握在统治者一方。话语权与文化、权力和制度紧紧联系在一起，决定着公共舆论的走向，一定程度上表现为信息传播主体的潜在影响力。

“把关人”理论认为：传统媒介以及下属的记者、编辑们由于代表着一定的经济、政治和社会利益，在传播信息时必然以所代表的利益为导向，通过新闻运转过程中的采访、写作、修改、删节、合并等环节，向受众传送经过筛选和过滤的内容。随着计算机技术的更新换代，信息发布技术也不断成熟，Web技术已经从早期的Web1.0发展到Web2.0，正在向以大数据、物联网、云计算为代表的Web3.0迈进。Web1.0以静态的Html为特征，少量精英网站控制着传播话语权，是传播的主体和传播行为的发起者，对信息的内容、流向和流量以及受传者的反应起着重要的控制作用。网民只能阅读由网站发表经编辑处理过的内容，不能评论，是一种单向的传播行为。Web2.0是基于元数据评注的信息发布方式，它弥补了Web1.0网民不能参与的缺点，不仅允许网民对网站发布的消息加以评论，而且允许网民独立的发布消息。在Web2.0时代，信息传播和接受的关系不再是一成不变的单向流动，信息的接受者也可以是信息传播者。同时，信息传播也不再是某些权威部门的独有权力，一直以来处于媒体边缘的普通大众也可以加入信息传播的队伍中，在网上随时发布自己的所见所闻所想所感。Web3.0特点是多对多的智能交互，不仅包括人与人，还包括人与物、物与物多个终端的交互。终端设备既有台式计算机、笔记本电脑、平板电脑、手机，也有手表、眼镜乃至冰箱、电视等，真正做到了人与人、人与物体的时刻联网、实时互动。互联网技术的快速发展，带来了传播渠道的革命性变化，使得传统媒介中的“把关人”无法把关也无关可把。

（三）重构了“议程设置理论”

议程设置理论的发展分为三个阶段。麦库姆斯、肖在1972年提出的理论认为：“人们对当前重要问题的判断，与大众传媒反复报道和强调的问题之间，存在着一种高度对应的关系；传媒强调得越多的问题，公众所给予的重视度就越高；大众传播具有一种设定社会公共事务议事日程的功能，传媒的新闻报道和信息传达活动，赋予了各种议题不同程度的显著性，以此影响着人们对周遭事件及其重要性的判断。”[①] 该理论的提出和成立建立在传统媒体环境的基础上，需要具备两个条件：一是信息的发布和传播，集中于少数专业的大众传媒组织，这些组织有强大的控制力，在传播关系中占据主导地位可以有意识地对议题进行取舍、排序、在强度上进行安排等；二是受众处于被动地位，缺乏同时接触多个媒介的有效渠道，自主性发挥的空间小，仅能够从经常接触的媒体所提供的信息中选择。显然，这一阶段议程设置理论强调“媒体影响公众想什么”。1997 年，麦库姆斯提出了第二层议程设置理论——属性议程设置，关注媒介议程属性与公众议程属性之间的关系，核心是媒介议程属性显要性向公众议程属性显要性的转移，强调的是“媒体影响公众怎么想”。2011 年，麦库姆斯等又提出第三层网络议程设置理论，关注公众如何建立起对同一事件的不同信息之间的联系，主张媒体要从外在形式即报道强度到逻辑结构方式的转变，强调的是“从向公众输出态度意见到相互影响补充”。

以往的议程设置大都是由传统媒体主导的自上而下的模式，网络的出现打破了传统议程设置理论的基础，因为网络媒体不同于以往的传统媒体，是一种弱控制的新型媒体，任何组织或个人想要控制整个网络的信息流向和流量都是不现实的。在高新技术的支持下，弱势群体既可以轻而易举地选择多个网站提供的多个信息，也可以利用网络平台陈述事实或发表意见，引起大众传媒的普遍关心和重视，通过议程的自我设置使之成为社会舆论的中心议题。

二、结构性紧张 —— 社会关系处于很强的张力之中

社会结构紧张是指由于社会结构的不协调，使得社会关系处于一种很强的张力之中，不同的社会群体处于明显的对立和冲突状态。斯梅尔塞认为：“压抑的局势是集体行为产生的社会条件，集体行为是人们在具有威胁或压抑的局势下努力改变环境的企图。”[②] 也就是说，如果社会环境是和谐和睦的，就不

① 马克斯韦尔·麦库姆斯 . 议程设置 —— 大众媒介与舆论 [M]. 郭镇之，译 . 北京：北京大学出版社，2008：18.

② 周晓虹 . 现代社会心理学 [M]. 南京：江苏人民出版社，1991：431.

会出现集体行动；如果社会环境处于结构性紧张状态，就会使人们产生摆脱困难或压力的需要，希望通过共同的行动促进问题的解决。

经济结构作为生产关系的总和，主要指不同阶级、阶层财产占有的组成方式和关系格局，是一个由许多系统构成的多层次、多因素的复合体。经济结构在社会结构诸要素中起着决定作用，是政治结构和文化结构得以建立的基础，制约着政治结构和文化结构。马克思对此有过经典表述："人们在自己生活的社会生产中发生一定的、必然的、不以他们的意志为转移的关系，即同他们的物质生产力的一定发展阶段相适合的生产关系。这些生产关系的总和构成社会的经济结构，即有法律的和政治的上层建筑竖立其上并有一定的社会意识形式与之相适应的现实基础。"[①]可见，经济结构的失衡必然带来政治结构的失序和意识形态的纷争，是社会矛盾和冲突产生的基础性因素。社会转型是全方位的深刻变革与各种关系的重大调整，既带来了经济的增长，也带来了利益的分化和重新组合，带来了社会角色和地位的剧烈变化，必然生成新的社会矛盾和冲突，成为网络集群行为生成的基础性原因。

社会变革的根本目的是推动生产力发展，满足人民群众的物质文化生活需求。从某种意义上讲，利益差异是社会发展和进步所必需的动力。一个社会需要运用利益来调动人们的积极性，通过让人们获得的利益产生差别，形成和促进不同利益的追求者之间的竞争，促使社会充满更多生机和活力。但利益差异同时也是人们最敏感的神经，必须把它控制在适当的范围内。基尼系数是国际上用来综合考察居民内部收入分配差异状况的一个分析指标，数值在 0 和 1 之间，系数大小和居民收入差距正相关。当基尼系数小于或等于 0.3 时，社会通常处于比较公平稳定的状态；当基尼系数超过 0.3 时，社会就会出现不稳定因素；超过 0.4，则会产生紊乱；超过 0.5，意味着临近社会革命的爆发点。其中，0.4 的基尼系数是国际公认的警戒线。

改革开放以前，我国的基尼系数介于 0.1 到 0.12 之间，接近完全公平状态。20 世纪 80 年代，基尼系数在 0.3 到 0.4 之间，说明贫富差距已经出现；进入 90 年代后，基尼系数超过了 0.4，表明贫富差距进一步扩大并超过了国际警戒线。

① 中共中央马克思恩格斯列宁斯大林著作编译局. 马克思恩格斯文集（第二卷）[M]. 北京：人民出版社，2009：591.

依据国家统计局的数据，我国近自2003年始的基尼系数为：2003年0.479，2004年0.473，2005年0.485，2006年0.487，2007年0.484，2008年0.491，2009年0.490，2010年0.481，2011年0.477，2012年0.474。[①]其后分年统计的数据是：2013年的基尼系数为0.473，2014年0.469，2015年0.462，2016年0.465，2017年0.467。2019年2月，国家统计局局长宁吉喆发文指出："我国在城乡、区域、不同群体之间的居民收入差距依然较大，去年全国居民收入基尼系数超过0.4。"[②]上述数据表明，最近十几年来基尼系数一直维持在0.45以上，处于高位运行状态。

社会主义社会内在的价值取向就是要重建生产资料的社会所有制，实现真正面向所有人的富裕、自由、平等、民主。如果不同群体在资源占有、社会地位和公共话语权等方面差异过大，底层民众必然产生对社会的不满，当这些不满情绪通过特定事件在网络表达时，就可能生成网络集群行为。

三、普遍信念的产生——社会情绪累积到较高程度

环境条件和结构性压力奠定了普遍情绪的产生基础，而群体行为的参与者必须对他们诉求的社会问题达成一般性的共识，出现相似的普遍情绪，集体行动才能得以发生。因为，"处于集体行动中的人在某种程度上也是拥有特定情绪的人，这种情绪为他参与行动做好了心理准备。"[③]情绪是个体对外界刺激的体验和感受，是一系列主观认知和表现的统称。当社会中个体的喜怒哀乐或恩怨情仇等情感通过相互间的交流、感染而汇聚为社会公众的共性特征时，就生成了社会情绪。"社会情绪是人们对社会生活的各种情境的知觉，是通过群体成员之间相互影响、相互作用而形成的较为复杂而又相对稳定的态度体验。"[④]社会情绪既是社会现实的反射器和晴雨表，折射着社会变迁过程中的各种发展冲突；也是社会成员行为的动力源，一经生成就会促使情感主体寻求合适途径加以表达。

---

① 周锐．中国近十年首度公布基尼系数[N]．人民日报，2013-1-19.

② 宁吉喆．贯彻新发展理念　推动高质量发展[J]．求是，2019（2）.

③ 周晓虹．现代社会心理学[M]．南京：江苏人民出版社，1991：431.

④ 沙莲香，冯伯麟．社会心理学[M]．北京：中国人民大学出版社，2006：179.

在现实生活中，人的心理平衡是相对的，不平衡是绝对的，是一个矛盾运动的过程。当原有需要得到满足之后，又会因为环境的变化和刺激因素的出现而产生新的需要。马斯洛认为："人是一种不断需求的动物，除短暂时间外，极少达到完全满足的状态。一个欲望满足后，另一个迅速出现并取代它的位置；当这个被满足了，又会有另一个站到突出位置上来。"[①] 新的需要出现后，个体心理就处于紧张失衡状态，就会产生改变现状的一种内驱力，即心理动力。在心理动力引导下，个体就会采取具体行动以满足需要。倘若行动能够使人的需要获得满足，心理就重新回到平衡状态，个体获得愉悦、欣慰的情绪体验；倘若行动无法满足人的需要，则会出现消极情绪，出现释放消极情绪的攻击性行为。

（一）维护公平正义的情绪

公平指的是一种合理的社会状态，它包括社会成员之间的权利公平、机会公平、过程公平和结果公平。权利公平是指公民的权利不因职业和职位的差别而有所不同，其合法的生存、居住、迁移、教育、就业等权利能得到同等的保障与尊重；机会公平指社会主体参与有公平的机会选择和从事不同的活动，凡是有相同能力和相同利益诉求的社会主体，社会都应对他们一视同仁，以确保其在社会认可的范围内享有同等的发展机会和条件；过程公平是指公民参与经济政治和社会等各项活动的过程公开透明，不允许某些人通过对过程的控制而谋取不当利益；结果公平则主要指在分配上兼顾全体公民的利益，以利于共同富裕的实现。正义是对经济、政治、法律、道德等领域中的是非、善恶的肯定判断，包括社会正义、政治正义和法律正义等。在公平和正义的关系上，公平是正义的体现，正义是公平的保障。

实现社会的公平正义，是人类一直追求的道德理想，体现着人们的共同利益，反映了人与人、人与社会之间以互利为原则的平等要求。一个运行正常的社会，应当是公平正义的社会。不能因为一些人的家庭出身、社会背景的不同，就享有比其他人更多的发展机会，不平等地占有更多的社会资源和价值，更不能利用权力和财富垄断"发展机会"，使其他人丧失"发展预期"。约翰·罗尔斯（John Rawls）说过："公正是社会制度的首要价值，正如真理是思想体系的首要价值

① 马斯洛 . 动机与人格 [M]. 许金声，等，译 . 北京：中国人民大学出版社，2008：8.

一样。……每个人都拥有一种基于公正的不可侵犯性，这种不可侵犯性即使以社会整体利益之名也不能逾越。因此，公正否认为了一些人分享更大利益而剥夺另外一些人的自由是正当的，不承认一些人享受的较大利益能绰绰有余地补偿强加于另一些人的牺牲。”①

公正感是一种主观感受，它反映的是公民对社会公正现状的评价与态度，由客观的社会结构与主观的心理体验两方面决定。如果社会上存在分配不公、司法不公、教育不公、城乡不公、行业不公，民众则必然产生强烈的社会情绪，然后生成维护公正的行为。当前民众之所以更愿意采取网络方式维护公平正义，一方面是因为网络的匿名功能，可以在面具遮掩下发表言论；另一方面是成本低、见效快，许多难以解决或暂时解决不了的问题，一旦得到了网络曝光，事情的进程就会有明显改观。

（二）抨击不道德行为的情绪

良心作为自我中的他者，最能够感受社会提出的道德要求，也最能够体会自身的道德困境，是个体在理想和现实的差距下产生道德行动的内在心理本源。与社会变迁相适应，当今中国的道德形态也呈现出多元并存、冲突融合的复杂图景，传统道德观念继续存在，新的道德观念不断涌现。“转眼之间，我们的社会结构竟然发生了如此深刻的变化。其速度之快、比例之大在历史上也是绝无仅有的。……道德正在经历着骇人听闻的危机和磨难。”②“艳照门”“潜规则”、抄袭剽窃现象、食品安全事件等使得公众的道德焦虑日益增加，相关的网络声讨也不断发生。

（三）宣泄不满的情绪

改革开放以来，中国社会发生了剧烈变化，这些变化打破了民众固有的心理平衡，使得他们产生了新的丰富的心理需求。一部分民众通过努力实现了自己的需求，获得了财富和较高的社会地位。但是也有不少民众，在贫富分化加剧、道德冲突加剧、多元文化并存的社会现实面前，没有达到生活富裕、地位提升、内

---

① 约翰·罗尔斯．正义论 [M]. 何怀宏，等，译．北京：中国社会科学出版社，1988：1–2.

② 埃米尔·迪尔凯姆．社会分工论 [M]. 渠东，译．北京：生活·读书·新知三联书店，2000：366.

心和谐的目标，由此而带来了心理失衡，产生了相对剥夺感等社会不满情绪，这些情绪倘若在现实生活中无处释放，借助网络进行表达就成为他们的首选方式。

英国社会学家格尔（Gurr）认为："每个人都有某种价值预期，而社会则有某种价值能力，当社会变迁导致社会价值能力小于个人价值预期时，人们就会产生相对剥夺感。相对剥夺感越大，人们造反的可能性就越大，造反行为的破坏性也就越强。"[①] 马克思也曾经通过举例，形象说明了相对剥夺感的产生过程："一座小房子不管怎样小，在周围的房屋都是这样小的时候，它是能满足居住者对住房的一切要求的。但是，一旦在这座小房子近旁耸立起一座宫殿，这座小房子就缩成茅舍模样了。这时，狭小的房子证明它的居住者不能讲究或者只能有很低的要求。并且，不管小房子的规模怎样随着文明的进步而扩大起来，只要近旁的宫殿以同样的或更大的程度扩大起来，那座较小房子的居住者就会在那四壁之内越发觉得不舒适，越发不满意，越发感到受压抑。"[②] 基于"相对剥夺"的理论，我们就不难理解：改革开放之前，尽管经济发展水平落后，物质生活匮乏，但由于收入差距不大，民众心态往往比较平和；改革开放以后，尽管居民收入较快增长，家庭财产稳定增加，衣食住行用条件明显改善，但由于收入差距扩大，两极分化严重，不少民众却产生了强烈的相对剥夺感，造成了心理的失衡和冲突。

四、诱发因素——导火索

经过环境条件、结构性紧张以及普遍情绪生成这三个阶段的价值累加，民众普遍存在着各种不安和怀疑。此时，集体行动只需要一个导火索就可以诱发。导火索通常是一个戏剧化的突发事件，它可以为人们提供真实而敏感的刺激，与已经存在的怀疑和不安形成共鸣，也为各种情绪的抒发提供了具体的载体。作为网络集群行为的导火索，能够强化共同信念，助长普遍性情绪，大体具以下特征。

（一）冲突性事件

"一个高度传统化的社会和一个已经实现了现代化的社会，其社会运行是

① Gurr.Why Men Rebel[M]. Princeton：Princeton University Press，1970：16.

② 中共中央马克思恩格斯列宁斯大林著作编译局.马克思恩格斯选集（第一卷）[M].北京：人民出版社，1995：349.

稳定而有序的。但在一个处于社会急剧变动、社会体制转轨的现代化之中的社会（或曰过渡性社会），往往充满着各种社会冲突和动荡。”[①] 当今网络集群行为的导火索常包含社会现实中的冲突，体现不同群体之间的利益对立或价值对立。通过不同群体之间的争议，衍生出庞大的信息流，使得社会热度不断升高。正如张修智所言：“在由现象、意见的碎片构成的网络海洋中，某一事件得以扩散传播，其概率并不亚于中彩票。只有那些最大限度击中了公众神经的事件，才能上升为网络集群行为。这些事件，无一例外承载了丰富的情感、价值信息，它们与公众心目中固有的情感与价值产生共鸣，引发爆炸性的公民传播。”[②] 比如，“钓鱼岛事件”“黄岩岛事件”体现了领土主权的冲突，“李启铭校园撞人案”“郭美美事件”“富士康员工跳楼”反映了阶层间的冲突，“佛山小悦悦事件”“腾讯与360相互攻击”表达了网民对道德缺失的愤怒。

（二）新奇性事件

新奇的意思是新颖奇特，新奇性指事物发展过程中含有新颖、奇异和引人注目的元素，有与传统模式不一致的思想、观念或行为，能够对公众产生冲击力，吸引他们的阅读欲望和注意力。美国著名报人约瑟夫·普利策（Joseph Pulitzer）认为：“记者采访要选取与众不同的、有特色的、戏剧性的、浪漫的、动人心魄的、独一无二的、奇妙的、幽默的、别出心裁的事情，符合上述要求的，才是有价值的新闻。”

2015年10月4日，来自南京的朱先生和四川的肖先生，在青岛一家烧烤店用餐时，各自都点了一份虾，点餐时菜单上标价38元，结账时，店老板却按每只虾38元的价格收费，经过多方协商后，最后两人分别给了烧烤店老板2000元和800元的餐费后离开。本来38元一盘的大虾变成了38元一只，事件的新奇要素带来了一片愕然，也带来了网络上络绎不绝的段子接力，戏谑嘲讽。例如：

国庆期间，王先生想去吃38元一只的海捕大虾，因饭店爆满，王先生就点了盘8元瓜子边嗑边等。谁知轮到王先生就餐时，店员却要他先交6万元。原来该店的瓜子不是8元一盘，而是8元一个！曾夺过全国嗑瓜子速度冠军的王

① 萨缪尔·亨廷顿.变化社会中的政治秩序[M].王冠华，等，译.北京：生活·读书·新知三联书店，1989：43.

② 张修智.网络集群行为上看下看[J].青年记者.2009（19）.

先生非常后悔。后面排队买单的李先生当场休克，手里紧紧握着小票：米饭，3元。

（三）模糊性事件

刺激性事件的模糊性指事件事实不完整，一些细节需要继续澄清，民众存在探究事件真相的心理动力。2007年10月12日，陕西省林业厅宣布在陕西发现了野生华南虎，并公布了陕西省镇坪县城关镇村民周正龙拍摄到的老虎照片。但这一消息随即引发广大网民质疑，被指可能存在造假行为。10月19日，中国科学院植物研究所种子植物分类学首席研究员傅德志称："自己以一个从事植物研究二十余年的权威科学家的身份，敢以脑袋担保照片有假。"10月29日，国际野生动物保护组织公开表态："照片中华南虎的反应不合常情。"10月30日，陕西省林业厅发表声明："已经找到了所有拍摄点，全部进行了还原，当地确实存在华南虎种群。目前，关于华南虎照片的质疑都是来自民间的，从来就没有官方提出质疑，即使中科院有关专家认为照片有假，林业厅目前也没有接到任何正式的对华南虎的质疑。"[①] 因为是否存在华南虎的事情本身需要澄清的空间很大，真假难以定论。"虎照"事件就在"挺虎派"和"打虎派"一轮接一轮的较量中步步升级，不断被推向新的高潮。

五、行动动员——网络提供了便捷有效的方式

斯梅尔塞认："即使催发作用的事件已经发生，如果有关的人群没有动员组织起来，集体行动也不会发生。"[②] 行动动员是通过宣传、示范、渲染、暗示等方式，强化结构性民众的认知与情绪，使参与者对某事的态度转化为具体行为。

（一）动员范围波及面广

资源动员理论认为，社会运动的增多并不意味着社会矛盾的加大或者社会上人们所具有的相对剥夺感或者怨恨感的增加，而是社会上可供社会运动参与者利用的资源大大增加了。可见，社会动员其实是一种资源动员的过程，这里的资源既包括金钱、资产等物质资源，也包括时间、人力等非物质资源。资源

---

① 百度百科 . 华南虎事件 . http://baike.baidu.com/link?url=Zca2xPjZnKB9PbPUOylBYD3NQ-5JM7xFfsPaHdi23rTaI4EuIaCUVdb4G9dwgBPxMISA_VopAgxwUUbZtMjcWJK.

② 周晓虹 . 现代社会心理学 [M]. 南京：江苏人民出版社，1991：430.

之所以重要，是因为在集群行为的动员过程中，资源占有程度决定了集群行为的动员范围，也决定了集群行为的规模与强弱。

在互联网出现之前，传统的动员方式主要是一种自上而下的社会动员，只有那些处于权力或者信息上端的社会成员才有足够的能力引导人们参与集体行动。普通民众则受制于资源的短缺，往往只能成为被动的一方。而网络动员并不需要巨大的物质资源投入，用户只需要一台普通电脑或手机，就能在互联网上发布各种信息，提出自己的行动纲领。“在过去，少数几个动力十足的人和几乎没有动力的大众一起行动，通常导致令人沮丧的结果。那些激情四射的人不明白为什么大众没有更多的关心，大众则不明白这些痴迷者为什么不能闭嘴。而现在，有高度积极性的那些人能够轻易地创造一个环境，让那些不那么积极的人不必成为积极分子而能同样发挥作用。”[①] 互联网因其去中心化和全球化特点，不仅可以迅速地动员本国人民参与行动，还在极大范围内打破了地理疆域的限制，使得网络集群行为动员的波及面越来越宽。

（二）动员参与者之间互动性较强

交互指在交流过程中，参与者地位平等、能够相互控制的交谈。麦克米兰（Macmillan）认为：“交互过程中的互动有六个特征，即交流是双向的而非单向的，交流时间是灵活的而非预设的，目的在于告知而非说服，使用者有自主的控制权，更强的主动性，是发生在一个创造性空间的强感交流。”[②] 报纸、刊物、书籍、广播、电视等传统媒介基本为资本或权力控制，由专业的从业者把关，信息发布不管以客观的面目出现还是以主观的面目出现，都带有一定的倾向性，它的报道是以劝导为目的，而非以告知为目的。传统媒介中的信息传播都呈一种明显的单向流动性，即：传播者→内容→媒体→受众→效果，媒体处于绝对的主导位置，受众只能被动地接受信息，无法直接地传达自己的看法或建议。对比麦克米兰的六个特征，我们很容易发现，传统媒介在交互的每个层面都存在很大距离。网络传播则大大地改变了这种受众被动的传播模式，它以点对点的双向互动代替了传统的点对面的单向传播，用户既是信息的接受者，同时也

① 克莱·舍基.未来是湿的[M].胡泳，译.北京：中国人民大学出版社，2009：11.

② 沃纳·赛佛林，小詹姆士·坦卡德.传播理论：起源、方法与应用[M].郭镇之，译.北京：中国传媒大学出版社，2006：321.

是信息的提供者与发送者。能够自由地选择接收何种信息，实时地表达自己的见解与看法，用自己的观点和声音改变网上传播的内容、进程以及方向，在双向互动中超越传统媒介而呈现出全新的传播模式。

（三）动员参与者组织较松散

与现实社会群体相比，网络社会群体成员更多的不具有共同的身份，其内部成员之间的相互认知度和认同感较差，成员之间的交往具有非持续性和非紧密性的特点。这是因为互联网是多人互动所形成的虚拟空间，这种虚拟空间中建立的关系和认同感往往缺乏坚实的基础。在这种背景下，网络所提供的是一种弱联系，只凭网络本身是无法产生强联系所具有的信任作用。在网络集群行为中，活动的参与者之间在动员活动发起前本身沟通并不多，能够被动员起来仅仅是因为参与者的某些观念、利益、认知存在相似或一致性。“在网络动员过程中没有真正意义上的领导者，而只是出现阶段性的策略化的领导者，他们因为与动员议题存在着地缘上的接近性或认知上的统一性而临时性地担负起了发起者和倡导者的角色。”[①] 可见，在互联网社会动员中由于缺乏真正意义上的领导者，也形不成对动员参与者的约束与限制，动员活动并没有形成稳固的团体或组织，而只是一种暂时的、松散的联盟，待动员的目的实现之后，这个联盟也就随之解散。

六、控制机制——社会控制的弱化

社会控制是社会组织体系运用社会规范以及与之相适应的手段和方式，对社会成员的社会行为以及价值观念进行指导和约束，对各类社会关系进行调节和制约的过程。斯梅尔塞的价值累加理论认为：“对集体行为的控制是大规模集体行为爆发过程之前所经历的最后一个阶段。社会控制机制发挥着集群行为是否发生的决定性作用。即使前面五个条件都已经具备，但如果社会控制机制能够有效发挥作用，集群行为也难以发生。”[②] 社会控制机制主要包括法律控制机制、道德控制机制和组织控制机制。

---

① 章友德，周松青．网络动员的结构和模式——以“小雪玲救助案”为例[J]. 政工研究动态，2008（8）：9-11.

② 周晓虹．现代社会心理学 [M]. 南京：江苏人民出版社，1991：430.

（一）法律控制不足

政治学家格林(Grimm)表示: 从民主政治的意义上说,任何自由都是相对的,都必须在法律规定的范围内行使。“自由并不仅仅意味着不受约束、不受压制的自由，不仅仅意味着我们喜欢干什么就干什么的自由，也不仅仅意味着一个人或一批人牺牲他人的自由而享有的自由。一个社会中自由地增长不能以国家权力的减少为标准，相反只有国家行使更多更大的权力，为全体成员谋取更多更好的利益，社会中存在的自由才能得到增长，每个社会成员的自由才能得到增长。”[①] 黑格尔认为：“在公共舆论中真理和无穷错误直接混杂在一起。……公共舆论又值得重视，又不值一顾。不值一顾的是它的具体意识和具体表达，值得重视的是在具体表达中隐隐约约地映射着本质的基础。”[②] 因此，在网络言论泥沙俱下、鱼龙混杂的情形下，需要借助一定的法律和制度保障，对故意挑拨事端、散布谎言、煽动闹事的网民予以制裁，将网络言论控制在合法、有序的范围之内,防范网络集群行为演变为现实集群行为,破坏社会政治秩序的稳定。

1994 年 2 月 18 日，《中华人民共和国信息系统安全保护条例》颁布施行，这是我国第一部计算机信息网络管理的政策法规。2000 年 10 月 8 日，信息产业部发布了《互联网电子公告服务管理规定》，试图通过法规手段控制管理 BBS 上的网络言论表达。2005 年 9 月 27 日，《互联网新闻信息服务管理规定》颁布，有效规范了互联网新闻信息服务单位的从业行为。2016 年颁布实施的《中华人民共和国网络安全法》规定：“任何个人和组织使用网络应当遵守宪法法律，遵守公共秩序，尊重社会公德，不得危害网络安全，不得利用网络从事危害国家安全、荣誉和利益，煽动颠覆国家政权、推翻社会主义制度，煽动分裂国家、破坏国家统一，宣扬恐怖主义、极端主义，宣扬民族仇恨、民族歧视，传播暴力、淫秽色情信息，编造、传播虚假信息扰乱经济秩序和社会秩序，以及侵害他人名誉、隐私、知识产权和其他合法权益等活动。”[③] 据不完全统计，截至 2018 年，共有超过 50 部涉及计算机信息网络的法律法规得以颁布，其中大部分属于管理型的行政规定。

---

① 徐大同 . 现代西方政治思想 [M]. 北京：人民出版社，2003：19.

② 黑格尔 . 法哲学原理 [M]. 范扬，张启泰，译 . 北京：商务印书馆，1961：330.

③ 全国人大常委会 . 中华人民共和国网络安全法 [EB/OL]. http://www.gov.cn/gongbao/content/2011/content_1860864.htm?IDTc6TT2Il0[d.

这些规章制度在起到积极作用的同时，也存在着效力不高等问题。比如《互联网电子公告服务管理规定》第九条明确规定："任何人不得在电子公告服务系统中散布谣言，扰乱社会秩序，破坏社会稳定；不得煽动民族仇恨、民族歧视，破坏民族团结；不得侮辱或者诽谤他人，侵害他人合法权益。"[①]但是对行为者没有追责条款，仅仅是要求电子公告服务提供者应当立即删除，保存有关记录，并向国家有关机关报告。另外，互联网技术发展一日千里，网民发表言论的途径日趋多样，网络立法难以同步跟进，这也是法律控制不足的一个重要原因。

（二）道德控制弱化

道德是指以善恶为标准，通过社会舆论、内心信念和传统习惯来评价人的行为，调整人与人之间以及个人与社会之间相互关系的行动规范的总和。可见，道德控制的主要手段是社会舆论、内心信念和传统习惯。而社会舆论和传统习惯发生作用的前提是要明晰道德主体是谁，才能对其行为进行谴责或赞扬。但是在匿名的网络环境状态下，个体的真实身份无法鉴别，使得社会舆论和传统习惯的影响大打折扣。

弗洛伊德的人格理论认为，人格由本我、自我、超我三个部分组成。"本我是人格中隐秘的不容易接近的部分，它是混乱的，像是一口充满了沸腾的兴奋剂的大锅，充满了本能提供的能量，但是没有组织，也不产生共同意志，它只是遵循快乐原则，力求实现对本能需要的满足。"[②]自我是"通过知觉意识的中介而为外部世界的直接影响所改变的本我的一部分，是自己可意识到的思考、感觉、判断或记忆的部分，是个人在与环境接触中由本我衍生而来的"。超我"是个体通过社会化过程而形成的内化道德，追求完美的冲动或人类的较高尚生活，是人格的最高层次，也是良知与负疚感形成的基础"[③]。在现实社会中，自我扮演着协调者的角色，努力保持人的心理的完整性。既要宣泄本能，以满足本我的需求，但也不能违反超我的标准，不能超出社会规范的制约，往往趋向于表现出社会认可的行为情感。在匿名的网络环境中，人的内心信念也会发生变化，人的自我控制能力会明显降低，网民容易不受道德的控制和约束做出违反社会规则的行为。

---

① 信息产业部．互联网新闻信息服务管理规定 [N]．人民日报，2005-09-27.

② 弗洛伊德．精神分析理论新讲 [M]．苏晓离，译．合肥：安徽文艺出版社，1987：81-82.

③ 弗洛伊德．精神分析引论新编 [M]．高觉敷，译．北京：商务印书馆，2009：52-56.

（三）组织控制不到位

拉尔夫·特纳（Ralph Turner）从集体行为的性质角度分析："社会失范只存在于现有的组织不能为组织中成员的行为指引方向或提供途径的时候才会产生。"网民分散在网络触角延伸的各个地方，也没有现实世界中的行政层级，难以通过行政命令的方式加以管理控制。当然有关部门可以通过删除帖子、禁止评论、关闭网站等方式进行控制，但这些方式属于事后控制，过于生硬且很容易激起更大规模的反弹，应当谨慎使用。

弗里德里希·恩格斯（Friedrich Engels）指出："偶然的东西正因为是偶然的，所以有某种根据，而且正因为是偶然的，所以也就没有根据；偶然的东西是必然的，必然性自己规定自己的偶然性。而另一方面，这种偶然性又宁可说是绝对的必然性。被断定为必然的东西，是由纯粹的偶然性构成的，而所谓偶然的东西，是一种有必然性隐藏在里面的形式。"[①] 这段话的意思是：偶然性的背后隐藏着必然性，必然性通过偶然性表现出来。从表面上，网络集群行为是由偶然因素引发的偶然事件，但如果价值累加理论进行综合分析，就会发现它的出现就是必然的。开放、便捷、匿名的网络媒介的出现，为网络集群行为的生成扩展提供了平台和基础；社会结构紧张决定了社会关系处于较高的张力之中；社会共同情绪的存在使得民众积聚了表达性的心理能量；突发事件成为集体行动的导火索；有效的动员方式促进了快速的网络集聚；社会控制能力不足使得网络集群行为爆发成为现实。

第三节　网络集群行为的演化过程

在了解网络集群行为的概念、特征、生成原因之后，还需要按照历史唯物主义的观点，结合典型案例，分析其从出现到消亡依次经历的具体演化过程，找出不同阶段的时间节点和标志，以便全面理解网络集群行为。

一、热点事件的网络出现

本研究通过对已经发生的网络集群行为的归纳和提炼，认为其过程可以分

① 恩格斯．自然辩证法[M]．于光远，译．北京：人民出版社，1984：82-84.

为五个阶段：一是热点事件的网络出现；二是网民热议，生成网络舆论；三是传统媒体参与，与网络舆论相互呼应促动，生成社会舆论；四是出现制度外社会行动；五是事件消退。在前四个阶段，事件对社会秩序的冲击逐步增大，强度和危机指数呈上升趋势。

网络集群行为的出现包括刺激性事件吸引了网民注意力、网民产生心理认同、通过网络表达意见几个环节。

（一）热点事件吸引了网民注意力

注意是心理活动对一定对象的指向和集中，其基本特征是指向性和集中性。人在注意的时候，总是在感知、记忆、思考、想象或体验着与指向对象相关的东西。但由于认知加工系统能力的限制，人在同一时间内不能感知很多对象，只能有选择地感知环境中的少数对象。这种选择也是有原则的，“大脑总是倾向于选择重要性程度高的、熟悉程度大的以及具有新异性、动态性或有意义的事物加以注意。”[①] 网络时代，人们每天都会接触到浩如烟海般的信息。在数量众多的原始议题中，只有少数议题能够有幸“存活”下来，引起人们的注意，具备生成网络集群行为的基本可能。通过对已生成的网络集群行为的剖析，可以发现初始议题大多具有刺激性的热点特征。

（二）网民产生心理认同

“认同”指人们在交往的过程中，为他人的感情或经验所同化，或者自己的感情和经验同化了他人，彼此间产生共同的想法或内在的默契。弗洛伊德把认同看成“个人朝向另一个人或团体的价值、规范与面貌去模仿、内化并形成自己行为模式的过程，是个人与他人情感联系的原初形式。”[②] 在社会生活中，人们一方面希望保存个性，一方面也想通过依附群体取得归属感。当人们认同一个群体时，会觉得自己属于那个群体，群体中的成员越多，便觉得同道的人越多，归属感越强。认同不是预先设定的，而是自身的行为、语言与社会情境之间相互作用的产物，是在共同境遇基础上产生的一种认识、一种态度、一种

---

① 周志凤，李华伦 . 选择性注意理论对 CAI 开发的指导 [J]. 电化教育研究，2000（09）：53–56.

② 黄希庭 . 心理学大辞典 [M]. 上海：上海教育出版社，2003：1147.

趋向。这个境遇可以是共同的生活经历，共同的政治诉求，共同的经济利益，还可以是共同的价值爱好。一般而言，社会成员的阶层地位越高，成员获得的社会支持越多，自身的安全感、公平感和社会支持感也就越高。社会成员的阶层地位越低，成员获得的社会支持也越低，自身的受剥夺感、不安全感、不公平感越明显。热点事件在网络出现以后，群体往往会自发地形成心理认同，试图通过群体成员之间的互助改变现状，从而影响网络集群行为的发展进程。这种认同感对于民众往往具有巨大的动员力量，它可以使偶发事件在较短时间内迅速演变为社会冲突，对社会秩序及行政机构带来较大冲击。

（三）通过网络表达看法、抒发情绪

在社会发展的过程中，普通民众一直有着很强的话语冲动，只是由于条件限制而无法充分对社会现象进行评说。网络则为民众提供了自由表达的空间和机会，同时又避免了因为言说而产生的社会压力，使之一旦受到刺激性事件的影响，就会主动以发帖、跟帖、转帖、发博客、发微博等形式表达意见，把个人电脑变成了参与公共生活的端口。

二、生成网络舆论

“舆论是公众关于社会现象、社会问题表达的意见和情绪的总和，具有相对的一致性、强烈程度和持续性，能够对社会发展及有关事态的进程产生影响。其中混杂着理智和非理智的成分。”[①] 热点事件在网络出现以后，倘若当事人或相关部门能够表明态度、及时正确回应，事件就会趋于平息。倘若当事人置若罔闻、政府存在回避、拖延、袒护等不当行为，事件会继续升腾扩展，激起舆论波澜。与网络集群行为的生成阶段相比，网络舆论是公众对某一社会问题具有的倾向性意见，是更大规模的网络汇聚，主要表现为：

（一）网络舆情空间扩展

网络集群行为最初产生于某个单一的网络载体，如新闻网站、论坛等。但随着关注度的提升，网络舆情的空间会扩展，不仅出现在新闻网站、博客、公共论坛等的大众网络媒介，而且也会出现在博客、微博、QQ 群、校友录、兴趣网站、

① 秦志希，饶德江 . 舆论学教程 [M]. 武汉：武汉大学出版社，1994：28.

地方论坛等网络媒介，使得网络舆论形成“爆发式”传播。比如，“钓鱼执法”曾长期存在，但一直没有引起广泛关注。2009 年 9 月 10 日，张某在论坛发帖“无辜私家车被以黑车罪名扣押，扣押过程野蛮暴力”，叙述了自己出于好心搭载了一位自称胃疼又打不到车的路人，然后私家车被作为“黑车”查扣的经历。一天之后，这篇帖子迅速出现在多个舆情空间，形成了强烈的网络舆论。

（二）网络信息大量增加

网络集群行为最初的诱发者是特定主体，主要有事件当事人、目击者、记者、网络新闻编辑等。但在舆情扩散的过程中，大众网民、网络意见领袖、地方政府部门、网络评论员、与事件间接相关的参与者或目击者都会介入，网民的阅读、点击、回复、评论、转载等行为快速增长，作为网络舆情表现形式的点击率、新闻跟帖数、新闻转载量、论坛帖文数、帖子回复数、博文数量、博文回复数、即时通信工具中话题量等也大量增加。舆情数量增加的过程也是一个交互感染的过程，情绪感染是指通过语言、表情、动作等方式引起他人相同情绪的一种情绪传递现象，有循环感染和连锁感染两种方式。循环感染是一个人的行为激发了他人的情绪，使他人激动起来，而他人的行为反过来又感染自己的情绪，激起更加强烈的情绪，并加剧自己的行为；连锁感染是指一个人的情绪感染了另一个人，另一个人的情绪又感染了第三个人，如此接二连三地进行下去，使群体中的人都受到感染而激动起来。这两种感染都可以导致信息雪球越滚越大，出现“龙卷风”现象。社会心理学的研究表明：“当情绪感染表现为正面时，群体成员通常会展现出更好的合作精神，体现出乐观、积极、向上的心态；若群内成员不断感受负面情绪，群体成员的心理体验和行为反应就会呈现消极、不良的状态。”[①]

（三）网民互动增加、议题逐步深化

互动指社会上个人与个人、群体与群体之间等通过语言等手段发生的相互作用、相互影响的过程，是“由于接近而发生的相互作用”[②]。互动具有如下特征：首先，互动必须发生在两个或两个以上的人之间；其次，个体之间、群体之间只有发生相互依赖性的行为才存在互动，也就是说，一方的行为是由于另一方

① 沙莲香 . 社会心理学 [M]. 北京：中国人民大学出版社，2006：179.

② 孙本文 . 社会学原理（下册）[M]. 北京：商务印书馆，1945：3.

引发的，并且产生了后续的相互影响；再次，互动的目的是互惠，“当人们聚集在一起，并且共同的规范或目标或者角色期望尚未具体化之前，从结成交换关系中获得的利益为社会互动提供了诱因，交换过程也就成了调节社会互动以及促使社会关系网和一个雏形群体结构的形成机制”[①]。网络集群行为的参与者尽管和事件本身没有直接的利益关系，但存在间接的利益关系，可以通过对当事人的支持维护整个阶层的利益，从而间接保护自己权益。

网络集群行为的早期议题通常是事件本身，网民关注的是事件的原因、参与人员、过程、真相、处理结果等。然而随着互动的深入，一些网民会关注事件深层次要素，力求从理论、制度、体制、文化积淀、道德伦理、社会情绪等角度进行分析和评论，网络舆论出现政治化、制度化迹象。比如在“绿坝”事件中，网民的最初言论集中在反对预装这一过滤性软件上，后来逐渐涉及技术漏洞、行业影响、垄断作为等议题，接着又深化到隐私权保护、言论自由、社会控制等层面，舆情议题呈现出不断深化的态势。

（四）网民态度趋于极化

人作为社会性的动物,天性中就存在被群体抛弃或受到群体冷遇的恐惧感。群体压力是当个体的思想或行为与群体规范发生冲突时，群体成员为了保持与群体的关系所感受到的一种无形的心理压力。“在群体无形的心理压力下，个体会放弃自己与群体规范相抵触的意识倾向，服从群体大多数人的意见，做出与自己愿望相反的行为。”[②]刘海龙从沉默螺旋的核心概念和基本假设出发，检验了在网络空间中孤立恐惧动机、群体压力、公开表达等概念的适用性，认为：“在网络空间中，由于沉默螺旋的心理机制仍然存在，网际传播存在与现实传播的相似性，沉默螺旋现象并没有消失，只不过其表现形式有所变化而已。”[③]

三、生成社会舆论

网络舆论和社会舆论有很多共通之处，它们都是由人们普遍关心的问题所

---

① 彼得·布劳.社会生活中的交换与权力[M].孙非，译.北京：华夏出版社，1988：109.

② 戴尼斯·库恩.心理学导论——思想与行为的认识之路[M].郑钢，等，译.北京：中国轻工业出版社，2007：752.

③ 刘海龙.沉默的螺旋是否会在互联网上消失[J].国际新闻界，2001（05）：62-67.

引发，都引起了广泛的关注和议论，都形成了较为一致的意见和态度。但是，社会舆论的覆盖面要高于网络舆论，它的出现表明网络集群行为从虚拟世界走向了现实社会，成为人们街谈巷议的焦点，成为不满情绪的指向所在。在网络集群行为形成社会舆论的过程中，以下几种形式发挥了重要作用。

（一）事件被传统的主流媒体报道

传统媒体是通过某种机械装置定期向社会公众发布信息或提供教育娱乐的媒体，主要包括电视、报刊、广播三种。传统媒体有一整套规范的制度程序，有完善的组织架构，有严格的把关审核与纪律约束。就信息的真实性和说服力而言，网络媒体中的信息真假难辨、泥沙俱下、鱼龙混杂，中间还充斥和夹杂着许多诽谤和暴力的成分，说服力有限。而传统媒体，特别是其中主流媒体的信息相对具有专业性和权威性，对民众有着重要影响。

刺激性事件在网络流传一段时间、形成了网络舆论后，其中的一些事件会被传统媒体关注并报道。一旦网络议题进入到传统媒体特别是央视、《人民日报》《中国青年报》等主流媒体的视野，就表明事件的影响范围扩散到了现实社会中，出现了“溢散效应”[①]。话题会被传统媒体重新洗牌、包装，展现在受众面前，生成冲击力更大的社会舆论。同时，传统媒体的报道又会诱发更加热烈的网络探讨，二者相互结合，交织促动，事件细节不断被挖掘，新闻本身也因此更加丰满。

（二）事件被异地的传统媒体报道

按照舆论形成的规律，社会事件最容易在本地形成初级舆论场。然而，在行政力量的强行干预下，一些重大事件往往在本地不能被群众所知，也难以形成广泛影响。市场经济的本质是开放性的，市场经济的发展给传统媒体带来了多样化渠道和寻根问底的精神。随着媒体规模的不断扩大，市场竞争日趋激烈，各地媒体都会努力寻找吸引公众的热点新闻。一些地方政府虽然能够控制本地的传统媒体，但是无法禁止外地媒体的跟踪报道，一旦某地出现重大事件，外地媒体就会蜂拥而至挖掘新闻卖点。如，钱云会事件是经《南方日报》报道、

① 溢散效应由学者 Mathes 和 Pfetsh 提出：反对性议题的生命周期分为潜伏期、上升期、高峰期、衰退期四个周期，当所设置的议题由潜伏期进入上升期时，便出现从非正式到正式的溢散效应，主流媒体开始关注这些反对性议题的报道。

李秀娟事件是经《新京报》报道后引发网民关注的。

（三）事件经网络传播而生成社会舆论

社会舆论是社会存在的反映，是民众对受关注的社会事件或社会问题进行了普遍表达、形式了较为一致的意见。社会舆论的生成包括引起议论和达成一致两阶段：第一个阶段是人们对特定事件发生关注，进行议论，民众众说纷纭，议论中可能还夹杂种种情绪化表现。第二阶段是意见的归纳与综合，在形形色色的议论中符合大多数人愿望的意见逐渐成为主流，经过交流推广，最终成为社会舆论。

西安电子科技大学学生魏则西罹患“滑膜肉瘤”，通过百度的排位搜索找到武警北京总队第二医院，医生称从国外引进的生物免疫疗法可以“保其生存20年”。在借钱接受4次治疗、花费二十余万元后，魏则西于2016年4月12日去世。魏则西生前曾在知乎网上发文说该医院欺诈，百度也因为竞价排名而从中获利。由于医疗卫生特别是疾病诊治事关每一位民众的生命安全，微信、微博等社交平台上的议论不断出现。民众纷纷质疑百度广告的竞价排名机制，莆田系何以承包公办医院的科室以及相关部门的监管职责。5月2日，国家互联网信息办公室发言人姜军发表谈话：“近日‘魏则西事件’受到网民广泛关注。国家网信办会同国家工商总局（国字市场监督管理总局）、国家卫生计生委成立联合调查组进驻百度公司，对此事件及互联网企业经营事项进行调查并依法处理。”[①] 习近平总书记也强调指出：“办网站的不能一味追求点击率，做搜索的不能仅以给钱的多少作为排位的标准。希望广大互联网企业坚持经济效益和社会效益统一，饮水思源，回报社会，造福人民。”[②]

四、事件超越言论范围，出现社会行动

弗洛伊德认为，“本能的目的是消除身体的欠缺并重建平衡，……个体遭

① 新浪网.魏则西事件受到广泛关注　国信办成立调查组进驻百度[EB/OL].(2016-05-02).https://finance.sina.com.cn/china/gncj/2016-05-02/doc-ifxrtztc3141243.shtml.

② 新华社.习近平总书记在网络安全和信息化工作座谈会上的讲话[EB/OL].(2016-04-25).http://www.cac.gov.cn/2016-04/25/c_1118731366.htm.

受挫折的本质是本能的能量释放受阻，无法消除不愉快的刺激所产生的情绪。"[1]弗洛伊德的观点被以约翰·多拉德（John Dollard）和尼尔·埃尔加·米勒（Neal Elgar Miller）为代表的耶鲁学派继承下来，并结合自己的实验成果加以发展和补充，形成了挫折攻击理论。该理论认为："攻击性行为的发生总是以挫折的存在为先决条件，至于挫折在多大程度上引起攻击行为，则取决于以下四个因素：一是反应受阻引起的驱力水平，二是挫折的程度，三是挫折的累积效应，四是攻击行为可能受到的惩罚程度。"[2]

随着传统媒体与网络媒体的合流、促动，关注、参与该刺激性事件的民众越来越多，也形成了较为一致的心理期待。比如，在"欺实马"事件中，民众期待依法处理交通肇事者胡斌；在"郭美美事件"中，民众期待能够查清楚郭美美的财富来源，查清楚她和红十字会之间的关系；在"彭宇案"中，民众期待能够免除助人为乐的彭宇的赔偿责任。如果相关部门没有按照或者没有及时按照民众的期待解决问题，民众就会感觉受到挫折，出现较高的心理驱力，产生攻击性行为，通过更加激烈的方式施加压力。此时，"网络上的热点和现实社会的热点日益汇流、并且共振，网民从说到做、从言语到行动的社会特征日益明显。"[3]

五、网络集群行为的沉寂消退

耗散结构理论指出："一个远离平衡的开放系统，可以通过不断地与外界交换物质和能量，在外界条件的变化达到一定的阈值时，能从原有的混沌无序的混乱状态转变为一种在时间上、空间上或功能上的有序状态，形成新的自组织有序结构。而一旦达到平衡态后，系统也就从有序性向无序性转化，必须从外部补充一定的物质和能量，即输入负熵才能抵消内部产生的熵增。"[4]该理论深刻地揭示了物质世界的演化规律，表明事物的生存、演化与自身和外部世界的能量交换密切相关，被称为自然科学界的第一法则。现在，耗散结构理论

① 车文博．弗洛伊德主义论评[M]．长春：吉林教育出版社，1992：176.

② 山根清道．犯罪心理学[M]．张增杰，等，译．北京：群众出版社，1984：34.

③ 喻国明，李彪．网络集群行为的观察与思考[J]．网络传播，2009（09）.

④ 湛垦华，沈小锋．普利高泽与耗散结构理论[M]．西安：陕西科学技术出版社，1982：721.

不仅应用于自然科学，而且拓展到社会科学领域，用来解释各种社会现象和社会事件的产生、发展和消亡。

网络集群行为也是一个涨落有序的振荡过程，如果事件后期有了令民众满意的处理结果，网民和媒体的关注热情持续下降，议题自身不再发出刺激性信息，不再和外界进行物质和能量上的交换，就成为一种没有活力且无法更新的衰亡结构，最终导致事件走向消退。如果处理结果不是令民众完全满意，事件在消寂一段时间后还会重新浮出水面。“郭美美”炫富之后，网民进行了愤怒的声讨。尽管公安机关的调查表明，郭美美的财富来源和红十字会没有直接关系，但民众的愤懑之情并没有完全消退，积淀在心底的成见在新的导火索刺激下又多次爆发。2013 年 7 月 16 日，中国红十字会常务副会长赵某某做客中新网《新闻大家谈》称：“中国红十字会是最规范的社会组织，将郭美美与红十字会划等号是不公平的。”[①] 新浪网与当晚 18 时 10 分发布了这条消息，结果半小时内网上出现评论 3726 条，笔者仔细阅读了全部评论，没有一条认同这一观点。

综上，网络集群行为的过程分为生成出现、发展变动、沉寂消退三个阶段，又可细分为对立性事件在网络出现、生成网络舆论、生成社会舆论、出现社会行动、事件消退五个节点。但需要说明的是，能发展到下一个节点的事件数量是递减的，比如，对立性公共事件是生成网络舆论的前提，但并不是所有的事件都能生成网络舆论。2013 年 9 月，河北省承德市兴隆县孤山子镇党委书记梁某某辱骂百姓，此事在网络上刚刚引起关注、议论，梁某某就受到了当地政府的撤职处理，事件至此也就基本平息了，没有出现大规模的网络围观和议论。同样，也不是所有被网络舆论关注的事件都能被传统媒体所关注。所谓“闫某某患了艾滋病，并故意和多人发生关系”的帖子在网络舆论持续发酵的时候，其本人现身网络，出示了没有患艾滋病的医院证明，并表示要通过法律途径追究其前男友的造谣责任。[②] 传统媒体还没有来得及跟进，事件真相就水落石出，该议题也由此中断而未能继续深入；事件从第三个阶段向第四个阶段过渡的情

① 赵白鸽 . 将郭美美同红会划等号不公平 [EB/OL].（2013–07–16）. http://news.sina.com.cn/c/2013-07-16/181027685433.shtml.

② 百度百科 . 闫德利 [EB/OL].http://baike.baidu.com/link?url=d-Qpn39QJyLwX6-SByLj7zIovWKEuuCRmM.

况也是如此，在“上海钓鱼执法”“跨省拘捕王帅”等诸多受到舆论关注的事件中，由于政府的正确处置，及时化解了民众心中的怨气，使得事件没有发展成为现实生活中的抗议行动。

第四节　网络集群行为的应对

依据上一节的分析，网络集群行为的演变过程分为五个阶段：一是热点事件在网络出现；二是网民热议，生成网络舆论；三是传统媒体参与，生成社会舆论；四是出现社会行动；五是事件消退。事件的不同阶段具有不同的形态，需要采取不同措施加以应对。

决策树是一个预测模型,是利用一个像树一样的图形建立辅助决策的工具，代表的是对象属性与对象值之间的一种映射关系。树中每个节点表示某个对象；每个分叉路径代表某个可能的属性值，即不同的应对策略；每个叶结点则对应从不同路径发展出的不同结果，是不同策略的对象值。为了使网络集群行为的处置更加清晰有效，本文构建如下决策树模型（如图 4–1）。

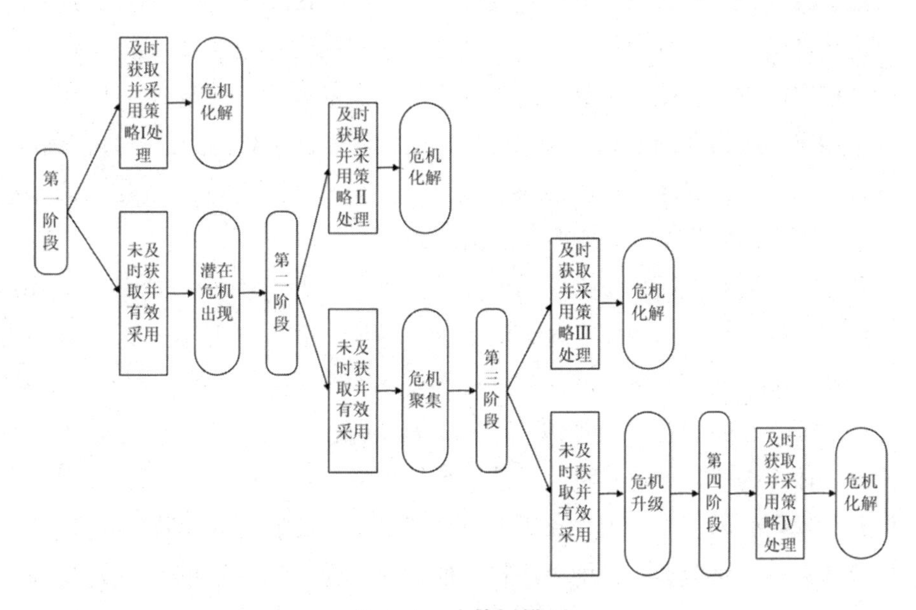

图 4–1　决策树模型

从该模型可以看出：第一阶段（热点事件网络出现）适用策略Ⅰ，方法是通过信息技术手段发现事件，分析诉求，责成当事人或单位与发帖者及时沟通，避免形成网络舆论；第二阶段（网络舆论形成）适用策略Ⅱ，即责成当事人或部门公开回应网民质疑，疏导网络舆论，避免生成更大的舆论风波；第三阶段（社会舆论出现）适用策略Ⅲ，要公开调查，公布真相，及时切割、处理责任主体，防范制度外的现实行动；第四阶段（社会行动出现）适用策略Ⅳ，此时网络集群行为已经转化为现实集群行为，应当依法采取强制措施予以消解，同时综合使用前三种策略缓解局势，稳定秩序。

一、化解热点事件

蝴蝶效应理论告诉我们，事物的发展结果对初始条件有极为敏感的依赖性。在虚拟的公共场域里，如果能发现、识别网络集群行为的初始特征，并采用必要手段加以处理，就能够防微杜渐，把问题解决在萌芽状态。

（一）及时发现、识别热点事件

随着网络技术的普及，各种突发性事件均能通过互联网第一时间传播，网络舆论热点层出不穷。而网络舆论一旦被忽视或错误地控制和引导，将成为影响社会稳定的重大隐患。因此，如何在第一时间发现、识别热点事件，进行舆情信息预警，成为我国各级政府和行政部门处置网络集群行为的基础依据。与电视、报刊等传统媒体相比，网络信息存储量大、传播速度快、参与人数多、交互感染强，以下发现、识别手段较为有效：

首先，可以通过在搜索引擎上设置“关键词”（通常为地名、人名或事件名）和“日期”的方法，提取原先隐含的信息，尽早了解与本地区、本部门相关的网络舆情状况。其次，可以使用数据挖掘技术抽取信息，如针对新闻、新闻评论语料，抽取新闻标题、新闻出处、发布时间、内容、事件发生时间、点击次数、评论人、评论内容、评论数量、转载数量等舆情信息；针对论坛语料，抽取帖子标题、发帖时间、发帖人、点击数量、回复人、回复内容、回复数量、转载数量等信息；针对博客（微博）语料，抽取博主的人气指数和粉丝数量、博文标题、发布时间、博文正文字数与主题、博文评论内容与数量、博文转载数量等信息，从中分析哪些是已经形成的热点事件，哪些是正在酝酿中的热点事件，哪些是普通的网络信息，哪些是无用信息；再次，可以通过分类模式、聚类模式、关联模式、序列模式对抽取的信息进行分析，判断危机指数，把分析判断的结果通知当事单位或个人，责成他们及时与发帖者沟通回应，避免舆情从个别言论发展为网络舆论。

（二）对热点事件进行分析、报告

当热点事件出现后，要根据网络舆情的规律和特点，进行动态性的适时跟踪、研究和判断。在追踪、研判的过程中，要把定量分析与定性分析结合起来，把传统手段和现代手段结合起来，注重发挥专家学者的作用，对可能出现的情况进行分析研究，密切关注网民的思想动态和意见表达，提炼出网民最为关心、质疑最多的问题，为政府决策提供前期的信息服务。

对于可能生成舆情危机的热点事件，还要形成网络舆情报告，以便于政府决策。网络舆情和网络舆情信息是有所区别的。舆情指民众多种情绪、意愿、态度和意见交错的总和，它往往是内隐的，需要通过深入的相关分析才能提炼出来，才能进行正确判断。而舆情信息则是直白的，可以通过载体和渠道直接传播。互联网时代，大众往往通过新闻评论、在线聊天、BBS 论坛、博客等方式针对特定事件传播网络舆情信息。在这些具体的、零散的信息中隐含着民众的情绪，体现着民众的社会政治态度，内含事件的产生根源、发展态势以及可能导致的后果，应当进行系统的思考提炼。网络舆情报告是一个综合的逻辑思考过程，是对已经搜集和分析的舆情材料的再加工和再创造，一般包括事实呈现、发展趋势和相关建议三个部分：事实呈现是指客观描述网络舆情的过程，准确地反映网络舆情的现象、本质和特点；发展趋势是指准确判断网络舆情危机走向，对网络舆情做出趋势性、危害性和预警性的判断；相关建议是指针对可能发生的情况，制定一套详尽的判断标准和处置措施，提供给有关政府部门，帮助其快速处置应对。

（三）责成当事单位或个人及时准确回应

当事责任主体指网络集群行为中存在过错或过失的当事人，是引起危机事件矛盾冲突的肇事者。政府在危机处置中首先要落实责任主体，责成当事人在第一时间站出来，或承认错误、表明态度、承担责任，或澄清事实、还原真相，或纠正错误、积极补救。总之，要将自己行为公之于众，以获得网民理解，赢得公众信任，化被动为主动，化不利为有利。应对网络热点事件，当事人不能不做回应，也不能胡乱回应、傲慢回应、虚假回应。有些官员在处置网络集群行为过程中，漠视群众利益，对网络意见做不负责任的回应。2011 年 7 月 23 日，甬温线发生动车追尾特大交通事故，对车上人员生命安危的担忧和对高铁安全性的质疑引起了全国乃至全世界的关注。动车追尾事故发生后的第二天晚上，铁道部举办新闻发布会，当被问到"为何救援宣告结束,仍发现一名生还儿童"时，发言者王某某没有就工作失误正面回答问题，反而声称："这只能说是生命的奇迹"；被问到"事故原因尚未调查，为何要掩埋车头"时，回答："埋车头是为了垫泥潭，便于抢险。至于（不管）你信不信，我反正信了。"[①] 这些缺乏生命关怀的话语，只是想方设法地为自己的错误辩解开脱，淡化自己应当承担的责任，不仅没有平息网民对事故救援工作的质疑，相反激起了更大的愤怒。

比不回应、乱回应、假回应等不当方式错误更大的方式是删帖，也就是删除网络上对当事人不利的信息。在信息发布主体全民化、信息载体多样化、信息传播即时化的今天，当事人的删帖行为非但于事无补，反而会火上浇油，引发出更大的舆论波澜。

二、疏导网络舆论

国务院新闻办公室把突发公共事件的舆论引导策略，概括为"四讲"，即：尽早讲，尽快抢占信息发布制高点，第一时间表明对事件的态度及应对措施；持续讲，向公众不断披露事件进展情况；准确讲，发布信息真实全面，争取公众的认可；反复讲，采取各种方式对公众进行答疑解惑。社会学家雅克·艾卢尔（Jacques Ellul）也认为："舆论的不可捉摸的易变性和不稳定性又决定了政府的决策不可能追随迎合舆论。如果只能让舆论来追随政府，宣传则成为必不可少的手段。"[②] 因此，当热点事件发展成为网络舆论后，面对网络上公众铺天盖地的疑问和不满，政府不能置身事外，不管事件与政府是否有直接关系，

① 土豆网 . 王勇平答记者问 [EB/OL].（2011-07-25）. https://v.youku.com/v_show/id_XMjg4MTA3OTI0.html.

② Ellul，Propaganda.The Formation of Men's Attitudes[J].Vintage Press，1973：112.

都要积极疏导网络舆论，赢得群众信任。

（一）掌握真实情况并在网上公布

网络热点事件发生后，民众最希望知道事件的真相，事件是怎么发生的？经过是什么？政府是如何处置的？此时，政府应该抛弃惯常的那种“鸵鸟”政策，积极了解事件真相及其历史渊源，及时公开信息，把事情原原本本地公之于众。在信息发布的过程中，要保证发布的信息、公开的材料都是真实的，都是符合客观实际、反映客观事物原貌的真实情况。2009 年 6 月 5 日，四川成都发生了公交车燃烧事件。事件出现伊始，网络民间舆论占据了主要地位，舆论表达中带有较浓的个人主观色彩，言论的倾向性也呈现多元化，其中没有依据的断言、谣言成为舆论场中的主导信息。很快，成都市政府就在网上发布了消息，介绍了事件的伤亡情况和救援措施。在接下来的三天内，又先后举办了五场新闻发布会，及时公布了事件原因和处理情况，为媒体报道提供了有力依据，也使得民间舆论场的意见表达渐趋理性，与官方舆论场逐渐对接。因为处置迅速有效，该事件应对在人民网发布的“2009 年上半年地方应对网络舆情能力排行榜”中排名第一。[①]

随着信息技术的发展，网络传播成为舆论传播的重要形态，其交互、即时、海量、多形态、低门槛的传播特征使舆论引导、控制难度加大。在新的舆论环境中，信息的公开、透明变得尤为重要，要及时告知民众想要知道和关注的信息，尊重和满足民众的知情权，进一步推动党务、政务公开，塑造良好的党与政府形象。一是要建立信息公开的长效机制，形成制度性规定；二是要建立网络信息公开平台，定期公布相关信息；三是要建立健全网络新闻发言人制度，及时回应网民关注的问题。然而，某些地方党委和政府在遇到不良网络舆论时，还是秉承陈旧的思维习惯，“不愿说、不敢说、不会说”，总是千方百计地捂着、掖着，害怕“曝光”，结果反而适得其反，不仅不利于事情的解决，反而会扩大事态。

美国心理学家奥尔波特（Gordon Willard Allport）认为谣言产生有两个基本条件：第一，事情本身必须对传谣者和听谣者有某种重要性；第二，真相必须

---

① 人民网.2009 年上半年地方应对网络舆情能力排行榜 [EB/OL].（2009-07-23）. http://unn.people.com.cn/GB/9715050.html.

被某种模糊性掩盖起来。他据此提出了 R=I′A 的谣言传播公式。其中，R（rumor）表示谣言，I（important）表示重要性，A（ambiguity）表示模糊性。[①] 这个公式表明，谣言的出现与事件的重要性和模糊性是正相关的关系，只有当这两个条件同时具备，谣言方可产生并成正比例发展。刺激性事件在网络出现以后，如果当事人和发帖者沟通不足，事件处于暧昧状态，人们就会转而通过谣言寻找答案。同时，网民容易以讹传讹，一方的不断跟进会造成另外一方的不断沉默，导致谣言以不可思议的速度扩展，使得事态迅速扩大升级。

（二）通过政府网站、网络发言人引导舆论

2008 年颁布实施的《中华人民共和国政府信息公开条例》中，该条例第十五条规定，“行政机关应当将主动公开的政府信息，通过政府公报、政府网站、新闻发布会以及报刊、广播、电视等便于公众知晓的方式公开。”[②] 可见，知情权在网络时代，已经渗透到社会生活的方方面面，不仅是公众关注自身利益的一项最基本的权利，也是法制社会的基本要求，是民主政治的一项重要内容。要想妥善应对网络舆论的冲击，政府应充分认识到，公正源于公开，正义基于透明。政治过程透明度越高，公众对信息的了解就越经济、越快捷，信息的不确定性就越少，公民依赖虚拟空间寻找信息、揣测信息的概率就越低。于是，很多基层政府开通了网站，不少官员开通了微博，尽快向公众发布信息。这些做法客观上缩短了民众的知情时间，加强了公众对政治体系的忠诚度。

网络新闻发言人是传统新闻发言人制度在网络空间的延伸和拓展，是信息公开的一种新的渠道和方式。网络新闻发言人与传统新闻发言人有着共同的身份性质，都是代表特定的社会组织传达和发布特定新闻信息。然而，他们发言表达的平台不同，网络新闻发言人是通过网络渠道向社会传播公开信息，其发言频率更高，发言内容的时效性和针对性更强。网络舆论出现以后，网络新闻发言人要以平等的身份与网民沟通，登录论坛、网站，用普通网民常用的发帖、跟帖、留言、发布微博等方式进行回应。这样做可以有效拉近政府与网民的心理距离，避免网民产生政府官员高高在上、居高临下的认知错觉，使得政府意

---

① 奥尔波特 . 谣言心理学 [M]. 刘水平，梁元元，译 . 沈阳：辽宁教育出版社，2003：17.

② 中华人民共和国国务院 . 中华人民共和国政府信息公开条例 [N]. 人民日报，2008-05-01.

见更好地获得网民理解和支持。在网络引导过程中，网络新闻发言人要善于把握网民的所思所想，及时澄清虚假、失真消息，准确回答他们集中关注的问题，用公众易接受的语言解读法律条文和政策方针，始终与公众保持良性的舆论互动。在交流过程中如果遇到非理性、发泄式的言论，网络新闻发言人要把握大局，以普通网民的口吻进行教育引导，在真诚沟通中赢得公众的理解和支持。

（三）通过网络意见领袖疏导舆论

社会心理学认为，说服者本身的威望是说服成功的关键要素。民众普遍具有崇拜权威人士的心理情结，他们相信社会上权威人士的信息解读，并且准备接受它。伊丽莎白·诺艾尔－诺依曼（Elisabeth Noelle-Neumann）在《民意——沉默螺旋的发现之旅》一书中曾以狼嚎为例论述意见领袖的作用："对狼而言，其他狼的嚎叫声，会强烈引发自己开始嚎叫。但并非所有的嚎叫都能导致狼群共嚎，位阶高的狼能轻易引起群狼的共嚎，而位阶低的狼不易引发群狼共嚎，所有被压迫、被逐出狼群、被淘汰的狼是不允许加入嚎叫行为的。"[①] 网络意见领袖隐藏在网络群体中，熟悉媒体特性，能熟练运用媒体参与网络舆论行为，通过发表有吸引力的言论或与网民频繁地互动接触来影响他人。通常在每一起网络舆论事件的背后，都有相关意见领袖的参与讨论，使事件的舆论关注程度和民众关切程度进一步提高。网络舆论经常因为意见领袖的不同作用，而呈现出不同的态势和结果。

在网络危机事件处置中，政府要善于通过意见领袖的作用和影响促进民意共识的形成。他们在网络舆论形成过程中与一般网民的作用有所不同，往往能够借助其专业性的言论集聚网络人气，又能凭借其长期积累起来的网上声望和话语的权威性影响人们对危机事件的认知，对群体成员有较大的影响力和号召力，在统一口径、引导舆论方面的作用非常突出。当网络上非理性信息和极端言论流行、受众无所适从时，他们对于权威意见的依赖会更强烈，更需要意见领袖为自己解惑。当网络集群行为出现后，政府要邀请知名专家或网络评论员撰写评论性文章，采用"专家在线访谈"形式提供相关意见，与意见领袖一起

---

① 伊丽莎白·诺艾尔·诺依曼．民意——沉默螺旋的发现之旅[M]．翁秀琪，李东儒，李岱颖，译．台北：台湾远流出版公司，1994：137–138.

同广大网民开展互动交流，将政府权威信息同网上权威话语结合起来，形成舆论的主流声音，正确引导网上舆论的发展方向。

三、管控社会舆论

由于在第一和第二阶段的应对不当，刺激性事件经过媒体报道后，生成了冲击力更大的社会舆论，引发现实社会成员的广泛不满。此时，政府应当采用公开调查、公正处理、适当妥协的手段化解民众的不满，避免事件从言论领域发展到行动层面。

（一）公开调查

在当事人、当事单位不能及时有效处理危机、赢得公众信任的情况下，舆论诉求必然指向地方政府，要求政府给公众一个合理的说法。此时，政府作为危机处置中社会公信力的承载者，必须实事求是、客观公正地开展调查取证，及时将事件发生的具体原因、事实细节、相关冲突公之于众，让“流言止于公开”。

为了防止调查过程中可能存在的隐瞒、欺骗行为，可以由政府邀请人大代表、政协委员、媒体代表、网络意见领袖组成监督组，让他们作为“第三方”（非利益关联方）监督事件的调查过程。这样既增加事件调查的透明度，满足民众了解事情真相的需要，也使得处理结果具有合法性和合理性。徐宝宝事件通过网络曝光后，面对网络上的汹汹议论以及由此而生的强大舆论压力，南京市卫生部门决定成立一个由第三方参与的联合调查组继续调查，联合调查组由 14 人组成，其中 4 名是主管部门工作人员、5 名中央省市媒体记者、1 名网民代表、1 名计算机专家、2 名省级综合性医院医疗专家、1 名人民调解委员会成员。第三方调查组的出现，成功地把网民注意力从网络谴责转移到了多方参与的现实维权。最终，值班医生被吊销医师执业证书并行政开除，南京市儿童医院的院长、党委书记及其他相关医护人员共 11 人也受到了严厉处分，徐宝宝家属获得 51 万赔偿金。需要说明的是，第三方的作用是对事件的调查过程进行监督，只是作为见证者和监督者而存在，不能越俎代庖，超越法律的授权自己进行调查。在“躲猫猫”事件中，云南省宣传部门成立了由网民代表为主的第三方独立调查组，但由于网民不具备独立调查主体的资格，没有法律支持和相关制度作为支撑，在现实社会中无法开展工作，最终没有形成调查结论，调查只能虎头蛇尾、不了了之。

（二）公正处理

公平是指按照规定的标准正当合理地处理社会问题的态度和行为，是政治制度、行政系统的重要道德品质，也是社会凝聚力、向心力和感召力的重要源泉。良好的政治生态需要公正有效的惩罚机制，如果公共事件的当事人不能履行职责，就需要付出相应的代价或成本。政府在处置网络集群行为的过程中，应当坚持公正处置的原则，坚决避免“官官相护”“结党营私”的不良现象。因为网民需要的不仅是信息公开，更需要的是结果公正。公开是公正的前提，没有公开，即使公正的结果也难免受到质疑；但公正是公开的归宿，没有公正，再公开的信息也无法消除民众的不满。

在网络集群行为处理过程中，责任诉求是一个逻辑开口向上的链条，若是当事人没有承担责任的话，就会上溯到其直接管理者的所在组织；若是管理者放任或者包庇、袒护，不积极主动追究当事责任者并承担管理责任，就会要求地方政府处置干预；若是地方政府应对不当，就需要更高一级政府进行处理。因此，在危机处理的责任追究过程中，必须以当事责任主体为核心，进行合理的责任切割，防止将矛盾和责任逐级上交。在上海“钓鱼执法”事件中，面对孙中界的断指求证清白和汹涌的网络民意，浦东新区城市管理行政执法局没有在第一时间深入实际进行核查，验证其执法大队情况报告的真实性，及时切割责任主体。而是为了维护部门利益，用更多的错误来解释掩盖一个错误，结果越陷越深，引发了整个社会的质疑和愤怒。[①] 在此背景下，浦东新区政府迅速组成联合调查组，重新启动了调查程序，还原了事实真相，依法处置了有关责任人和责任部门，向受害者公开道歉并承诺赔偿，才使得该危机事件得以平息和解决。

---

① 也有学者认为，该城市管理行政执法局宣称其执法方式有理有据并否认执法失误也是无奈之举，因为“媒体对‘钓鱼执法’的抨击越是上纲上线，承认的压力和责任也就越大。一旦将钓鱼执法与政府公信力和社会和谐联系起来，承认之后就无异于政治自杀。按照舆论的逻辑，只要承认执法失误，就不仅意味着‘钓鱼执法’确实存在，而且意味着‘钓鱼执法’确实不合理。让政府决策者忧心的问题是：一旦‘钓鱼执法’遭禁，黑车市场可能完全失控的局面该如何应对？过去几年那接近 8 万次的行政处罚又当怎样处理？”见桑本谦.“钓鱼执法”与“后钓鱼时代”的执法困境网络集群行为的个案研究 [J]. 中外法学，2011（1）.

（三）适当妥协

网络集群行为的应对实质是政府、网民、媒体三方博弈互动的过程，博弈的主体如果只坚持维护自身利益，就会形成非合作博弈，出现零和游戏的效果，也就是参与博弈的各方利益都受到伤害。妥协就是为了避免造成更大损伤或两败俱伤，以不损害或保留基本利益为前提，通过谈判、协商或默契等互相让步的折中方法，使"冲突中的每一方都放弃一些可贵的、但并不是无价的东西，以得到一些真正无价的东西"①。妥协作为人类政治智慧的结晶，体现着原则坚定性与策略灵活性的统一，是和平年代解决社会冲突的有效方法。正如科恩指出："政治上成熟的人会寻求持中的解决方法，使冲突各方都得到一定程度的满意。"②当网络集群行为处于社会舆论的中心时，政府为了迅速平息舆论、化解危机，可以做出适度的妥协以换取社会秩序的稳定。

四、平息现实冲突

网络社会崛起后，社会空间分化为三种基本形式：其一，传统社会的在场空间；其二，在场的网络空间，也就是社会成员以真实身份而展开的网络交往空间；其三，缺场的网络空间，即隐匿自己真实身份和实际存在形式的网络空间。传统社会的在场空间与缺场的网络空间是一种外延不重合的分离关系，在场的网络空间同其余二者的外延是交叉关系。社会舆论生成以后，网络上的热点事件与现实社会的民众关注日益汇流，三个空间里的信息交织互动，舆情累积与网民情绪形成共振，在逐步叠加的过程中出现了现实集群行为。

（一）恢复社会秩序

在非制度化的集体行动中，参与者常常采用游行示威、堵塞交通甚至打、砸、抢、烧等激烈方式表达诉求，存在显而易见的违法性和社会危害性。当网络集群行为演化为现实集群行为时，社会秩序就遭受了强烈的冲击，应当迅速解决，尽快恢复社会秩序。

首先，当地党政领导和有关部门负责人要迅速到达现场，掌握情况，靠前

① Smith，T. V. Smith.The Ethics of Compromise and the Art of Containment [J]. Journal of Politics，1956，19（3）：522–527.

② 科恩 . 论民主 [M]. 北京：商务印书馆，1988：185–186.

指挥。领导出面疏导是平息集群行为的主要环节，领导干部要敢于走进群众，面对面做好解疑释惑、说服教育工作，尽最大努力缓解冲突、化解矛盾。在领导与群众对话过程中，对集群行为要慎重定性，会激化群众情绪的话不要说，不符合法律政策的事不要松口，不能兑现的“空头支票”不能开。其次，要及时分化、疏散现场群众。集群行为发生后，现场会聚集成百上千甚至上万的群众。在这些人群中，鼓动闹事的只是极少数，绝大多数人是由于平时心里积聚了对社会的不满情绪，属于无直接利益的参与群体，还有一部分人属于看热闹、跟着起哄。但由于置身于嘈杂的人群中，个体很容易受到暗示以致丧失理性和责任感，表现出冲动而具有攻击性的过激行为，因此，现场处置要及时采取措施，分化、疏散群众，避免事件扩大、升级、激化。再次，政府应当依照《刑法》《集会游行示威法及其实施条例》《治安管理处罚办法》《公安机关处置群体性治安事件规定》等强制性规定，严肃打击扰乱社会秩序或者危害公共安全的行为。对尚未危害人民群众生命财产安全和社会治安秩序的群体行为，要讲究策略、注意方法，避免与群众发生直接冲突。可以派少量警力去现场掌握情况，维持秩序，配合主管部门做好化解矛盾的工作。但不得动用警力直接处置，工作中不得使用警械和采取强制措施；对围堵、冲击党政机关、卧轨拦车、阻断交通、骚乱以及打砸抢烧等违法犯罪活动，要抓住时机，坚决依法果断处置，控制局势，尽快平息事态，防止事态扩大蔓延。最后，做好善后工作。集群行为平息后，群众的对立情绪一时难以消除，隐患仍然存在，事件仍有可能再度爆发，必须趁热打铁、不停顿地把善后工作做好。有关方面要及时解决群众反映的诉求和问题，兑现向群众的承诺，取信于民；要派工作组深入群众中做工作，消除误解，控制局势；对于负有重要责任的干部要严肃处理，不能只处理群众不处理干部；对于违法犯罪分子，要掌握证据、查清事实、公开依法处理，并以此教育干部群众，不能姑息纵容、息事宁人。

（二）控制网络言论

网络传播的参与成本低，人气集聚快，规模和影响可以迅速扩大，有着十分明显的集聚效应。集群行为往往含有诸多负面信息，如果网络媒体不加过滤，有意无意地放大渲染，会对公众的思想产生强烈冲击，使公众产生不满和怨愤心理，可能引起事件的恶性发展。因此，现实生活中的集群行为出现后，为防止事态进一步扩大，更要加强对网络舆论的管控。首先，可以通过设置“黑名单”、设置关键词等手段屏蔽或过滤有害信息，防止破坏社会稳定、分裂国家民族、煽动教唆暴力行为、传播邪教以及诬陷诽谤他人的信息在虚拟空间流布。目前，几乎所有的网络公共平台都采用了信息过滤技术，具体可以分为基于网管和代理的两大系列，包括图像过滤技术、关键词过滤技术、名单过滤技术、智能过滤技术和模块过滤技术等，这些技术可以有效地屏蔽管理者想屏蔽的内容，使得网络言论对于公共利益的危害减小到最低程度。其次，可以通过政府宣传管理部门对网络媒体发布指令，对特定事件不允许评论、跟帖、转载，及时封存、删除网络自媒体的舆情帖文。再次，可以采用IP阻断技术限制特定地区的人群登录互联网。由于每一台联网的计算机都有一个对应的IP地址，阻断其IP地址后这台计算机上的信息无法在网络上自由流动，该技术虽然可以限制不良信息的传播，但也给网络使用者带来了很多不便，一般不要使用。

（三）强化正面引导

社会生活中的集体行动往往体现了社会心理的变化，是观念斗争的产物。正如马克思所说：“劳动过程结束时得到的结果，在这个过程开始时就已经在劳动者的表象中存在着，即已经观念的存在着。他不仅使自然物发生形式变化，同时，他还在自然物中实现自己的目的，这个目的是他所知道的，是作为规律决定着活动的方式和方法，他必须使他的意志服从这个目的。”[①] 现实社会的冲突发生后，政府在迅速恢复社会秩序和管控网络舆论的同时，还要做到坚持正面宣传为主，强化社会责任，增强担当意识。首先，主流媒体要牢记政治责任，充分发挥权威性和公信力，在事件报道中有坚定的立场、明确的态度。在第一时间掌握网民所关注的事件焦点是什么，及时发布客观、公正、翔实的权威信息，控制和引导舆论走向。中央和地方主要新闻媒体要按照要求在重要版面、重要时段及时报道解读，引领社会舆论；都市类媒体要针对不同受众需求，做好分类化传播；重点新闻网站要通过在线访谈、专题集纳、背景链接等方式，加强与网民互动。用大面积的、长时段的、客观公正的宣传报道消弭流言、传言、谣言，帮助民众澄清模糊认识，树立正确观念。其次，要严格进行信源管理，控制负面内容为主的议题，防止把负面的信息纳入议程，引发更为不利的网络

① 卡尔·海因里希·马克思.资本论（第一卷）[M].北京：中国社会科学出版社，1983：202.

舆论。再次，要做好网络议程设置工作。网络集群行为在推进演化的过程中，随着议题中心内容的改变，网民关注的焦点和对社会环境的认知会改变，持有的态度和意见会转向，舆论走向也会随之发生变化。可以在更为有利的信息支撑下，在网络上推出特定议题，并有意识地策划和组织相关转载、跟帖和评论，使新信息能够引起网民的广泛关注和参与，形成有利舆论占主导的格局。

网络集群行为得到解决后，各种形态的舆情和社会行动会逐步消失。政府要及时总结社会冲突的原因及处置成效，提升对舆情的分析、研判和引导水平，提升对集群行为的防治能力。最后需要说明的是，由于事态在这四个阶段是逐步扩大和递进的，下一个阶段的应对策略并不排斥此前的策略，而是把前一阶段策略自然包含在内。

第五章　网络社群

传统社群通常指一个部落、家族、氏族、村庄或宗教社区，具有明显的地理界线。现代社群通常指基于一个或多个相似特征，如爱好、身份、需求，聚合起来的非结构、但有规则和管理的组织。社群成员不仅仅是一群具备相同记号的人，他们还存在连接的前提、连接的场景和连接的工具，要经历连接的过程。

“网络社群”源于“虚拟社群”（Virtual Community）一词，由社群概念延伸而来，是基于共同的价值偏好在网络互动交流平台上产生的社会群体。按照虚拟情况可分为有现实生活接触的网络群体和无现实生活接触的网络群体。网络社群有明确的成员关系和持续的网络互动，形成了一致的群体意识和规范，并在此基础上拥有一致的目标和行动能力。成员能够通过社群获得归属感、认同感，可以高效筛选相关信息达成自己的目标。

第一节　公益服务型网络社群

随着互联网技术的发展，网络逐步渗透到公众的政治、经济和文化生活中，公益服务行业也在潜移默化中添加了许多互联网社群元素。微信、微博等社交媒体尝试将公益服务与网络相结合，传统型公益模式正悄然向新型公益模式转变，逐渐出现了公益服务型网络社群。

一、基本内涵

公益服务是指不以营利为目的，为公众提供无偿服务，维护公共利益和社会公平正义的社会活动过程。公益服务型网络社群是指依托网络为载体，以公益服务为目的，通过人际沟通进行多层次的传播互动和关系构建，以社会公益事业为主要追求的社群群体。在公益服务型网络社群中，一群热爱公益或者需要帮助的人聚集在一起，借助网络这一平台，通过公益活动和社会服务等，拉近社群成员的关系和距离，增强社群的凝聚力。因为互联网的开放性、互动性、跨地域性使得公益服务更加的公开透明、方便快捷和高效互动，让更多的人投入公益活动和社会服务，为公益服务事业的改革发展提供了广阔的平台。

根据社群成员参与方式的不同，可以把公益服务型网络社群的参与主体分为四类：第一类是公益服务组织者。公益服务的组织者一般是政府部门、企业、学校、慈善组织等，他们在网络社群中发布和组织动员各种公益服务活动，吸引其他公益服务参与者参加。第二类是公益服务受助者。这部分成员遇到困难后，自行或者通过公益服务组织者在社群内发布接受捐赠等公益服务的信息，以期望接受其他群体的帮助。第三类是公益服务奉献者。这部分群体热心助人、无私奉献，积极主动浏览社群消息，遇到需要帮忙的人主动伸出援手。第四类是公益服务信息浏览者，他们会不定期浏览社群里的信息，但不提供实质性帮助。

网络技术在公益服务中的运用，使得公益服务组织者、公益服务受助者、公益服务奉献者、公益服务浏览者更加方便快捷地参与到公益服务活动中，其覆盖范围之广、数量之多是传统的公益服务模式所无法企及的。网络的发展使得公益服务的参与者更加多元化。组织者也不再局限于专业的公益组织和慈善机构，任何组织或者个人均可以在互联网平台上发布社会公共管理服务、社区便民服务、慈善募捐等公益服务信息。对于公益服务受助者，网络扩大了公益活动的影响力，公益服务受益者可以得到更多人的帮忙。对于公益服务奉献者，公益服务不仅局限于自己身边的活动，微博、微信、网站、论坛等数量和种类众多的媒介使得公益服务更加的丰富多彩，也使得参与者联系更加紧密、沟通更加顺畅。

二、演进阶段

中国网络社群已经经历了二十多年的发展，网络社群也从最初的以 PC 端为平台演化为以移动端为主体，公益服务型网络社群也随之演进和发展。

（一）公益服务型网络社群的萌芽时期（2007—2012 年）

在这一阶段，网络社群主要以 QQ 为载体，多为熟人社群，例如同学群、同事群、同乡群等，以感情联络、信息传递等为主要目的。萌芽时期只是展现出公益服务型网络社群的简单功能，即筹款。2008 年汶川地震后，“腾讯公益”

和“百度公益”纷纷在网络上发布捐助倡议，来自全国各地的约 20 万志愿者积极主动参与抗震救灾活动。这对于灾区人民的救助和灾区的重建，发挥了重要的作用。但是当时捐款的方式还是最原始的，大家排队在捐款箱里捐款，或者到银行给公益机构转账。因为传统方式比较烦琐复杂，公益服务型网络社群在这样的背景下逐渐兴起。2009 年，“微博微公益平台”上线，微博从社交媒体平台跨界公益服务领域。“微博微公益平台”包括个人救助、品牌捐、微拍卖、转发捐助四大公益通道。2010 年，淘宝成立“中国红十字会·淘宝公益基金”，其前身是“魔豆爱心工程”项目。基金会运作的资金来源于“淘宝网”的员工、客户、合作伙伴等。该基金成立的宗旨是帮助身处困境的母亲们提供创业启动资金和技术指导。随着腾讯、微博、淘宝等网络平台纷纷跨界公益服务领域，公益服务型网络社群开始涌现。

（二）公益服务型网络社群的探索时期（2013—2016 年）

随着网络技术的发展，互联网正在不断缩短空间上的距离。人们可以在互联网公益平台上聚集，找到众多与之相关的行动者。“截至 2014 年 12 月 31 日，各类网络捐赠第三方平台筹集的善款总额已经超过 437 亿元，捐赠总人次超过 11.17 亿。”[①] 由于网络的便捷性和普及性，公益服务项目的内容和进度可以更加直观的呈现给公益服务型网络社群的各方参与主体，公益服务活动的范围和影响力的扩大，吸引了更多人参与。支付宝、淘宝、微信等平台，腾讯、搜狐、新浪等网站纷纷进入公益慈善领域。自从 2015 年“腾讯公益”发起的“99 公益日”后，参加公益的人数不断增多，范围和影响力扩大。互联网公益开始进入公众视野并成为公益捐赠的重要途径，标志着一种新型的网络公益发展模式开始崛起。从 2015 年至 2016 年，“99 公益日”上线项目已经由 2178 个增加至 5498 个，包括“春蕾计划——她们想上学”“困境儿童关怀”“关怀深山独居老人”等公益项目；捐赠人次从 205 万增加至 2800 万，捐赠金额从 1.27 亿元增加至 8.3 亿元，筹募总额从 2.27 亿元增加至 14.14 亿元。公益服务的内容和形式更加丰富化，传播媒介更加多样化。这一阶段公益服务型网络社群已经发展成为公益

① 公益中国 . 中国网络捐赠第三方平台研究报告发布 [EB/OL].（2015-11-27）. http://gongyi.china.com.cn/2015-11/27/content_8410668.htm.

服务的重要载体，加快了公益服务事业的多元化创新步伐。

（三）公益服务型网络社群的发展时期（2017 年至今）

自 2016 年至 2018 年，国家颁布了《中华人民共和国慈善法》和《公开募捐平台服务管理办法》等法规，民政部先后公布了 20 家互联网募捐平台的名录为慈善组织提供募捐信息发布服务，例如淘宝、腾讯、微博、“轻松筹”等。这表明公益服务型网络社群已经走上了制度化和规范化发展的阶段。“轻松筹”于 2014 年成立，是“众筹空间”首个上线的子产品。2017 年“轻松筹”迎来重要升级，从一个社交众筹平台转型为全民健康保障平台。“轻松筹”将目标聚焦在公众健康保障领域，各功能板块均与百姓健康保障息息相关。其中“大病救助”模式帮助众多病患在第一时间解决医疗资金等问题。

“轻松筹”“水滴筹”“无忧筹”等公益服务型网络社群 APP 均需要用手机号进行注册，注册完毕之后选择“我要筹款”栏目，登记后会有专人“一对一”负责联系。这些爱心筹款平台必须提供的材料包括患者证明、疾病证明和银行卡。患者证明是身份证、户口本、出生证明三个任选一个，疾病证明是指疾病诊断证明、病例或者检查报告。需要注意的是，有诊断证明的情况下，可以在“轻松筹”“水滴筹”“无忧筹”上发起筹款；若只有病例检查报告，就只能在“无忧筹”上发起筹款。如果想证明筹款项目的真实性，引起更多爱心人士的同情，筹集更多的善款，还可以提供体现病情严重程度的照片、医院出具的费用证明、经济状况证明、房子和车辆等资产情况、前后对比照片等证明患者确实是患有重大疾病且无力承担医疗费用的照片或者材料。当公益服务受助者在这些平台上发起筹款之后，大多是在同事群、家庭群、校友群、朋友圈、自媒体等平台进行转发推广。不同的平台是不一样的，有些平台会有助推服务，可以将筹款链接发到其他平台。公益服务型网络社群不断引入互联网新技术，保障制度化和规范化建设。在新冠病毒肺炎疫情发生之初不到一个月，“腾讯公益”“淘宝公益”“水滴公益”等 20 家互联网募捐平台就设立了 449 个慈善项目，筹款总额达 15.68 亿元。

三、发展趋势

公益服务型网络社群弘扬了积极健康和向上向善的网络文化，体现了乐于助人、无私奉献的品质。但是，目前公益服务型网络社群存在骗捐、机器人刷单、套捐等借公益之名获取不当利益的事件，未来社群应朝着内容形式更加丰富化、社群运行更加规范化、项目环节更加透明化的方向发展。

（一）内容形式更加丰富

“互联网正成为承载社会公益服务的新舞台，利用互联网的互动性、跨地域性以及凝聚个体力量的天然优势而逐步创建了一个低门槛、透明化、方便快捷且高效互动的网络公益平台。”[①] 据《2017互联网众筹行业现状与发展趋势报告》统计数据显示，截至2016年底，全国共有511家众筹平台。公益服务型网络社群基于社交平台等媒介，拥有着丰富的群众基础和强大的传播能力。目前，公益服务型网络社群的内容已经涉及扶贫、救灾、助学、济困、生态、科技、文化、医疗、救灾等多重领域。生态项目例如支付宝的“蚂蚁森林”活动。支付宝用户可以在“蚂蚁森林”应用中领取一棵小树，每日通过行走、线下支付、线上消费、交通出行等行为获取能量。当能量积累到一定的数量时，则可以将能量兑换，在环保项目中申请种树或者申请保护公益保护地，例如老河沟保护地、柠条、榆树、侧柏等。“你每养成一棵树，我们就为你种下一棵真树”。公益服务型网络社群的形式日趋将线上和线下的公益相结合，出现了很多新的做法，如阅读捐、步数捐、消费捐等。“腾讯公益”推出的“运动捐步”，微信用户可以绑定“微信运动”小程序，记录每天行走的步数，并且在“微信运动”小程序中还可以看见自己及好友每天的步数。如果一天之内步数超过1万步，就可以进行“运动捐步”，将步数捐赠给相应的公益计划。

“冰桶挑战”最早于2014年在美国出现，该活动的目的是让更多人了解“渐冻人”这一罕见疾病，为其募款帮忙治疗。当时，仅美国就有170万人参与挑战，250万人捐款，总金额达1.15亿美元。“冰桶挑战赛”要求参与者在网络上发布自己被冰水浇遍全身的视频内容，然后该参与者便可以要求其他人来参与这一活动。被邀请者必须在24小时内接受挑战，要不就得为“渐冻人”患者捐出100美元，或者接受挑战和捐款两者都参与。随后，“冰桶挑战赛”蔓延至中国互联网圈，多名科技界人士例如小米董事长雷军、一加手机创始人刘作虎、

① 曲丽涛.当代中国网络公益的发展与规范研究[J].求实，2016（01）：53-60.

360CEO周鸿祎、锤子科技CEO罗永浩等被点名参与。在短短几天时间内，“冰桶挑战”这一话题的阅读量超过14亿人次。参与者在“冰桶挑战”的过程中既获得了趣味性体验，也实现了公益服务的自我价值。

（二）社群运行更加规范

公益服务型网络社群实现社会公益服务资源的共享与整合，提高了公益服务资源的运作效率，降低公益服务组织的善款募集成本，为我国公益服务事业的创新提供有益的探索与尝试。[①] 但是随着“郭美美”事件、“MMM”金融互助平台崩盘、“慈善妈妈”王玉琼事件、“知乎”大V童谣骗取捐款案等事件的出现，暴露了公益服务型网络社群的问题。2017年腾讯“99公益日”，还出现了通过机器人刷单获取网络公益资源，公益组织的公信力遭受质疑，商业化模式中公益价值弱化。虽然自媒体、社交平台、移动支付等技术的应用降低了公众参与公益的门槛，但是公益服务型网络社群的创新边界和技术创新难以控制，互联网的高度开放性和自由性使得网络空间比现实社会更容易引发风险和问题。

为了促进公益服务型网络社群运行更加规范化，政府和企业均应该加强监管。政府方面，由于网络公益项目性质特殊，受到民政、工商、电信等多部门监督，容易导致互相推诿、边界不清等问题。对此，相关政府部门应加强监管，制定和完善相应的规章制度，促进公益服务型网络社群法治化和规范化进程，从而加强公众对于公益服务型网络社群的信任。企业方面，一些企业由于内部约束不完善、激励机制“不给力”、规章制度不健全等问题，存在着利用网络平台争夺公益资源的行为。企业在发展的过程中，应该勇担社会责任，形成网络治理框架，连接各个治理主体，建立新的合作机制，从而提高公益社群的服务水平。此外，还需要加强社会监督，发挥公众、新闻媒体的力量，一旦发现公益服务型网络社群的违法违规行为，要及时向相关部门举报。只有网络社群运行规范化，才能更好地利用网络有效整合公共资源，规划和指引公共资源的获取和使用。

（三）项目环节更加透明

《中国青年报》的调查显示：“高达62.4%的受访者担心网络募捐存在被欺

---

① 陈梦虎，曹海娟.我国网络慈善发展的现实困境与治理对策[J].产业与科技论坛，2021，20（08）：11-12.

诈的风险。”[①] 大多数人选择不捐款不仅是出于对自身经济情况的考虑，不信任众筹平台和对求助项目的真实性存疑也是未参与捐款的重要原因。因此，未来公益服务型网络社群应该朝向更加透明化、公开化的方向发展，使得项目环节更加的透明化。其中首要应该解决的是信任危机问题：第一，加强对项目发起人的严格审查。要从源头上解决网络社群失信问题，必须对公益服务型网络平台中的项目发起人进行严格的审查，不能单纯依靠项目发起人在线上提供的资料，还需要到线下去实际了解项目发起人的实际情况，以确保项目的真实。在项目进展的过程中，公益服务型网络社群的参与者可以及时、有效的获取公益项目的内容和进展。与此同时，在平台上设置举报电话和举报邮箱，并且平台管理者要及时处理收到的举报。第二，资金使用情况公开透明。平台将社群的每笔资金的去向进行公布，有助于公益服务项目更好地被公众监督，一旦有问题也好及时地处理，尽早曝光整顿，避免更多的人掉入陷阱。资金使用情况的公开透明可以使得公益服务型网络社群吸引更多公众参与，推动公益服务型网络社群健康化发展。第三，构建网络公益技术支持体系。公益服务型网络社群借助互联网发展公益，通过主动关联、分工合作而形成网状连结、互动共享的组织与个人相结合的社群，实现人人公益。通过企业核心技术的完善和提升，例如区块链技术，可以增强网络公益各环节的透明度，促进公益服务型网络社群规范化发展。

新时代背景下互联网技术正蓬勃发展，众多领域借助互联网焕然一新，公益服务型领域也不例外。当公益服务与网络相结合，互联网的开放性、互动性使得公益服务更加的公开透明、方便快捷。随着“腾讯公益”“淘宝公益基金”“99公益日”“轻松筹”“水滴筹”等网络社群的建立，目前公益服务型网络社群已经走过萌芽、探索、发展时期，正蓬勃发展。未来，公益服务型网络社群将在制度、监管、技术等方面不断得到提升，内容形式更加丰富、社群运行更加规范、项目环节更加透明。

第二节　知识传播型网络社群

知识传播是一部分社会成员在特定的环境中，借助于特定的传播媒介，向另一部分社会成员传播特定的知识信息，以取得某种预期效果的社会活动过程。

---

① 王琛莹.62.4%受访者担忧网络募捐存在诈捐风险[N].中国青年报，2015-07-16（007）.

知识传播型网络社群以知识生产为依托，以知识分享为特征，通过人际沟通进行多层次的传播互动和关系建构。在这样的社群里，成员们就感兴趣的话题发表意见，通过交流拉近成员之间的距离，增加社群的活力并创造更多的内容。

一、参与成员

根据社群成员参与程度的不同，可以把参与主体分为四类：第一种是浏览者。这部分成员只在网络社群中浏览信息，一般采用匿名方式登录到网络社群之中，不在社群中发言，也不在社群里共享自己的知识。第二种是提问者。他们在网络社群中提问，以获得其他成员提供的知识，而很少主动去分享自己的知识，促进知识的传播。第三种是互动者。他们不仅在网络社群中浏览信息，发出提问，而且还会回答其他参与者的问题，参与到社群内的讨论，与其他成员互动，分享自己的知识和经验。第四种是资深者。他们积极参与社群的话题讨论和知识分享，同时也是知识的主要提供者，提供的知识有一定的权威性和启发性。

通常而言，前两种主体被称为潜水者，而后两种则被称为贡献者。研究发现，90% 的网络社群参加者是潜水者，只有 10% 的参加者会贡献知识，而其中更只有 1% 是在积极地贡献知识。虽然潜水者并不积极主动地贡献知识，但他们在网络社群中浏览信息，获取知识的过程中留下了许多个人信息，同时也提升了点击率，使得某些知识更容易被发现，提高了知识传播的效率。值得注意的是，有一类贡献者虽然参与网络社群的讨论和互动，但是很多时候只提供一些附和，起着呼应的作用。比如在百度知道上，经常有人只是转发帖子或者将帖子置顶，或者在回帖中发少量的文字或表情符号。尽管他们并没有直接贡献知识，也在网络社群中起到了增加人气的作用。网络社群中的人们更愿意获取那些点击率高，获得大家认可的信息。

二、社群分类

（一）基于搜索引擎的知识问答型社群

互联网上的知识并非无所不包，当用户检索不到相应内容时，人工力量的加入是必需的，知识问答型社区网站也应运而生。2000 年 10 月，韩国新闻媒体网站创造了知识问答型社区的雏形。2002 年，韩国的 Naver 知识共享社区将问答社区和搜索引擎融为一体，初步形成了与搜索引擎相结合的以关键词搜索为前提的知识问答型社区网站模式。从本质上讲，知识问答型社区网站是搜索引擎功能的补充，它有效缓解了搜索结果针对性、正确性不高的问题。随后，我国也出现了许多类似该模式的问答平台，新浪于2004年推出“爱问知识人”，百度公司于2005年6月上线“百度知道”，雅虎中国2006年也推出问答服务“雅虎知识堂”，此后又有“搜搜问问”“天涯问答”“搜狗问答”等多家公司的问答产品加入战局。

知识问答型社区网站通用的模式是提供平台供用户提问，用积分激励其他用户回答问题，积累的数据逐渐形成新的信息库，并且作为搜索引擎结果的一部分推荐给其他有类似疑问的人。下面以“百度知道”为例，说明操作流程。首先，注册并登录“百度知道”。只有这样才能享受完整的服务并进行各项操作，否则就只有搜索、浏览和回答的权限，并且不会获得积分奖励。其次，在输入框输入问题。如，“频繁死机怎么办”。为了得到网友最好、最有针对性的回答，可以将问题进行详细描述。如，“杀毒软件并没有发出警报说我已经中毒，而且我也查不到任何的病毒，也没有开很多程序，但是今天频繁死机，是什么原因呢？”再次，从自己的积分中设置悬赏分。一般而言，设置的悬赏分越高，该问题的受关注度也越高。在提问者选择了最佳答案后，悬赏分将赠送给最佳答案的回答者。接下来就是等待回答、追问和确定最佳答案的环节了。

知识问答型社区网站经历爆发式的增长后，问题也逐渐凸显。因为这种模式虽然有用户间的双向互动，亦有针对用户的、鼓励提供优质内容的奖励机制，但由于深度绑定搜索引擎，用户与信息间形成了“按需索取”的关系，本质上是将知识问答型社区作为内容聚合的一种形式，用户与用户之间毫无黏性，社区功能反而成为一种附属，用户之间尚未形成具有关系网络的交互行为。

（二）基于关系和答案两个维度的知识传播型社群

Quora是世界上第一个基于两个维度的知识传播型网络社群，由Facebook前雇员查理·切沃（Charlie Cheever）和亚当·安捷罗（Adam D' Angelo）于2009年6月创办，在2009年12月推出测试版，在2010年6月21日向公众开放。一开始Quora采取邀请制，邀请的范围仅限于硅谷精英人士和社会名流。在赢得不错的口碑后，Quora才把使用者扩大到Twitter和Facebook的实名用户。

这在很大程度上保证了答案的高质量，著名风险投资者 Taggar 在 Quora 回答问题时曾说过："我宁愿从 1000 个高质量的内容来源那里获取信息，也不愿从来源更多的整合性渠道获取信息。"在 Quora 上用户既可以订阅主题，也可以订阅具体问题的答案或是某些人的活动。当有人关注你，或当你关注的主题中有新的问题出现时，或当有新的人回答你关注的问题时，用户就会收到提醒。通过对问题、问题的答案或者回答问题的某些人的活动的订阅功能以及投票和关注功能，Quora 打破了以往问答网站信息对接信息的模式，真正实现了信息与人的对接。从本质上说，Quora 就是一个人们通过提问并对相同的问题感兴趣而结交的社区网站。Quora 模式的成功也为国内的问答服务平台带来了新思路，一时间"知乎""百度新知""即问即答网"等多个社会化问答社区相继出现。其中，"知乎"在社会化问答社区中品牌知名度高，用户活跃程度高，具有较高的代表性。

"知乎"于 2011 年 1 月 26 日正式上线，初始时期用户执行严格的邀请码制度，用户凭借经过审核的邀请码才能进入网站，当时一个邀请码能炒到上百元，李开复、洪波和菜头等都是"知乎"的活跃用户。这个阶段虽然汇聚了一批各行各业的专业人士，但相对封闭和小众化。经历了两年多的内容沉淀和社区文化建设，"知乎"打出"与世界分享你的知识、经验和见解"的口号，在 2013 年 3 月正式开放注册，并鼓励用户把账号和微博、微信、QQ、手机号绑定。除了知识传播网络社群三个基础功能——浏览、提问和作答之外，还在浏览功能中赋予了用户"投票"和"评论"的权利，提问功能中也可以进行"邀请作答"或是"公共编辑"，进而激发用户间的互动。2016 年起，"知乎"开始进行密集的功能迭代，走下沉路线。推出了新产品"值乎"，用户在微信朋友圈里分享自己的打码信息，付费才能看到答案，付费后用户认可答案则费用就归作者，不满意付费资金就归"知乎"官方。该功能利用微信朋友圈的紧密性，在熟人关系中寻找共同关注的议题，以一个用户为着眼点辐射至周边人群，挖掘潜在用户，增强现实体验感和趣味性。2017 年，"知乎"陆续增加了想法、热榜等功能，以及开放机构号注册。

在"知乎"出现之前，百度百科、新浪爱问、百度知道、维基百科已经在知识的贡献和分享上形成了自己的影响力。它们的根基是社区，然而更多的属性却是工具性平台。而"知乎"社群较多地体现人与人关系的特征，既是最大的中文知识生产平台，同时也有庞大的社交关系网。在知乎中，用户就是密布在大网上的节点，人们不仅仅可以围绕着临时性问答发生短暂的关系，也可以通过关注其他用户建立长期稳定的关系。另外，“知乎”把内容的生产机制限定为提问与回答，用户可以面向社群提出问题，也可以向特定用户提出问题，还可以邀请自己感兴趣的用户或者意见领袖对问题作答，使得相关的专业人士聚集在一个问题下，相互连接交流思想和信息，从人的维度去发现和创造优质内容。“知乎”鼓励用户交流意见、分享内容，但主要目的依然是创造更好的答案。与传统的知识问答社区相比，“知乎”既重视人际关系也有答案线索的社会化问答方式，更有利于形成良好的知识讨论的氛围和获取更广泛的意见。

（三）基于自媒体营利型的知识传播网络社群

随着移动互联网的不断普及，尤其是微信 2012 年推出公众号后，自媒体行业开始迅速崛起，越来越多的专业人士投身其中，创作出许多优质的自媒体内容。2012 年“晓说”在网络推出后，两季累计播放量达到了 5 亿次，高晓松因此被称为视频自媒体第一人。随后，NTA 创新传播机构负责人申音打造了两款知识型视频栏目，风靡一时，点击量快速过亿，成为后来自媒体人争先效仿的对象。2014 年，搜狐视频推出了“腾飞三国说”，爱奇艺推出了“吴晓波频道”，优酷视频则推出了“梁言”“鸿观”“袁游”等新节目。其中，“罗辑思维”在 2012 年 12 月 21 日成立，罗振宇提出“打造互联网知识社群”的目标，打着“有种、有趣、有料，做身边的读书人”和“死磕自己，愉悦大家”的口号与态度，经营同名微信公众号和优酷频道的视频脱口秀。脱口秀节目每周五在优酷网播出，每期 45 分钟。微信公众号上每天推送一条 60 秒的语音，用户通过回复关键词的方式接收当天的图文以及社群活动信息。从 2012 年开播至今，“罗辑思维”长视频脱口秀已累计播出了 300 多集，在优酷、喜马拉雅等平台播放超过 10 亿人次，在互联网经济、创业创新、社会历史等领域制造了大量现象级话题，如“夹缝中的 80 后”“治不好的地域歧视”“教育难题的意外答案”。

“罗辑思维”是目前热门的微信公众号之一，拥有 380 万订阅用户，随着社群的不断壮大，公众号中单独设立了会员专属区，有近 2000 个“罗辑思维”的微信群用以建立与会员和热心用户的直接联系。此外，“罗辑思维”官方微博与“罗辑思维朋友圈”也拥有超过 17 万的关注量。喜马拉雅网络电台、百度罗辑思维贴吧、豆瓣小组上也都有"罗辑思维"的推广与互动平台。为确保社群内的成员拥有良好的用户体验，"罗辑思维"付出了主动努力。首先，经常与社群成员之间进行多样、频繁互动。如不定期发放"罗利"，"罗辑思维"与不同商家合作，免费赠送会员电影票、书籍、零食等。收到礼物的会员往往会在社交媒体上发礼物照片，写下心情感悟，积极回应"罗辑思维"。其次，"罗辑思维"还为会员组织相亲，开展线上征婚和线下相亲活动。再次，"罗辑思维"中有一个"会来事"板块，专门让会员就某个问题或项目进行咨询和讨论，集众人之合力为个别会员出谋划策。最后，《罗辑思维》常常采用发动社群成员投票的方式来确定《罗辑思维》新一期视频的选题，让社员选择喜欢的选题，或者通过投票的方式来确定《罗辑思维》活动地点或活动方案，这不仅满足了社员强烈的参与感，同时也让社员体会到了一种尊重感。

三、生成动因

（一）网民获取知识的需要

有机体为了生存和发展，必须要从自然和社会环境中获取资源。当有机体无法获得某种资源时，就会引起内部的紧张，形成一种不满足、不平衡状态，这种状态在人脑中的反应就是需要。需要是支配人们行为的心理力量，是人的行为积极性的源泉，人类的各种活动都是在需要的推动下进行的。心理动力作为引起并推动人们活动的内驱力就是需要未能满足的产物，需要越强烈、越迫切，产生的心理动力也就越大。马克思说过："需要是人类心理结构中最根本的东西，是人类个体和整个人类发展的原动力。"①

随着社会的进步，社会成员需要掌握越来越多的知识才能胜任自己的社会角色，因而对知识的需要就越加丰富。在传统社会中，人们获取知识主要从书籍和课堂中获得，这种方式获取知识具有一定的系统和连贯性，但显然受到时间和空间的限制。随着互联网、大数据、云技术的发展，人们可以不受时间和地点的限制而获取知识，这种方式虽然打破了获取知识的连贯性，但使得知识传播速度更

① 中共中央马克思恩格斯列宁斯大林著作编译局.马克思恩格斯选集（第2卷）[M].北京：人民出版社，1995：89.

快，传播范围更广，传播渠道更具兼容性，也更加容易被人们吸收。当具有共同需求的社会成员在网络汇聚时，知识传播型网络社群就因此应运而生。

（二）知识拥有者的分享需求

美国社会学家格兰诺维特于1973年提出了“弱联系”优势的理论。他认为：“一个人往往趋向于与那些在各个方面与自己具有较强相似性的人建立比较紧密的关系，但这些人掌握的信息与其掌握的信息差别不大。相反与此人关联性不大的那些人，则由于与其具有较显著的差异性而更有可能掌握其没有机会得到但有帮助的信息。”[①]在网络社群中，社群内部成员的关系大部分就是这种“弱联系”。一部分社群成员提出了自己的知识需求，而社群中的知识拥有者一般不会拒绝。因为，就网络社群中的知识传播者而言，其知识被输出之后，其自身知识的量保持不变，而没有拥有该知识的接收者则获取了知识，知识的量增加。如果参与者面对他人的期望，不传播自己的知识，则会面临着外部压力，甚至引起社群成员的不满，降低自己在社群中的认可度。在面对需要其他社群参与的知识时，就可能不会得到他们的帮助。按照需求层次理论，获得尊重是人的一项重要需求。而在网络社群这个虚拟环境中要想获得尊重，只能依靠自己的信息和知识传播行为，社群中发言多、精华帖多的用户通过提供高质量的回答获得用户的点赞、收藏和转发，积累人气而形成影响力，往往承担着意见领袖角色，意味着能成为社群之中的权威并且赢得更多的尊重。可见，个人生产有价值、高质量的信息给社群成员，就可以获得他人认可，可以满足其自我形象构建，可以产生自我效能感，知识共享行为就成为分享者主动建构自我认同、虚拟自我及自我印象的社会行动。

（三）社群成员交往的需要

网络社群在开始构建的时候一般会有自己的目标用户群，也就是专门针对某一部分群体所建。这部分人也许具有不同的个人特征和知识背景，但是他们必然有着某些共同的特点，如共同的兴趣、需要、价值倾向等。罗振宇曾经这样描述逻辑思维的理念：“把相同价值观的人集结在一起，不做任何意义上的

---

① 马克·格兰诺维特.镶嵌：社会网与经济行动[M].罗家德，译.北京：社会科学文献出版社，2007：20–22.

推广，也不希望人越多越好，只希望人越对越好。”“茫茫人海中，‘罗辑思维’想找到这样一群朋友，十六个字概括：爱智求真、积极上进、自由阳光、人格健全。”网络社群能提供给他们一个知识交流的平台，在这种互惠的交流中，相互之间的信任加强，社群成员经过多次的交流和互动往往能形成更为紧密的联系，对社群的认同感和归属感得以增强。

马斯洛认为：“如果生理需要和安全需要得到了很好的满足，一个人就会渴望同人们建立一种关系，渴望在他的团体和家庭中有一个位置，并且他将为达到这个目的做出最大的努力。”[①] 网络社群为成员提供了一个表达情感的场所，他们可以在匿名的状态下，自由地选择志同道合的交流对象，可以就某个话题进行深入的探讨分析，利用知识的交换和互动建立相互之间的联系进而获得个人所需的归属感，满足交往的需要。

（四）社群创办者获取利益的需要

在互联网时代，通过搭建知识平台满足社群成员需求，从中获取收益，本身就是一个可取的商业模式。正如凯文·凯利（Kevin Kelly）指出：“社群经济是信息时代背景下衍生的一种‘部落化’经济形态。”[②]2020 年 8 月，“知乎”以 200 亿元人民币市值位列《苏州高新区·2020 胡润全球独角兽榜》第 108 位；“罗辑思维”以 70 亿元的市值位列第 351 位。

通常而言，社群创办者获取收益的模式有三种。一是内容付费方式。建立社群后，针对固定的受众群体进行信息推送，先提供免费优质内容，然后以内容付费的形式保证收益。比如，“‘凯叔’讲故事”就是这样一个盈利模式：先给小孩子听了免费的故事，待孩子听上瘾后，想要听故事就要缴纳一定数额的费用了。2014 年，王凯讲了全本的《西游记》，卖出去七千多套，获取一百多万的收入。二是内容付费 + 广告模式。比如“知乎”，既有“值乎”（有偿阅读的知识）、“值乎 live”（和微课相似）、“知乎·读书会”（类似精细化的电子图书馆）等知识付费板块，还有基于成员数量的众多贴片广告。三是

---

① 马斯洛 . 动机与人格（第三版）[M]. 许金声，等，译 . 北京：中国人民大学出版社，2008：19.

② 凯文·凯利 . 创新与未来 [EB/OL].2014-12-01. http://www.360doc.com/content/14/1209/23/17959985_431668788.shtml.

内容付费+广告+其他模式。2013年8月，罗振宇出售“罗辑思维”会员资格，第一期5000普通会员及200铁杆会员仅6小时便售完，收入160万元，影响轰动一时。2014年初，“罗辑思维”二期会员名额开售，两天就售出会员名额2万个共计800万元，再创自媒体收入新高度。罗振宇还加入了优酷视频的PGC平台计划，节目广告分成不菲。如果点击量能达到百万以上，一集节目有几万的收入；如果点击量达到千万以上，一集节目就有几十万的收入。

第三节 “饭圈”粉丝型网络社群

“饭圈”是依托互联网空间，由某个明星和追随者自发集结而成的社群，具有相对封闭性。而“明星”是指依靠公众支持而享有知名度与影响力的个体，其职业发展与公众的关注、信任等紧密相关。既包括文艺明星，也包括体育明星，还包括一些专家学者明星。这种以“追星”和“造星”为核心，具有鲜明的集体特征的文化就被称为“饭圈文化”。

一、“饭圈”成员

根据“饭圈”内部层级划分的不同，可以将参与成员分为核心层、管理层和基础层。核心层由“粉头”组成，一般受雇于经纪公司或偶像，负责粉丝工作的上传下达，需要有较强的组织规划能力。管理层被称为“大粉”，是“饭圈”的中坚力量，在粉丝群体之间威望较高，对于“饭圈”行为有导向作用，能力强并且有号召力。基础层即普通粉丝，是在管理人员领导下开展“打榜”“反黑”和购买代言产品等工作，有着较高的自由度和较低的话语权。根据粉丝心理和身份认同又可以进一步细分：单纯喜欢某一偶像的称为“唯粉”，喜欢某两个偶像互动的称为“CP粉”，喜爱团体中所有成员的叫作“团粉”，想象代入与偶像的关系的是“女友粉”“妈妈粉”“女儿粉”等，看重偶像事业的称为“事业粉”，以了解和侵入偶像私人生活为荣的是“私生粉”。

根据“饭圈”的内部分工架构，可以划分成三类。第一类是进行线下“应援”的前线组，负责跟进明星的行程活动，实时拍摄图片和视频并上传到网络平台。第二类是承担对外宣传物料产出的文案组、美工组和视频编辑组，负责撰写宣传稿、绘画修图和剪辑视频等。第三类是维持偶像形象和热度、为其争取更多优质资源提供数据支撑的数据组，他们的具体任务包括“轮博”“打投”“控评”和“反黑”等无偿的服务。所谓“轮博”，是对偶像的微博进行转发、评论和点赞，往往需要多个账号转发几十或几百次。所谓“打投”，即通过集体性的引流，助推“饭圈”偶像的音乐或影视作品升至各大榜单前列，并维持较高流量及话题度。所谓“控评”，即在自己偶像专属自媒体账号评论区内，以统一格式对评论内容进行控制，不允许出现有损自己偶像形象的评论内容。所谓“反黑”，即帮助偶像进行危机公关，减少大众对自己偶像的反感。

二、“饭圈”演变

（一）早期以线下活动为主

中国“饭圈”的萌芽出现在20世纪80年代，由于互联网没有普及，这些在当时被称之为“追星族”的年轻人们通过观看明星主演的电影电视，购买他们的专辑、海报和卡片来表达对于偶像的热爱，粉丝的行动停留在较浅的层面，具有自发性、个体性和分散性的特征。

2005年，《超级女声》这一风靡全国的选秀节目的出现让“饭圈”具备了雏形。人们以发送短信的形式投票支持喜爱的选手，通过线下交流形成自发组织，有计划地为选手拉票。另外，许多粉丝会到现场近距离的接触偶像，与其发生互动。粉丝群体会根据偶像的姓名或喜好为自己取带有一定寓意的粉丝名，如歌手李宇春的粉丝称之为“玉米”、周笔畅的粉丝叫作“笔迷”等。这种粉丝群体的联结是“线下发展到线上”的模式，由于当时使用网络的人群较少并且没有便捷的交流平台，粉丝之间的联系并不紧密，所形成的团体封闭性强、流动性低。

“饭圈”的线下活动被称之为“应援”，意思是以团体形式为偶像支持加油。流程一般是：首先，根据活动的不同在粉丝群体中进行一定时间的预热、造势；其次，由官方后援会或者具有较高可信度的“应援团”发起集资；再次，“应援团”对所需物品进行计划和采买，并列出详细账单，公布在平台上；最后，与承包方洽谈相关事宜、组织粉丝参加活动、维持秩序等。“应援”可以分为以下几种类型：第一种是现场应援。粉丝们会在偶像将要参加的活动开始前购买礼物，布置现场，在偶像进行表演时挥动灯牌、荧光棒等物品；第二种是作品应援。在各城市广告牌投放相关推广，根据作品购买电影票包场或专辑等等；第三种是公益应援。以偶像的名义发起公益项目，向有需要的地区捐赠财物。这些“应援”活动实际上是一种“线上发展到线下”的模式，具有很强的组织性和纪律性，分工明确，更容易形成特殊文化。

（二）中期基于传统虚拟社区为主

21世纪初期，粉丝之间交流沟通一般是通过通讯群组、粉丝网站等具有私密性的网络空间进行的。在这种空间中粉丝可以很好地控制信息的传播去向以及互动的时间和边界。但同时也有很强的排他性，未经许可一般人无法进入。后来随着天涯社区、百度贴吧等社区空间的出现，打破了这种私密性，获得准入的门槛降低、粉丝数量迅速增长，同时逐渐演变出组织化倾向。与早期的粉丝团体相比，这一阶段粉丝与粉丝之间的联系增多，管理结构开始出现科层化及简单的制度，粉丝处于一个相对自由的网络空间中。由于粉丝在一位明星的社群内部活动，形成了一定的人群区隔，与其他粉丝群体发生冲突的情况较少，不会相互打扰。

2003年百度贴吧开始兴起，由于可以满足粉丝建立广泛影响和联系的需求，成为粉丝们的聚集地。粉丝团体会为偶像建立专属贴吧，一般以偶像的名字命名。整个粉丝群体由部分骨干粉丝发起和维系，贴吧负责人会在吧内发布偶像的最新动态，以此联系起其他粉丝。普通粉丝处于这个圈子的边缘，大多只是信息的接收者，或者在信息下附和，不会主动发帖。若想从圈子边缘逐渐向中心靠拢，需要他们积极发言、参与讨论、发布帖子来获得经验值，这也是圈式结构社群中的一种体系，即等级身份和经验值的比例关系。在一个明星贴吧中，粉丝人数增加到一定数量的时候，会慢慢形成一个严密的、金字塔形组织架构，在底层有大量的“潜水浏览者”和“一般呼应者”，中间层则是活跃的“积极呼应者”，最上层是社群的领袖，即大吧主和数名小吧主。吧主在吧内粉丝中招募管理组组员，细分为图编组、文案组、外交组和吧刊编辑组等等，使得贴吧分工明确，能够得以正常运行和发展，而贴吧中的管理细则也成为粉丝内部文化的重要组成部分。

（三）近期基于SNS社交网站为主

社交网站（SNS）是基于Web服务，允许个人在各种配置的系统内建立个人文件以及与他人建立联系。粉丝们常用的微博、豆瓣等网络平台的社群聚合没有形成明确的边界，甚至有时候人们的互动并不需要话题讨论，而只需要通过某种方式所形成的关系链条，如标签功能，好友功能就能实现。“这种链式结构社群具有相对开放的、扁平的、非等级非中心的特征。”[①]2009 年，新浪微博上线，开始主要通过名人落户来吸引粉丝群体，打造一个基于明星与粉丝关系的社交平台，由于易于展示粉丝身份和能迅速集结粉丝群体的便利性，如今是“饭圈”最主要的阵地之一，对“饭圈文化”产生了重要的影响。一方面，粉丝可以通过评论、转发、私信的方式实现与偶像的直接交流，获得心理上的满足。另一方面，微博信息的开放性使得粉丝创作的文本内容可能在“饭圈”内及“饭圈”外传播，扩大自己和明星的影响力。

随着流量的可视化和流量经济的崛起，追星行为越发集体化、组织化、养成化和商业化。首先，互联网的发展使得粉丝跨越时空限制找到拥有共同爱好的人形成社群以及社群的准入门槛越来越低，追星已经不是一种个体行为，据《艾漫数据 & 微博：2018 粉丝白皮书》中的数据，全年娱乐活跃粉丝近 7500 万，20 至 29 岁女性居多，学历集中于本科和大专。[②]粉丝通过便捷的交流增强了对于组织的认同和黏性。其次，粉丝内部有着高度的组织化，包括对偶像的忠诚度、行为准则和等级制度。在“饭圈”中，如果没有为偶像花钱、“打榜”“反黑”，仅表达自己的喜欢并不能被承认粉丝身份。掌握信息、文本生产、投入资金、参与活动的多少都是能否成为“大粉”的重要指标。另外，“饭圈”内部实施的管理细则，指导新加入组织的成员如何成为一名合格的粉丝，明确粉丝参与组织活动的规则，并设有相应的奖惩制度。再次，追星主权逐渐被粉丝回收，形成养成偶像模式。不同于以往由制作方主导的被动追星，粉丝开始“造星”。一方面，粉丝通过出钱打投等方式影响偶像“星途”，另一方面，粉丝通过各种渠道参与偶像信息的传播，并为其增加“人设”，影响路人对偶像本身的认知理解。最后，“饭圈”的一些行为呈现出典型的商业化特征，比如为解锁“应

① 陈彧 . 共享仪式与互赠游戏——以百度贴吧为例的虚拟粉丝社群研究 [J]. 当代传播，2013（06）：27-29.

② 艾漫数据 . 艾漫数据 & 微博：2018 粉丝白皮书 [EB/OL].（2018-12-23）. http://www.199it.com/archives/811475.html.

援”而购入大量商业产品、为数据好看“冲销量”、集资投票等，粉丝与商业资本共同运作，将偶像的高流量、高曝光转化为高利益、高收益。

三、生成动因

粉丝情感的抒发和个性的投射。追星成员大部分是“90后”和“00后”，属于独生子女的一代，在生活中缺少同辈人的陪伴，易产生孤独感，需要一个精神支持来填补这一空缺，而追星则契合他们充实生活、寄托情感的需要。在网络世界中，“虚拟身份”可以较为自由的释放出自己在现实生活中难以表达出的想法，而且在现实中处于边缘地位的人也有可能在粉丝群体中成为中心人物，比如生产的文本在“饭圈”中得到“同好”的认同，从而获得满足感与自信心，实现自我价值。根据雅克·拉康（Jacques Lacan）的镜像理论，在镜像中获得的主体形象是一个“理想我”，这是自我认同的基础。[①] 人人都想成为理想化、完美化的自我镜像，尽管这种镜像永远无法达到，只能接近于真实的自我，但却是推动每个人不断朝着理想中的自己前进的动力。而偶像就是这种投射的具象化，粉丝们在现实生活中可能只是普通人，面临着普通人的压力和烦恼，但他们都希望能够不断向偶像靠近，成为他们心中的偶像一样完美优秀的人，通过这样的方式实现自我认同。

身份认同和归属的需要。社会心理学家亨利·泰弗尔（Henri Tajfel）和他的弟子特纳等人提出社会认同理论，该理论认为个体通过社会分类，对自己的群体产生认同，并产生内群体偏好和外群体偏见。[②] 一方面，在“饭圈”中身份认同能够维系社群关系，对于同一偶像的喜爱能够加强“饭圈”内部的凝聚力，同时粉丝与粉丝之间的交流也能进一步增加“饭圈”黏性。另一方面，有着强大凝聚力的“饭圈”能给粉丝个体带来强烈的归属感，通过与其他粉丝的交往，粉丝获得了自我的构建，对自身粉丝身份形成了进一步认同，对所属群体的偏好和对其他群体的偏见让他们形成了一种有着明显界限的“共同体”，这个共同体基于对偶像的迷恋和群体内独有的文化，是一个具有集体荣誉感的凝聚性

① 拉康 . 拉康选集 [M]. 褚孝泉，译 . 北京：生活·读书·新知三联书店，2001：93.

② Abrams D，Hogg M.A.Social identity theory：constructive and critical advances[M].New York：Harvester Wheatsheaf，1990.

整体。例如在参加偶像的演唱会时，在这种特殊的场域中人们的情绪很容易被身边的人感染，从而产生共情，对偶像及社群体的情感进一步加深。在这个社群中共同的情感更加热烈，身处其中能够感受到被情绪包裹住的归属感。

“流量为王”的商业逻辑。在流量变现的时代，娱乐产业背后的资本推动“饭圈”的形成与壮大。明星和作品是其重要的资产和获利手段，而由明星和作品不断曝光所吸引的流量则是获得利润的重要条件。[①] 获得流量主要有三种路径：第一，明星因为作品获得了大众的认可，在网络上有讨论度，形成流量。第二，由资本造星，明星自带流量。第三，在网络上哗众取宠，博取流量。围绕流量明星，形成了一条完备的产业链，即明星与投资商各取所需，明星依靠数据和流量获得广告代言的机会，广告商依靠明星的影响力和带货能力进行宣传和售卖。获取流量自然离不开高忠诚度、有消费潜力的粉丝群体，因此娱乐公司通过商业运作、资本助推的手段造出了迎合粉丝需求的消费偶像，同时通过与追星群体建立联系，为其提供资金、物料支持，将原本松散化、个体化的追星群体与明星、企业捆绑在一起，形成利益共同体。

偶像对粉丝精神需求的回应。一个有生命力的“饭圈”，一方面需要有新鲜血液的不断流入，这就需要偶像有持续吸引粉丝的能力，可以是好的作品或是人格魅力，另一方面则是巩固已有粉丝。在“饭圈”的逻辑之下，偶像也需要遵循规则，以特定的方式回应粉丝的精神需求。如增加曝光度、与粉丝线上线下定期交流等。同时，粉丝、偶像和经纪公司三方的交互过程中逐渐形成偶像的“理想人设”，这是三方博弈的结果，能够精准回应粉丝崇拜偶像的精神需求。为了留住粉丝，偶像必须保持住“理想人设”，如果贸然转型或者“人设崩塌”，会遭到“饭圈”的抗议甚至“脱粉回踩”。

四、存在隐患

粉丝的非理性消费。粉丝经济背后的商业利益是“饭圈文化”生成动因之一，在韩国“应援”观念的影响下，粉丝经常花巨资购买代言产品、“打榜”投票，甚至是工作人员送礼品来支持偶像。娱乐公司和品牌方为了获取利润，不断强化粉丝“多一分购买多一份支持”的观念，诱导粉丝消费；明星偶像对此则往往是

① 季为民．警惕“饭圈”乱象侵蚀青年一代价值观 [J]. 人民论坛，2021（10）：30–33.

一种支持或者默许的态度，而粉丝们出于对偶像的信任，不遗余力地付出金钱，从粉丝心理来说，这不仅能使得偶像脸上有光，自己也感到荣耀。2020 年底爆出的《快乐大本营》收礼事件中，粉丝为了让主持人在节目中照顾自家偶像，给节目组主持人送金条等名贵物品，加上给所有工作人员的八十元一份的下午茶，每期送礼总价值少则几万，多则几十万。这样的现象不仅给粉丝及其家庭带来一定的经济压力，而且攀比和送礼的行为会对未成年的粉丝的消费观和价值观产生不良影响。2021 年 5 月 4 日，爱奇艺选秀节目《青春有你》第三季被责令暂停录制。原因是该节目粉丝为投票大量购买乳饮料并倾倒的视频，在网上引发大量争议。视频中，一群被粉丝雇佣的人熟练地打开乳制品，把内侧带有二维码的瓶盖留下后将其倒入水沟中，身后还垒着半人高的乳制品墙。

粉丝行为的群体极化。群体极化是指群体讨论使得群体成员所持的观点变得更加极端，保守的更加保守，而激进的更加激进。在“饭圈文化”罗织的信息茧房中，由于粉丝所接触的都是偶像的正面信息，“粉丝滤镜”下的偶像是完美无瑕的，他们难以容忍关于偶像的任何负面言论，长此以往，就形成了群体极化。一方面，粉丝的日常任务中进行着签到、投票、“打榜”此类重复的工作，另一方面，他们有集资、“应援”等集体性的活动，这两种活动让“饭圈”中的个性被抹杀了，为了保持与群体一致的行为，个体只得选择同意或者不反对群体的意见。“饭圈”群体发展到一定时间后，一个导火索就可能促使他们群体极化，做出不理智的行为。例如一位嘻哈歌手因为歌曲作词低俗被紫光阁官微点名批评，他的粉丝因此被激怒，经过商量后在微博买了一个“紫光阁地沟油”的热搜话题，希望借此“搞垮紫光阁饭店”。这种为了维护自己的偶像不惜花钱恶意诽谤，想用资本操纵舆论，“你批评我们的明星，我们就要搞垮你”的极化思维失去了对是非道德的分辨和判断能力。

违反社会秩序或道德。勒庞曾指出：“个人一旦成为群体的一员，他所作所为就不会再承担责任，这时每个人都会暴露出自己不受约束的一面。群体追求和相信的从来不是什么真相和理性，而是盲从、残忍、偏执和狂热，只知道简单而极端的感情。”[①] 近年来“饭圈”群体事件频发，引发人们的关注，总

① 古斯塔夫·勒庞. 乌合之众 [M]. 冯克利，译. 桂林：广西师范大学出版社，2011：36–40.

结起来不当的追星行为主要有三类：第一类是妨碍公共秩序。2018年后“饭圈”群体急剧扩张，对明星行程、航班信息有一定需求，出售此类消息的黄牛应际而生，自发接机的行为越来越多。严重妨碍机场和车站等交通枢纽的正常运行，造成机场堵塞、飞机延误，甚至破坏公物，引发安全事故。例如首都机场航班因粉丝干扰无法起飞、虹桥机场玻璃挤碎事件等等。第二类是干扰他人正常生活。明星隐私泄露致使自己和住所周边居民的正常生活受到干扰。典型的例子是“私生饭”行为，他们跟踪和窥探明星私生活，潜入明星家中侵犯隐私权，这种行为也助长了黄牛售卖明星信息之风。第三类是发动网络骂战。“饭圈”与“饭圈”之间因为利益冲突发生碰撞，进而上升到无休止的骂战、人肉搜索和网络暴力。这些行为的消极影响无疑不容忽视，除了破坏网络环境、危害公共安全外，也会让粉丝沉溺追星，忽视现实社交，无视道德准则，若不及时加以纠正，将对粉丝价值观和道德观的塑造产生严重影响。

五、“饭圈”归正

“饭圈”领袖要加强道德自律和疏导。在“饭圈”这种具有一定封闭性的严密组织中，往往会形成具有较强引导力的意见领袖，他们的观点对“饭圈”具有情感上和行动上的导向性。领袖包括偶像本人和“大粉”。首先，偶像对于“饭圈”的影响力是最大的，他们的一言一行对于粉丝都有着示范作用，是粉丝的精神向往，因此对他们来说，应以身作则，树立良好的价值导向，引导粉丝关心公益事业和社会事务，减少不道德的追星行为。其次，“饭圈”中的“大粉”由于其关注者多、引导性强、发声影响力大的特点，在圈内拥有掌握舆论走向的能力，因此也需要加强道德自律。最后从根本上说，还是应该弱化明星的流量效应，优化片酬成本，让更多真正有实力的明星和作品获得更多关注，为粉丝树立榜样。

多主体监管。对于不道德的粉丝行为的监管，需要多元主体的共同参与，仅依靠一方的力量难免顾此失彼。首先政府应对“打榜为名，销售为实”的“集资应援”节目监督整改；在法律层面对文化娱乐经纪公司的“造星工业”审核和监管做出规范。其次，平台应革新监管方式，加强对言行的约束，不应因短期利益而放弃自身的责任，对于出现在平台上的不当或违法言行，应本着公平公正的原则，及时加以治理。最后，从“饭圈”群体上来说，应制定合理的群体规范，及时处理潜在的危险因素，避免出现不可挽回的不良后果。

引导“饭圈文化”适应主流文化。“饭圈文化”属于青年亚文化的一种，是亚文化与社交媒体碰撞的产物，青年亚文化群体应在引导下主动地参与到社会发展进程当中，与主流文化进行积极的双向合流。[①] 这需要主流媒体充分发挥权威引导作用：要及时对粉丝事件进行公正、客观的评论报道，引导正确的舆论风向，发挥主流媒体的策划职能，多策划一些功能正面的新媒体活动或者社会公益活动，邀请“饭圈”基数和影响力比较大的偶像明星参与其中，发挥群体正面效应的最大值。“饭圈”文化作为社会文化的一种，受所处时代和环境的影响，有着整体文化影响下的共性特征。同时也有其特殊性，即互联网的发展和“饭圈”内部结构的分层，让他们有了专业化、规范化的发展趋势。如今，针对“饭圈”存在的种种隐患、不理智的追星行为，需要社会各方形成合力、共同引导和纠正粉丝的不良行为，打造饭圈的健康生态。

第四节　游戏爱好型网络社群

随着全球互联网的发展以及电脑、智能手机、平板电脑等电子设备的更新换代，网络游戏载体、类型不断丰富，游戏品质不断提高，游戏玩家通过各类网络社群寻找志同道合的朋友，交流兴趣与话题互动，构筑了独特的社群形态，已经形成了富有特色的社会文化现象。“游戏爱好型社群是指以某款游戏为中心，通过网络分享游戏操作技巧、战斗经验以及进行虚拟物品交易从而在互联网平台上形成的可持续互动的群体。既包括参与网络游戏的玩家，也指玩家以某游戏为中心参与话题互动讨论的论坛、贴吧、豆瓣小组、微博超话、QQ 群、微信群以及网络直播等社交平台。”[②]

一、游戏爱好型网络社群的发展

游戏爱好型社群早期以游戏内容为核心，强调共享与社交；后来由于交易的需要，逐渐发展出以游戏资源与网络账号交易为核心的网络社群；现在受到

① 刘伟．亚文化视域下探析“饭圈女孩出征”[J]. 戏剧之家，2020（26）：214–216.

② 陈珍珠．基于网络游戏社群的互动对玩家忠诚的影响研究 [M]. 济南：山东大学出版社，2018：14.

网络直播的影响，以游戏直播与游戏主播为核心的网络社群也逐渐兴起。

（一）以游戏内容为核心的社群

20世纪末中国的互联网游戏产业发展迅速，《传奇》《金庸群侠传》《魔兽争霸》《石器时代》等游戏的爆火，吸引了无数玩家。早期的社群主要以游戏本身为核心，大致分为分享型与社交型。

分享型。建立游戏社群的目的之一是为了方便游戏中的玩家进行经验交流，一些事先体验过游戏内容的玩家会告诉其他没有体验过游戏的用户，以满足他们对未知事物的好奇心，还有一些资深玩家会在游戏中教授一些策略，帮助受阻玩家快速通过难关，体验游戏的其他内容，游戏内容的分享主要通过以下三种方式。一是通过QQ群、微信群与YY频道等社交平台进行内容分享。因社交软件快捷方便，受到网民的大力支持。通过技术的不断完善和功能的逐步完善，腾讯在QQ群中提供了群空间功能，用户可以在其中使用BBS、相册、共享文件等功能进行快速分享；YY频道作为一个社区，能聊天，能游戏，能看电视，能下载软件，吸引了无数玩家通过它进行游戏内容的传播与分享。二是通过论坛进行内容分享。论坛作为一个在线交流平台，把志趣相投的人聚集在一起，方便他们的交流。21世纪初伴随着天涯论坛、猫扑、西祠胡同、人人网、开心网等网络论坛的出现，方便了游戏网民聚集在一起，讨论共同感兴趣的游戏话题。经过多年的发展，论坛逐渐产生了许多新产品，如百度贴吧、虎扑、知乎、豆瓣小组等。这些论坛面向不同领域，形成了不同的产品特色，其中很大一部分已经成为推广游戏的主要平台。三是通过游戏信息门户进行内容分享。游戏信息门户一般由游戏运营商建立，主要根据目前游戏版本的更新状况，及时发布实时动态，方便游戏的核心玩家了解新版本的实际状况，提升游戏留存率，同时收集玩家的实时反馈，包括但是不限于申报、游戏投诉、账号找回、吐槽、表达满意等等。此外，还有第三方游戏信息门户，玩家通过该门户能够获取最新的游戏信息，访问所有的游戏官方网站。这些第三方门户网站规模较大，知名度高，用户基数大，内容丰富，特别是开发者们对游戏领域的专业知识有深入的研究，能够提供更专业的信息，目前国内有多玩网、太平洋游戏网、游久网、电玩巴士网、游侠网等知名游戏信息门户网站。

社交型。随着游戏产业的不断发展，游戏社群的功能就不仅仅局限于内容的分享，社交型游戏社群逐渐诞生。网络游戏中广泛地存在着帮派，兄弟，恋爱等多重社交关系，而且有的社交关系最后确实超出了游戏本身的范围。社交型游戏社群可以分为线上社交和线下社交两种类型。线上社交，顾名思义玩家在虚拟社群当中扮演既定的角色，分享自己的经历和故事，并获得其他社群成员的认可。线下社交则往往是线上关系紧密的核心玩家将交流场所转移至线下。搜狐畅游开放的《天龙八部》就是线下社群发展的典型范例。该游戏以金庸先生脍炙人口的武侠文学作品《天龙八部》的内容为蓝本，通过精良的美术制作、人性化的功能设计、忠实原著的剧情副本等诸多新颖多元的玩点，为游戏设计者和玩家在游戏中创造了一个很好的社交圈。2007 年刚上线时，《天龙八部》独有的帮会系统不但凝聚大批玩家，还让玩家团结打各种副本和活动，各大帮会内部也纷纷举办线下见面会，游戏内的婚姻系统见证了很多男女玩家因为游戏相爱而在现实中结婚。每当《天龙八部》被翻拍成电视剧上映后，线下众多游戏玩家都会自发组织活动共同观看与吐槽讨论。游戏官方每年都会邀请了天龙玩家线下聚首，地址设置在《天龙八部》故事中的经典城市苏州、大理、洛阳等，在游戏中亲密互动，在现实中玩家们与策划人员畅谈天龙，这都充分体现了该游戏的社交性。

（二）基于交易为核心的社群

随着网络游戏产业的快速发展，网络游戏中的虚拟物品与现实货币之间已经建立了一定的等价互换关系。随着越来越多的网络游戏平台面世，网络游戏虚拟物品的交易也越来越常态化，已经形成一个完整、成熟的产业链，也逐渐演化出以第三方交易、玩家交易以及官方交易为核心的游戏爱好型网络社群。由于交易方式和交易对象的多样性，交易过程会受到不同交易环境的影响。因此，玩家在实际的交易过程中形成了不同的网络社群。

玩家内部交易型。是玩家通过打 BOSS、打副本、掌握游戏生活技能等方式，获得装备、物料等东西，通过游戏内置系统，进行寄售、拍卖、摆摊等方式的交易，但是这类方式只能进行游戏虚拟币和游戏道具的交易，无法满足玩家的不同需求。多数玩家选择摆摊进行交易，虽然可以一定程度上解放买卖双方，买卖透明度高，但是挂机耗时耗力，加之缺乏有序的竞争机制，还容易被盗号者利用。虽然多数网络游戏设置了交易平台，保证了销售虚拟游戏币玩家的交易安全，但是这种功能被限制于只能在虚拟游戏币（元宝、点券、金币、交子等）之间交易，人民币与虚拟道具的交易却得不到保障。自由的交易是玩家对游戏的一种强烈需求，部分游戏不允许人民币与游戏币交易和游戏账号的交易，玩家则只能通过非官方渠道私下进行交易。因此，每个游戏都建立起大量玩家论坛、微信群或QQ群，里面有很多大量的交易信息，包括游戏账号交易、代练、挂机、脚本开发以及各类虚拟道具的销售，游戏玩家在这些社群中不断进行交流与甄别，选择最佳的交易对象，规避风险。但是这种交易方式完全建立在玩家之间的诚信基础上，玩家内部的交易也导致了一系列的网游交易诈骗事件，游戏账号私下买卖产生的民事、刑事纠纷日益增多，全国各地的警方因为玩家账号交易纠纷而到游戏公司总部进行调查取证的报道屡见不鲜，甚至推动了《民法总则》中相关内容的修订补充。

第三方交易型。为避免了玩家私下交易的风险，第三方交易应运而生，早期主要通过帮会、团队平台，以比较受信任的玩家作为第三方来完成虚拟物品的交易。对于游戏中元宝，直接在游戏运营商处购买不如在玩家处买合算，但是通过玩家购买容易上当，这时交易双方可以将资金和物品先转给中间人，比如说游戏主播，再由游戏主播来完成交易，保证了交易的安全性。此外，还有一些专门用于游戏交易的网络平台，可以实现虚拟物品的间接交易。目前市面上比较主流的交易平台有交易猫，淘手游，交易虎等，能够为游戏玩家提供安全可靠、方便快捷的游戏账号、装备、道具、游戏币、游戏点券、首充号、代练等网游交易服务。举个例子，玩家直接从游戏运营商处购买游戏中的虚拟货币，10元人民币可以买到1000游戏点，但是通过第三方交易平台购买，花费100元可以买到1200—1500不等的游戏点，这些虚拟平台在虚拟物品交易中的地位越来越高。但是第三方交易仍然存在诸多问题，不法分子在游戏中联系需要卖账号的玩家，以高价收购，再推荐假的第三方交易平台，通过假平台上假的资金入账，让受害者把账号交易，同时在假交易网站上以各种理由（交押金、银行账号输错被冻结等）让受害者充值才能提款，当受害人充完后发现永远无法提现，才意识到被骗。

游戏官方交易型。早期的游戏官方交易主要以销售游戏内的点卡装备、物品乃至游戏内人物为主，往往采取打折、秒杀、免单、满减等各类方式吸引游戏玩家充值消费。随着游戏的逐渐成熟，游戏账号的交易行为也越来越多，游戏账号中经常会有很多设备和道具，累计价值上千甚至上万元。在第三方平台交易会上有产生巨额手续费。因此，官方认可和保护的线下游戏交易平台应运而生。比如，搜狐畅游官方唯一认证的游戏道具线下交易平台“畅易阁”，在满足玩家交易需求的同时，也保障了玩家交易的安全性。在“畅易阁”交易，有严格的安全认证机制，如密保卡、贴身密保、掌中宝等。此外，在畅易阁的每一笔交易都有官方系统全程监控，保证了每一笔交易都有据可查，最大限度上保证了玩家的权益。以游戏官方的公信力进行担保，有查询所有交易的权限，能及时地提供游戏服务器更新变动数据，在这样的依托之下，安全性和稳定性首先有了保障。而且在官方支持的之下，整个交易环节操作成本降低，对于买卖双方都是最优选择。但是对于很多小的游戏公司，它们没有精力和资金去支撑一个交易平台的运行，因此仍然存在大量非官方游戏账号交易市场。围绕着官方交易平台，玩家通过QQ、微信、贴吧、论坛主要进行以游戏交易为主的交流，探讨游戏内的货币交易体系，对比各类服务器之间游戏虚拟物品的价格，结伴进行账号购买。

（三）以游戏直播为核心的社群

游戏爱好者网络社群早期侧重于游戏内容的组队、交友和讨论，随着4G、5G网络时代的到来，兴起了新型游戏爱好者网络社群模式——游戏直播。目前，国内知名游戏直播平台有斗鱼、虎牙、熊猫、哔哩哔哩、快手以及抖音等，中游戏直播平台创造了中国独有的游戏爱好型网络社群机制。有别于传统社群交往形式，游戏主播在直播中出镜并展示其游戏画面，边直播自己打游戏的画面边跟观众交流，观众随时都能够发言，直播和其他受众都能看到，并可能产生互动。因此，基于游戏直播为核心的游戏爱好型网络社群也分化为以游戏为中心和以主播为中心两种社群。

以游戏为中心。早期游戏直播主要以游戏为中心，不仅拉近游戏爱好者之间的距离，使得游戏爱好者更加畅快的交流彼此的游戏心得、打法和思路，还极大满足了游戏爱好者的交流需要，符合一个优秀的社群所需要的要求。一是游戏直播具有高质量的用户、电竞队员、“游戏大佬”与游戏解读玩家，带来高质量的内容输出，满足游戏爱好者深层次交流。二是游戏直播通过持续不断的内容输出，分享游戏攻略、游戏体验、试玩画面，弥补了游戏爱好者休息时间碎片化的问题，成为闲暇时刻放松的解压项目。三是游戏直播营造出良好的文化氛围，主播梗、刷礼物、密集的弹幕留言等方式，让游戏爱好者能感受到游戏直播的愉悦。2020 年初，受到新冠疫情影响，观看游戏直播逐渐成了游戏爱好者足不出户便能进行娱乐消费的重要方式。在传统游戏直播内容之外，平台正不断探索将游戏直播视频内容展现形式多元化、短视频化，发展出包括影视、音乐、社交等在内的多样化内容，开拓出直播会员服务、游戏联运、云游戏等更多模式吸引游戏爱好者。

以主播为中心。在游戏直播中，主播实时的话语和动作使游戏直播社群的讨论不只局限于游戏中，还扩大到了主播的私人生活和社会生活，形成了以游戏主播为核心的网络社群。众多游戏爱好者因为游戏成为主播粉丝。在新式的直播环境中，他们都曾一度成为游戏话题的领头者，即便当主播提及生活趣事、社会热点等与游戏无关的话题时，社群成员也会追随主播的相关话题开展讨论。随着游戏直播行业的发展，游戏直播平台由单一的游戏内容转变为多元化的交互[①]。网络直播平台、游戏运营公司以及职业游戏主播都在尝试探索“主播—观众”互动的形式界限，从弹幕文字的交流，到语音视频的沟通，再到游戏组队的联动，未来还将搭建平台使得观众可以实时影响主播的游戏进程和内容，不断提升观众的观看体验。例如，休闲游戏《糖豆人：终极淘汰赛》以其简单的设计与游戏操作，掀起了礼物影响主播的游戏进程和内容操作，实现了主播和观众的快速实时游戏互动。此外，主播与游戏爱好者的互动还扩展到直播以外的活动，主播经纪公司为游戏粉丝社群举办的粉丝会议，主播本人通过 QQ、微信、微博等网络社交平台，建立 QQ 群、微信粉丝群或微博超话社区与游戏粉丝社群直接沟通。

二、游戏爱好型网络社群的成因

（一）分享提高的场所

游戏社群最早是论坛、贴吧的衍生产物，拥有巨大的潜力和活力。游戏爱好者自发的聚集在一起，讨论交流游戏相关的信息。以达到答疑解惑，提高游

---

① 周子杨 . 游戏理论视域下网络女主播现象研究 [M]. 长沙：湖南师范大学出版社，2020：52.

戏技能，介绍同好等目的。这样的游戏社群在很大程度上提高了玩家对游戏的黏性，也让游戏开发者看到了游戏社群对于游戏发展的作用。随着网络客户端的不断进化与更新，人们之间的传播互动，尤其是群体之间，早已摆脱了电脑网页的范畴，主要依托于各种类型的社交软件，如QQ等。正是由于网络的便捷性，社会进入到“人人皆能发声，信息随处可见”的时代，人们也摆脱了时间、地域、空间的限制，完全依照个人兴趣在社交媒体中用语言、文字、图片等符号化信息来表达自己，在此基础上相同兴趣爱好的人们聚集到一起形成群体成为轻而易举的事[①]。对于一款游戏来说，只要它能够激发人们的社交欲望，拉近人和人的距离，让人们有共同的话题，这便是真正的出圈。极具代入感和成就感的游戏方式，让用户在游戏之外也能投入到相关社群当中，还能在这里找到志同道合的朋友，不只是一款单纯的游戏这么简单。相反，如果不具有能够社交的空间，再良心优质的游戏都只是少数人的快乐。

（二）社会认同的需求

美国心理学家亨利·泰斐尔（Henry Teffel）认为，个体认识到他或她属于特定的社会群体，同时也认识到作为群体成员带给他的情感和价值意义。因此，情感和价值感在个体认同中十分重要[②]。对于网络游戏的玩家而言，个体获得社会认同主要表现在两个方面。其一，荣誉感是玩家在游戏中所能获得的典型的社会认同感。网络社会的崛起，为个体和群体提供了超越自身界限的有效机制，个体和群体可以通过微信、QQ、微博等社交媒体与社会互联，分享自己在游戏中获取的成就，充分表现自我，为其获得社会认同提供了捷径，个体认同与社会认同互联。《穿越火线》作为一款经典枪战类游戏，吸引了无数的玩家。游戏自2007年上线至今依旧很火爆，游戏模式更新越来越多，玩家不仅仅可以人人对战，还可以和“僵尸”“幽灵”对战。游戏独有的排位模式刺激玩家对荣誉感的追求，鼓励人们团队协作取得胜利来晋升段位，产生了较高的黏性。每当游戏推出全新活动和版本的时候总能吸引无数的玩家，让很多“退伍”的老玩家重新回到游戏中体验游戏的乐趣。荣誉作为一种极致的情感互动体验在

---

① 刘胜枝.网络游戏的文化研究[M].北京：北京邮电大学出版社，2014：134.

② 张莹瑞，佐斌.社会认同理论及其发展[J].心理科学进展，2006（03）：475-480.

游戏玩家获得社会认同中起到了重要的动力作用，而这种荣誉感更易化为一种对自我的肯定，建构起深刻的自我认同体验。其二，是玩家渴望获得社交圈的认同，不同玩家在同一游戏中获得的经验可以在游戏社群中分享，并得到其他玩家的认可，他们自己的游戏体验也可以通过游戏社区进行交流。“人们把自己在社会中所扮演的不同角色内化为不同的身份，并对不同的身份产生不同的认同，因而在现实生活中人们的认同大多以多元认同的形式存在，当个体在特定情境中意识到自己特定的身份，并由此而产生特定的认同时，这种身份认同通常会受特定情景框架的影响”[①]。《穿越火线》这类游戏能够经久不衰的一个重要原因便是个体在群体中希望获得身份认同。“你要战，我便战！我有穿越火线兄弟千千万”的口号曾经传遍 80、90 后男生的 QQ 空间，尤其是在《穿越火线》同名网剧上线的时候，剧中真实还原出了运输船、黑色城镇等经典地图，引发无数网友共鸣，转发分享一次又一次冲击微博与微信朋友圈。当社交圈中的大部分人都沉浸游戏时，玩家也会沉浸游戏，以获得整个社交圈的身份认同，而移动终端和互联科技的发展，更是加速了玩家的群体认同过程。

（三）自我实现的平台

游戏的特点在于能营造出一个虚拟的仿真世界，玩家产生代入感并扮演其中的角色，或扮演一个大侠仗义江湖、或扮演一名将军征战四方、或扮演一位帝王管治国家，玩家在这虚拟世界里发出的行为都能产生影响并获得反馈，犹如进入了另一个时空，这个时空去除了现实世界中复杂、劳累、漫长而痛苦的过程，更快速更高效地直达目标、追逐自我价值实现的过程，这种高仿真度也是传统的小说、电视、电影产品所无法呈现的。而在真实的社会中由于竞争压力的原因，个人难以获得成功，此时网络游戏便提供了一个属于游戏玩家群体的认同渠道。当然，每一个玩家在游戏中想要的自我实现往往不一样，有人希望在游戏获得快乐，有人希望用游戏来消磨时间，有人转移现实生活的不满足，也有人在游戏中结交朋友。网络游戏内置的诸多系统让不同的玩家在游戏中得以自我实现，如排行榜系统会分成阵营、区、全服务器，让玩家一步步追求排名；

① 乔治·赫伯特·米德.心灵、自我与社会[M].赵月瑟，译.上海：上海译文出版社，2005：55.

手工系统允许玩家搜集各类原材料制作装备，能够爆出神装，让玩家收获惊喜；生活系统允许玩家种田、钓鱼、种树、布置自己的庄园，充分的消磨时间放松心情。除此之外，伴随着游戏玩家的成就需求跨越游戏边界，使用游戏外媒介进行社群传播的行为便更为频繁，游戏高端玩家会组建 QQ 群或微信群，并担任群组中的意见领袖，甚至在线下还能获得一批“迷弟迷妹”的追捧，完成自我价值的实现，游戏官方运营也会默默引导这一行为。例如，《刀塔传奇》作为一款手机游戏，在上线之初，游戏策划便决定开始“社群运营”，官方在此期间都以“核心玩家”的角色出现，发表言论吸引一些“对当前情况感觉不满意”的玩家，让大家“组队”前往新服务器游玩，冲击榜首。并在游戏外，组建游戏群，放置大量的攻略，引发各种各样的“培养角色”过程中的问题，展开讨论，等到新开服务器时，再循环往复，满足社群中玩家的游戏体验。

三、游戏爱好型网络社群的未来趋势

游戏爱好型网络社群的未来趋势主要有以下两种。其一是时间短、节奏快的变迁趋势。随着时代发展的加快，人们的时间开始变得碎片化，未来很难有大量玩家花费时间沉浸到网络游戏当中，游戏发展的格局逐渐向“短、频、快”发展。未来游戏将更多利用玩家碎片化的时间，如何在短时间的一局游戏中吸引住玩家成为现在游戏开发的重点。而高频率、快节奏的游戏中更容易体现一名玩家在游戏中的特点，充分展示玩家的自我个性。因此，未来游戏开发者将会尝试构建完善的社交系统，让游戏玩家的个性能够在碎片化的时间内充分表现出来，而这将会成为游戏爱好型网络社群发展的趋势。其二是高认同与归属感的趋势。未来随着时代技术的发展，电脑端游戏画质将会越来越精细，游戏性必然远胜于手机游戏。如果玩家能够有时间沉浸其中，网络游戏能够带来前所未有的真实感。当游戏世界的感受和交往过于真实，虚拟世界和真实世界之间的界限就会变得越来越模糊，游戏已不再只是游戏，而是一个真实存在的、社会交往空间。在游戏爱好型网络社群中，游戏玩家付出时间精力，收获游戏操作熟练度和成就感，与现实无异，现实交往里传播所持有的归属和意义，网络虚拟世界也同样持有。

游戏爱好型网络社群的出现反映出网络时代事物的快速更迭，而其长期发展还需依赖独特文化的形成。在游戏爱好型网络社群中，人际关系也需要谨慎、礼貌、适度地处理，就像在现实世界中一样，这样才能在丰富自己社交的时候感到快乐。

第五节　消费购物型网络社群

消费购物型网络社群是指基于网络信息技术和相关网络平台，把完成购物行为当作目标，把完成购物心得交流或者商品信息推广作为社群活动的内容。在这一活动过程中，不断达成消费者集聚，实现各类消费购物群体的集成。总结下来就是说，消费购物的活动内容具有推广性质，成为网络社群的流量入口；社群具有积累性质，可以提升用户黏性；交易具有商业性质，达成流量变现；通过一系列的营销推广活动，可以促成更多交易，实现商业推广价值。

一、社群分类

（一）以网络社群为载体的功能性服务模式

伴随着互联网技术的快速发展，多种消费购物型社群以线上平台为依托不断出现。例如以用户喜好倾向社群组织起来的社区美食群、健身群、车友群，以行业类别特征为依托大力发展的教育商业联盟、美妆商业联盟、服饰类商业联盟等，以经验分享建立起的养生社群、亲子教育等社群，尤其是以疫情为背景，按照区域位置组织起来的生活用品采购群也是目前消费购物型网络社群的突出形式之一。消费购物型网络社群使得用户流、信息流发生聚集，从而成为企业展开网络推广、线上营销、服务消费者的重要依托。这样的消费购物型网络社群不仅包括了精品推广、教育培训、资源整合、经验分享等多种功能性服务，资源供给方可以通过这样的平台实现精准的线上营销。

（二）以线下商铺为载体的社群零售模式

以线下商铺为载体的社群零售模式是指通过线下商铺跟区域社群结合，以区域关系这一地理概念为基础来创建区域性消费购物型网络社群。目前就有许多线下商铺通过快手账号、小红书账号、微信账号等方式，利用商铺营销特色，开展网络推广来积累潜在消费者，不仅如此，还以开展多种线下商铺活动，扩宽新潜在用户的流量通道，利用线下活动体验来增强消费购物型社群用户的黏性，深化消费者之间、消费者和企业之间的交流，以此达成消费购物型网络社群的发展壮大。就拿拥有接近一百八十家连锁店的蜜雪冰城奶茶店来说，通过线下商铺为载体的社群零售发展模式就得到了非常可观的盈利成果。与网店销售不同，以线下商铺资源为基础上进行的线下社群销售具有更强的针对性，用户们更具可能转化为精准粉丝，再加上网络社群具有增强成员认同感的特殊功能，在一定程度上可以避免粉丝流失现象。以线下商铺为载体的社群零售模式，可以通过以互联网为依托进行沟通交流的途径，更为准确的了解消费者喜好，更及时地进行商业策略调整。

（三）以直播营销为载体的社群团购模式

随着“粉丝经济”的快速发展，“直播营销”模式已成为当下最流行的带货方式，淘宝主播李佳琦就曾在某场直播中创造出 1.8 亿元的超高成交额记录，据了解 2019 年李佳琦的直播间销售额为 39 亿元，2020 年则达到了 46 亿元的规模。以低价营销作为推广特色的“拼多多”购物平台是社群团购模式的代表之一，它也收到了非常多用户的青睐，实现了非常可观的收益。这些年来，以直播销售为代表的直播商业市场份额也随着互联网平台的快速发展，不断呈现扩大趋势，据调查，中国的直播营销市场规模在 2017 年时仅为 190 亿元，但 2021 年该市场规模或许有望达到 9820 亿元。随着持续上升的直播平台、主播、粉丝的涌现，直播营销商业占比将会进一步上涨。以直播营销为载体的社群团购模式整合了直播销售、社区团购路径的优势和特点，商品通过直播路径使得其真实性得以多方位陈列，消费者可以拥有更好的消费体验，利用社群团购路径促成成交，使得商家的成交量大幅上涨。零售业的发展在拥有流量下沉特点的主播和自带集聚效应的社群团购模式整合之后，实现了更快更好的发展。

二、生成动因

（一）消费者寻求便捷和实惠的需要

美国著名的传播学学者威尔伯·施拉姆（Wilbur Schramm）曾提出了一个公式：选择的或然率 = 报偿的保证 / 费力的程度，以此来分析什么因素能影响选择者对传播节目选择的决定要素。公式中提到的“报偿的保证”是指传播内容能满足选择者的需要的程度。“费力的程度”则是指得到某项内容和使用传播路径的难易程度。换而言之，只有特定的大众传媒能满足用户特定的需求时，才会引起用户对它的兴趣而更加重视。随着电子商务不断地发展，网络购物传播速度快，传播范围广，传播渠道更具兼容性等优势就引起了受众的关注。相较于传统购物，一方面，互联网能让商家24小时进行上传信息、达成交易、给予服务等各类推广活动，还能让网络用户随时在网上进行购物活动，达成购物消费不被时间、空间所制约；不仅如此，因为网络没有排他性，所以网络用户能够没有地域限制的去与其他用户分享信息从而购买到心仪的商品，实现消费购物不受地域限制。另外，在以折扣优惠为主的消费购物型社群中，每天都会有群主发放大量的优惠券，这些优惠券包括了淘宝、天猫、京东、拼多多等很多网络购物平台上五花八门的商品，和普通渠道购买商品相比，社群成员能用比一般方式更优惠的价格进行购物，这样的购物方式从形式上说就是一种诱惑力，成了消费购物型网络社群产生的重要原因之一。

（二）粉丝集聚效应的促成

互联网是网络用户展开购买活动所依托的载体，它也是一种媒介，会影响着大众的喜好。消费经验分享或产品营销的内容得到受众的喜欢时，就会吸引用户聚集，形成所谓的“粉丝经济”，“粉丝经济”主要是指建构在粉丝和被关注者关系基础上的一种获利性变现活动，例如运动品牌阿迪达斯就是在粉丝崇拜的基础上发展的粉丝经济，某些流量明星的周边产品也是以粉丝群体为目标用户。对于粉丝来说，粉丝喜欢该明星，那么也会喜欢他的周边产品。同理，直播带货中的粉丝消费除了个人真实所需外，更多的是基于知名主播的明星效应，例如主播薇娅仅在2018一年之内就实现了成交额27.6亿元的奇迹，主播李佳琦更是仅在6分钟内就销售出了15000支口红；直播营销模式在一次次直播间产品库存售空中上涨到情绪的最高点，正是这样的粉丝集聚现象给消费购物型社群的形成实现了流量积累的基础。

（三）社群创办者获取利益的需要

在互联网快速发展的背景下，靠组织消费购物型网络社群，以社群成员需要的方式来达成创收，已成为未来商品营销的主要路径之一。由于新冠肺炎疫情给中国的实体经济带来了很大的困境和阻碍，不少知名企业家也加入到了直播营销的阵营中，例如格力集团董事长董明珠在淘宝、抖音、京东、快手等平台都进行了直播，成交额也是十分可观的。具体来说，通过建立社群可以方便创办者精准产品定位、提升社群成员信任度、建立社群品牌文化，从而促成更多交易，完成商业变现。社群经济方便创办者智能统计用户的消费记录，频率，年龄，喜好等，为目标群体量身打造各种营销产品，最大限度地确保商品属性和用户需求达到一致。不仅如此，网络社群营销还能提升社群成员信任度，只有当购买者和购买者之间展开面对面沟通时，购物戒备心才会降到最低，甚至将无意识购物间接转变为主动购物，足以见得信任心理的建立，是消费购物型网络社群获得变现率的重要之处。因此，消费购物型社群的诸多优势满足了企业的商业价值追求，逐渐成了企业营销的新利器。

（四）社群成员交往的需要

马斯洛在他的需求层次理论中提出，人们的底层需求得到一定程度的满足之后，才会开始对中层与上层需求的欲望进一步上升。从社群成员情感价值角度考虑，成员的社群类型选择是以自身需求为基础来对网络内容进行选择的活动，此选择具有一定的“目标导向”。成员们不只是懂得自身需求，还会选择、借助此载体来达成自己的需求。所以用户的社群选择活动是具有能动性的。线上消费购物活动与线上消费社群既能达成购买者的物质需求，还能让用户的精神层面需求得到了最大的满足。对于多数人来说，现代城市是一个钢筋混凝土筑成的城市，伴随着科学技术和互联网载体的进步，居民在生活中获得便捷的同时，彼此之间的联系却越来越少，某种程度上人际关系逐渐变得冷漠。但人有交流交往的天性和向往，线上消费购物社群的建立从一定程度来讲就是以人际交往为特点的，这样的网络社群是一个用户兴趣的聚合体，成员可以在社群中交流喜好，分享产品使用经验，通过互动，和群成员间建立情感连接，最终达成群成员间的观念共识，消费购物型社群为成员成功构筑了一个社交场。就像直播间销售商品的模式,并非是机械化地进行售卖,而是主播通过把个人观点、商品试用与实际效果相整合,并且把消费者存在疑虑的地方多样化地展开介绍。在卖货的同时，和直播间观看者产生实时沟通和交流，营销的同时也让社交属性潜移默化融入在其中，不仅增强了消费者的集聚效力，还激发了社群成员消费的动力，这种直播互动方式与产品推广营销整合到了一起，给消费购物型网络社群成员提供了更为立体的购物体验，使得社群中的成员相互之间的信任加强，形成更为紧密的联系，增强消费者对社群的认同感和归属感。

三、现存弊端

消费购物型网络社群的快速发展给传统运营方式提供了新思路，随着那么多年不断地发展与试错，消费购物型网络社群在中国电子商业板块已是不可缺少的一部分，但在其全面发力、快速发展的过程中，仍存在一些问题亟待完善。

（一）质量问题频发

消费购物型社群中商品的来源主要有两种基本的途径：首先是由社群发起者承担选品工作，充当的是产品营销者的角色，并没有直接参与产品的制造过程，并且因为其不具备相应产品的专业性知识，对其售卖的产品质量不能够充分保证；其次是由厂商直接供应，由于对相关商品厂商缺少明确的准入标准，加上消费网络社群是充当受雇营销的角色，在这种状况下商品质量很容易出现质量不过关的困境。据调查，中国消费者协会2020年1—3月展开的消费者对直播营销满意度调查结果显示，质量问题堪忧、虚假营销是消费者对直播间购物的主要评价。在网红直播带货大火的当下，货品中存在的质量问题正源源不断的涌现，如：主播辛巴在他直播带货过程中以次充好，虚假营销，被央视、中网工委发声谴责，辛巴方赔偿6000万元甚至将面临刑事处罚。另一方面，在自媒体爆发式发展的背景下，构建消费购物社群平台的门槛相对较低。某些社群创建者为了吸引社群成员，打着低价的口号吸收社群成员，但由于社群内部隐私性较高，存在形式广泛，平台难以有力监管，造成存在产品质量得不到保障的困境。还有，借助于淘宝、京东等网购平台进行直播营销，但是仍然以低价为营销方法，并未以社群长期健康运营为营销标准。因此，与传统线上零售模式相比，社群营销可能并未使得消费者的购物满意度出现实质性的上升。

（二）运营管理方式缺乏活力

从线上网络社群管理员角度来分析，消费型购物社群中普遍存在着后台管理员对于网络社群的维护与更新较为随意的困境。由于大多消费购物型网络社群成员结构单一、动机单一、社群输出内容单一，具体表现在后台管理员主要以发红包、发优惠券的物质激励方式进行内部关系维护，同时也没有做到把新入群成员、群退出成员、复购率高成员、高互动成员、其他普通成员分类后进行差异化管理。总体来看，消费型购物社群的管理现状并不乐观，大多数网络社群形同虚设，社群内部凝聚力不强，没有充分发挥更进一步连接人与人、人与商品的作用，造成社群资源利用不充分、社群流量快速流失、资源浪费等问题阻碍着消费购物型网络社群的发展。

（三）造假流量数据

在消费购物型购物社群的快速发展过程中，某些社群平台营造出成交量火爆的氛围以此吸引成员跟风购买商品，在此过程中，不断进行流量数据造假。就算是在“直播助农”这种公益活动中，也出现某些网红、明星把直播间当成秀场，组织水军点赞、销售数据注水、流量造假等情况，这些做法严重背离了助农的初心。直播卖货方式是当下流量变现的新常态，它以大量的粉丝流量作为基础，将“流量”变现没有错，却乱象频发。例如，名叫“雪梨”的网红主播就因“刷单”一事引发热议，由于直播过程中没关闭话筒，疑似谈论刷单的对话被现场直播。她的工作日程表不久后也被曝光，其中就包含“刷单”一项日程安排，更是坐实数据造假这一手段。其实，数据造假早已是业界公开的“秘密”，它的背后有庞大的市场作为支持，社群中的粉丝数、互动数、购买数等数据都可通过购买“水军”来造假。从各平台直播间的前期运营到后期的售后处理，全过程都存在可操作性。流量造假的收费标准，也是几元到上千元不等。不夸张地说，一场直播下来，所有数据都可造假。这也可以说明为什么某些网红直播流量看似很高，但是成交量却不尽人意。

四、解决途径

（一）营造良好社群文化

为把好商品质量关，平台管理员只有提高对商品供应商的挑选标准，严格进行对产品质量的把控，做到与时俱进、不断更新换代来保证产品适应度，还要杜绝劣质商品的上架。另外，后台管理者必须明确消费者对于品牌文化因素看重这一特征，以群分享、朋友圈推广、公众号输出等形式不断输出具有表现力和创造力的内容，不断突出品牌独特理念，提升产品核心竞争力，以此来深化特有的品牌特征，通过品牌优势培养一批忠实的产品粉丝。不仅如此，消费社群还需再进一步提高成员的认同感，积极营造良好的社群品牌文化，通过社群特有化品牌塑造为消费者提供专属性的服务，进而培养并强化社群成员的成交动机。

（二）构建双向信息输出机制

消费购物社群网络社群在追求自身结构完整的基础上，还要注重网络社群双向输出机制的建立。这就要求管理员要在双向输出结构、双向输出内容两方面的优化上花力气。双向输出结构优化即充分发挥社群内部管理员和成员角色双方各自的作用，改变主要以管理员单向输出的现状，尤其是改变管理员单一式输出商品广告信息的刷屏行为、对社群成员设置禁言等行为，保证消费购物型网络社群中普通成员具有充分的话语权、能够充分发挥其言论能动性。除此之外，导致社群成员冷淡、形成“死群”现象的一个最普遍的原因是社群中的输出内容形式单一，因此，针对此现象，社群管理员应该对平时输出的内容和形式都进行改变，不仅应删减无用商品广告信息的输出、还要有针对性地增加可以激发该消费购物型群体成员互动积极性的内容。双向输出结构优化、双向输出内容优化包括很多构建社群人性化运行管理制度的方法，例如：在社群日常管理制度的构建中融入创造认同感、参与感、归属感的策略，可以通过举办线下活动来增加社群成员之间、社群成员和社群管理员之间、社群成员和供应商之间、社群管理员和供应商之间的多方交流，以此让社群中的各种角色互相了解，增强社群成员对于平台的认可和信赖。在管理过程中还要通过充分的信息分析，对新入群成员、群退出成员、复购率高成员、高互动成员、其他普通成员有针对地进行科学管理。

（三）加强平台监管力度

网络社群想要保持持续稳定发展，那么必须明确，法律制度规范是保障，越到快速发展阶段越要保证在法律制度规范的基础上去进行社群活动。同时还要加强各平台的监管力度，不能以线上网络难以全面监督为借口，无视平台社群里的种种错误行为。因此，可以引入消费购物型社群诚信评价机制，将该社群是否曾被监管部门处罚、是否具有违法犯罪行为等不端行为列入该评价机制。通过失信惩戒手段规范种种营销行为，对某些负面信息较多，违规次数达到规定标准的社群，取消其建群资格，并将他们列入黑名单封号处理。另外，社群平台还应通过多样化手段对网络社群创建者加强约束，例如：收取押金、罚款、封号等手段，落实主体责任制度。当然，还要保证消费者投诉的渠道畅通、手段多样。通过强化社群平台诚信体系机制，积极引入第三方监管机制，确保社群成员的基本权利。针对刷评论、买粉丝等虚构流量信息、欺骗成员的行为一经查处，就要大力惩治。要实现这些，最重要的就是针对各种造假行为和失信行为，监管部门应尽快加强并细化相关法律制度的完善，对违规违法进行社群活动的行为要严格防范和处理，为消费购物型网络社群的更快更好发展，提供有力的法律保障。

第六章　网络文化

文化作为“非强制的影响力”[①]，在社会生活中发挥着整合、导向、约束等重要功能。首先，生活在同一社会中的个体，价值观念可能会有差异，但经由文化的熏陶、整合后，其中的绝大多数必然会在社会生活的基本方面达成一致，成为民族团结和社会秩序的精神基础；其次，文化生活经验的积累，是人们通过比较和选择后认为是合理并被普遍接受的东西。某种文化的形成和确立，意味着某种价值观和行为规范的被认可和被遵从，也意味着具有约束力的某种秩序的形成；再次，价值观念是主体对事物稳定的认识，一方面表现为价值取向、价值追求，凝结为一定的价值目标；另一方面表现为价值尺度和准则，成为人们判断事物有无价值及价值大小的评价标准。在现实生活中价值，观念一经确立，就成为人们具体实践活动的起点和内在动力，规定着正在进行和将要进行的实践活动的内容和发展方向。

文化是人类历史发展到一定阶段出现的观念形态，一旦生成就具有较强的稳定性，这种稳定性是维持文化稳固存在的前提。英国学者以赛亚·伯林（Isaiah Berlin）这样描述文化的传承：“人的选择活动是在继承上一代人的选择和同时代其他选择的背景关系中产生的，而选择主体本身就是现在的人和过去一代人做出选择的积淀物，它的特性总是部分地由继承、由他存在于其中的生活方式及其伴随的语言所深深定型的。”[②]然而，人类社会是向前运动的，作为社会活动成果的文化必然也是不断发展的。正如弗朗西斯·福山（Francis Fukuyama）所说：“文化是一种充满生气的力量，而且在被不断更新改造，即使不被政府

① 张俊伟．极简管理：中国式管理操作系统 [M]. 北京：机械工业出版社，2013：16.

② 约翰·格雷．伯林 [M]. 马俊峰，等，译．北京：昆仑出版社，1999：42.

更新，也会被构成社会的成千上万分散的个体之间相互作用所更新。”[①] 这样，社会变迁就赋予了文化超越自身的一种本能，引导其打破旧有形式而奔向新的形式，形成了新、旧文化之间的冲突和更替。网络文化是以网络信息技术为基础、在网络空间形成的文化活动、文化方式、文化产品、文化观念的集合，是现实社会文化的延伸和多样化的展现。

第一节　网络流行语

在网络空间的信息交流中，传统的和新生的语言形式交融并存。伴随着互联网的逐步普及，新生的网络语言呈现出喷涌叠加的炫目图景。新生的网络语言中，有许多语音、语词、语法为人们广泛熟知和使用，并且日益反向渗透影响现实的社会生活。网络流行语就是“一定时段内主要在网络领域被网民自发使用的、活跃的、具有发酵功能和特殊意义的并往往对社会现实产生影响的语言符号。”[②]

一、网络流行语的生成形式

在介绍这部分内容之前，需要简单说明一下“能指”和“所指”的概念。语言学认为，任何语言符号是由“能指”和“所指”构成的，前者指语言的声音形象，后者指语言所反映的事物的内容。比如英语“tree”这个单词，它的发音和字母就是它的能指，而树的内涵就是所指。

（一）能指杂糅多样

在传统现实语境中，客观世界和人的内心可以通过语言去描述、去表达，能指与所指已经形成固定链接，能指被认定为所指的直接呈现。但是网络流行语的创造者和使用者常常认为，所谓常态语言符号在某种程度上已经代表了一种思想窠臼，一种集体无意识，甚至是一种大众的妄言与诳语。这是因为，语

① 弗朗西斯·福山．大分裂 [M]. 刘榜离，等，译．北京：中国社会科学出版社，2002：77.

② 王仕勇．网络流行语研究：社会与媒介的视角 [M]. 北京：中国社会科学出版社，2016：69.

言并不能让人自由地表达自身的思想和感情。一方面，世界上没有两片相同的叶子，每个人的生活阅历、思想情感都不一样。但是，借以表达个体特殊性的语言却是模式化的和规范化的，不得不使用已经习得的程式化和程序化语言，把自身的独特性压抑到潜意识的深层世界中去。正如拉康所言："整个语言文化系统早在我们出生之前就已经存在，当我们学习语言时，这个潜在的语言文化系统逐渐将其整个结构与秩序强加给我们。"① 这就需要突破传统语言符号能指与所指之间的约定俗成，用反常规的表达突破原有的种种规范与限制。因此，网络流行语杂糅使用了大量字母、数字、图形、符号等构件乃至谐音、缩略、象征等手法，创造了许多形、音、义的新的结合体，形成了眼花缭乱的另类网络能指。如：

汉字类：酱紫（这样子）、弓虽（强）、恐龙（难看）

数字类：1920（依旧爱你）、1847（你别生气）、286（过时老气）

字母类：CU（再见）、GF（女朋友）、BT（变态）

图形类：企鹅类静态图形，气泡狗、小狐狸等动态图形

混合类：I 服了 U（我服了你）、偶的 GF 是恐龙（我的女友太难看）、送你"{{}}"（给你一个拥抱）

（二）所指漂浮移位

语言学理论认为，所指是能指所关涉的对象，二者之间维系着一一对应的透明关系，能指可以作为所指的全权代表参与话语表达和思想建构。后现代主义拆解了这一关联，认为意义与其说是固定的，不如说是移动的、弥散的，是无数文字互为参照的痕迹，是意义无限延宕的过程。意义是一条无限延伸的能指链，所有的所指都是能指无限区分的结果，没有一个是能指的终极所指。在雅克·德里达（Jacques Derrida）看来，语言是传统思想体系得以建立与传承的重要载体，也是进入思想、进入人类概念体系的一把钥匙，要想消解传统的概念体系，就要充分发掘能指和所指之间无限延宕弥散的可能性，通过所指移位，形成新的符号联结，对传统语言符号的归约性进行颠覆和解构。后现代主义网

① Lacan.The Four Fundamental Concepts of Psycho-Analysis[M]. California：Norton Company，1978：58.

络语言充分利用了符号的模糊性、多义性和概括性等特点，有意打破语言符号所谓的确定性、规范性和系统性，将蕴含于能指符号中的潜在的多义模糊所指释放出来，形成具有强烈反差的新所指。如“白骨精”的原所指是“文学作品中的妖精”，而新所指则是“白领骨干加精英”；“偶像”的原所指是“被人羡慕模仿的对象”，而新所指是“呕吐对象”；“不觉明历”一词没有明确的原所指，而新所指为“虽然不明白，但是觉得很厉害”。

（三）语词仿制衍生

后现代主义极力反对理性，有意轻视、拒绝传统的逻辑思辨，强调通过仿制对语言进行“去魅”，消除逻各斯的光晕和现代性的距离感。理查德·道金斯（Richard Dawkins）认为：“在文化领域也存在着类似基因在生物进化中所起作用的东西。自然选择的真实单位，乃是任何形式的复制因子，是任何形式的能够进行自我拷贝的单元。正如精子或卵子从一个个体转到另外一个个体从而在基因库中进行繁殖一样，觅母可以通过仿制的过程从一个脑子转到另外一个脑子。”[①] 网络流行语的仿制依赖于两个基础，一是原型具有鲜明的典型属性特征，能够上升为凸显信息和焦点记忆，可以成为其所依附主体的首选代表；二是互联网的技术特性使得一切形式的模仿复制成为可能，无论是什么样的语言文字，只要下达相关命令，就容易仿制出与之类似的语词、语句和语篇。如：

神器——避暑神器、打车神器、照相神器、防霾神器、抢票神器。

“哥吃的不是面，是寂寞”——“哥抽的不是烟，是寂寞”“哥做的不是梦，是寂寞”“哥回的不是贴，是寂寞”。

电影《让子弹飞》中演员葛优有一段台词：“麻匪任何时候都要剿，不剿不行。你们想想，你带着老婆，出了城，吃着火锅还唱着歌，突然就让麻匪劫了……所以没有麻匪的日子才是好日子。”由于“吃着火锅还唱着歌”这句话有着浓郁的生活气息，很快引起了各种类型的网络仿制：

加班，任何时候都要取消！不取消不行，你们想想，你下了班回了家，跟着男女朋友，吃着火锅还唱着歌，突然就告诉你要加班了……悲剧啊！所以没有加班的日子才是好日子！！

① 理查德·道金斯．自私的基因 [M]. 卢允中，译．长春：吉林人民出版社，1998：103.

考试，任何时候都要取消！不取消不行，你们想想呀，你回了家，跟着家人或同学，吃着火锅还唱着歌，突然就告诉你挂科了……所以没有考试的日子才是幸福的。[①]

（四）语法变异悖逆

语法包括词法和句法两部分，具有一定的民族特点和相对稳定性。词法主要是指语词的构成和使用规则，句法主要是指句子的构成要素和变化规则。语言表达的语法化过程是一种建构过程，目的是创设、维持一种恒定状态和既有秩序。恩斯特·卡西尔（Ernst Cassirer）认为："符号系统这个新的获得物改变了整个人类生活。与其他动物相比，人不仅生活在更为宽广的实在之中，而且可以说，他还生活在新的实在之维中。人的符号活动能力进展多少，物理实在能力也就相应地似乎退却多少。"[②] 网络流行语则强调表达的非语法化，从事的是一种解构工程，尽力破坏稳定的状态和原有的秩序，语言符号的选材与建构具有违反常规性、无限可能性和创造多变性。

违反词法：

腻害（厉害），JJWW（叽叽歪歪），蒜你狠（蒜的价格高），然并卵（然而并没有卵用），V587（威武霸气），新蚊连啵（被很多蚊子咬了），哥屋恩（滚），蓝瘦香菇（难受地想哭）。

违反句法：

天气冷得像个笑话，日子过得像句废话。

明骚易躲，暗贱难防。

你想要啊！悟空，你要是想要的话你就说话嘛，你不说你想要我怎么知道你是真的想要了？虽然你很有诚意的望着我，可是你还是要跟我说你想要的，不可能你说你想要我不给你，你说你不想要我偏要给你，大家要讲道理嘛！你真的想要吗？那你就拿去吧，你不是真的想要吧？难道你真的想要吗？

---

① 百度百科．葛优体 [EB/OL]. https://baike.baidu.com/item/%E8%91%9B%E4%BC%98%E4%BD%93/2925034?fr=aladdin.

② 恩斯特·卡西尔．人论 [M]. 甘阳，译．上海：上海译文出版社，2013（06）：43-44.

（五）语意戏谑嘲讽

在后现代主义看来，人类生来就被囚禁在语言的牢笼中，其意义世界除了符号别无他物，所以只能借助语言符号来思考。要想冲出语言的牢笼，就必须尽情释放被压抑的创造性和独特性，对文化进行“去魅”，用反讽和玩笑来消解一切恒定的常规、秩序，消解那些引以为豪的神圣的东西，以尽情欢娱与发泄缓解现代快节奏生活的压力。于是，一个具有颠覆性和游戏性的网络语言世界应运而生，后现代主义网络语言游戏化主要表现为戏谑经典和嘲讽权威两方面。如：

《红楼梦》——一场包办婚姻、家破人亡的人间惨剧；

《三国演义》——三兄弟的旷世畸恋；

《皇帝的新衣》——国家元首真空上阵挑战性感底线为哪般；

走自己的路，让别人去说吧——走自己的路，让别人无路可走；

执子之手，与子偕老——执子之手，拖去喂狗；

水能载舟，亦能覆舟——水能载舟，亦能煮粥；

娴静时如姣花照水，行动处似弱柳扶风——娴静时如母猪照镜，行动处似河马发疯。

在上述网络语言中，创作者用戏谑夸张的话语将经典作品中所凝结的千言万语拆解的支离破碎，所蕴含的微言大义全盘颠覆，使之沦为一个个没有深度、没有意义的可被随意篡改的文本。

二、网络流行语的特征

网络流行语是网络语言的一种，它具备网络语言的一般特征，同时又有着自身的独有特点，这些特点概括起来包括以下几个方面：

（一）表达简洁生动

生活节奏的加快，使得当今人们在通过网络与人进行交流与沟通时，希望能够达到说与打字速度和频率一致。但是由于人们只有通过键盘和鼠标，才能输入自己所想表达的内容，并且“普通人语速大约为170字/分钟，而打字速度受到操作者的熟练度、输入法的科学性、字库选字的准确率等因素的影响，普通人输入汉字的速度只有每分钟 30—50 字”[①]，因此，这就造成了人们预期目标与实际所达到的目标之间并不一致的情况。正是在这种情况之下，网络流行语应运而生，它以其简洁、生动的表达方式满足了人们对速度和效率的需求。从网络流行语的构成来看，它经常用包括字母缩略词、数字谐音词、省略词或句子，比如 BF、666、喜大普奔；除此之外，还会以符号、图画等形式来表达内容，这种方式更加便捷，也能更加形象直接的表达自己的想法和感受。比如，对各种表情包的使用就鲜明体现了这一特征。

（二）内容紧贴现实

网络流行语是一种语言现象，它的产生、发展与社会的变迁密不可分。互联网将浩如烟海的信息组织在一起，通过浏览器呈现给用户，成为社会公众进行信息传递、利益表达、情感宣泄、思想碰撞的一个主要渠道，也成为民意表达的重要平台。网络流行语来源于网络，是当下社会生活的真实反映，看似突然之间流行起来的无厘头的词语，但却有极大的能量把你卷入现实生活的漩涡，“小目标”“你幸福吗”“工匠精神”“蒜你狠”……这样的每一个网络流行语背后都反映着当下的社会热点或热门事件，反映着当下人们的生活现状。此外，互联网的即时性和开放性特征，使得网民可以随时随地自己关注的问题，表达情绪或发表言论，这种分享也常常伴有意外“蹿红”，成为风靡一时的网络流行语。

（三）形式更新迅速

流行本身就是一种动态现象，流行语的出现、消失或被认可、以往都是一个必然的过程，具有周期性和阶段性。而网络流行语的周期性是指在某一时间阶段内，某些网络流行语具有强烈的新鲜感和鲜明的时代特色，被广泛接受和使用，并能很快引起大众的热议。但不久，又会有新的网络流行语诞生并吸引公众的眼球，再次成为人们热烈讨论和关注的焦点。因为，网络流行语往往伴随着某些社会热点或事件而产生，一旦事件解决或热度衰退，其生命力便有可能随之衰弱。回顾网络流行语的发展，我们可以很轻易地发现，网络流行语一

---

① 韩志刚.网络语境与网络语言的特点[J].济南大学学报（社会科学版），2009，19（01）：31-33.

直处于不断淘汰、不断更新的状态，其中有的网络流行语生命周期很长，有的则转瞬即逝，有的作为新的词汇被永久保存下来，有的则消失在语言长河之中，了无痕迹，而这也便是流行所应有之意。而网络流行语能否保持长久的生命力，与人们的认可程度有关，与其自身蕴含的意义相关，只有那些能够被人们广泛认可，并且自身具有一定的规范性，能够传达一定意义的网络流行语才能够被长久保存，编入语库。

三、网络流行语的影响

作为互联网时代的产物，网络流行语的不断涌现和广为使用本身就说明了其旺盛的生命力，有着独特的价值所在：首先，创新了语言能指和所指的形式。后现代主义强调要想冲出语言的牢笼，就必须对现有的语言进行拆解，对语法、逻辑、规律重新阐释，通过不断创造与更新来改变所谓永恒的意义和价值，使得语言文字成为人类向自由王国过度的一种符号阶梯。因此，网络流行语往往语出惊人、令人遐想无限，最大限度地反映出每个人在语言上的创造力，同时又生成了丰富多彩的网络语言，有力推动了语言的发展。其次，形成了新的社会认同。很多文化语言学者都认为，语言本身就是社会生活的重要部分，不同的语言选择意味着不同的生活方式。维索尔伦认为："使用语言必然包括连续不断的选择，这些选择可以是有意识的，也可以是无意识的；可以是由语言内部结构驱动的，也可以是由语言外部的原因所驱动。"[①] 人是社会性动物天生就有从众感和依附感，害怕孤独和被排斥。对于网络语言交际来说，能否被主流话语接纳并融入强势意见集团，不仅取决于观点和意见能否与其一致，还取决于你使用的表达手段能否吻合。网络流行语实现了由权威话语向个体话语的转变，并且由于语言使用的选择形成了新的社会认同。再次，促进了社会公正。每一条网络流行语的背后往往联系着一个社会热点现象或事件，并通过非范畴化变异折射出这些事件或现象的荒诞怪异，引导受众关注相关事件，批判现实社会的权力运行不公，在促进事件合理解决的同时维护了社会公正。

网络流行语由于其后现代主义的本质，也必然存在一些弊端。第一，在丰富语言形式的同时，造成了音、形、义上普遍的混乱。"orz6"（我认栽了）、

---

① 维索尔伦 . 语用学诠释 [M]. 钱冠连，译 . 北京：清华大学出版社，2003：65-72.

“1 切斗↓ b 倒挖 d”（一切都吓不倒我的）这些字词、句子会因为不知所云而被很多社会成员认为是错别字或是乱码。需要通过编纂网络词典、出台指导性的使用规定加以引导。2016 年 12 月，《咬文嚼字》编辑部公布了本年度十大网络流行语，“洪荒之力”“吃瓜群众”“一言不合就 XX”“蓝瘦香菇”等词上榜，而“屌丝”“撩妹”等词则因为不文明或格调不高而落选。[①]第二，削平了思维的深度。汉民族传统文化遵奉的“微言大义”信条，追求语言的完整、深刻、准确阐释。而网络流行语则反其道而行之，偏好碎片化、平面化、游戏化的表达特征，其本质是一种崇尚视觉感知和形象体验的浅表文化。麦克卢汉认为：“书写最大的功能就是在于它将思想的迅捷过程呈现为稳定不变的沉思与分析的力量。”[②]其实，时代越是发展，越是需要崇尚逻辑思辨和澄怀观道，需要以阅读、静观、冥思的方式来理解和把握世界。第三，失去了崇高性的追求。后现代主义网络语言在艺术趣味上追求颓废而漠视崇高，贬斥理想而鼓吹堕落，越来越满足于感官信息所带来的享乐。经典、英雄、理想、历史都成为任意解构、恶搞的对象，在这种娱人娱己的氛围之下，人们沉浸在自我卑琐的喜悦之中，失去了寻找终极价值的动力，失去了批判精神、理性思考乃至追求理想的家国情怀。

第二节　弹幕文化

在信息时代，网络文化迅速崛起并对社会现实产生了巨大的影响，弹幕便是其中一种新兴的流行文化。通过这种新型的数字影视观看与表达方式，观众与作品之间、观众与观众之间不断产生共鸣，提高了网络欣赏的互动性和娱乐性。

一、弹幕文化的历程

弹幕的起源。弹幕原本是一个军事术语，在随后的发展过程中逐渐被公众认同为是一种视频网站评论功能的指称。1979 年，一部在日本受众很广，播放量很高的动画《机动战士高达》风靡一时。在这部动画中，当指挥官指挥一场太空战争时，便会提醒手下：“左舷弹幕太薄了”，观众们很快注意到这句台

① 黄安靖 . 2016 年十大网络流行语 [EB/OL]. 咬文嚼字，2016-12-14. https://www.sohu.com/a/121752045_508306.

② 吉益民 . 网络变异语言现象的认知研究 [M]. 南京：南京师范大学出版社，2012：122.

词出现的频率非常高，很多场合都是“左舷弹幕太薄了”，这句著名的台词就逐渐在二次元爱好者中流行起来，而“弹幕”这个词也从一个军事术语变成了二次元爱好者中的一种流行词、常用词，用来指称视频网站的评论。

专业弹幕网站的建立。最早推出弹幕功能的专业网站是日本的 niconico 动画网站。2006 年 12 月 12 日，niconico 动画网站开始提供实验性质的弹幕服务，观众可以在视频上进行留言，而留言会以字幕的形式出现在视频上，由于大量吐槽评论从屏幕飘过时的效果看上去像是飞行射击游戏里的子弹密集的幕布，就把这种现象称为“弹幕”①。弹幕功能的推出，吸引了一批忠实的用户，他们对视频内容进行创造性解读并且在弹幕平台上发表评论，形成了独有的网络社群文化。受国外弹幕视频网站的启发，国内的弹幕视频网站在 2008 年也陆续成立。目前主要有三个，即 AcFun（A 站）、Bilibili（（B 站））、tucao（C 站）。

弹幕文化的多渠道传播。其他视频平台也慢慢开始增加这种新兴的线上互动形式。直播弹幕、电影弹幕的出现，正在不断拓宽弹幕的应用领域。如 2014 年 8 月 8 日《秦时明月之龙腾万里》电影上映时，首次开启弹幕模式，安排上映时专门设置弹幕场，取得了一定的成功。随后，《小时代 3》和《绣春刀》等电影也采用了同样的上映方式，观众可以在大屏幕前直接对电影情节等进行反馈，就像坐在屏幕前发表评论一样。此外，弹幕元素也被一些网络综艺节目当作创新之举，例如《向往的生活》等节目开启直播模式，实现了嘉宾与网友进行在线实时互动，甚至可以通过直播满足一些幸运观众的要求，这也赋予了弹幕实实在在的社会价值。弹幕逐渐成为跨越多种终端设备完成实时传播的亚文化建构平台。

二、弹幕文化的特点

互动性。弹幕可以实现创作者与受众之间的双向信息传递。观众可以通过网络平台观看影视作品，在观看影视作品的同时通过弹幕表达自己的观点和感受，并将自己的观点反馈给影视创作者，从而实现从观众到创作者的信息传递。弹幕用户不是消极等待被构造和被驯化的群体，“而是文本的积极意义的生产

① 杜洁，刘敬 . 新媒体语境下弹幕亚文化的社群建构 [J]. 青年记者，2018（02）：84–85.

者”。[①]创作者可以根据观众的反馈，对影视作品进行改进和更新，提高作品的内容质量，从而形成网络影视发展的良性循环。弹幕，一种带有时间标签的评论形式，可以随着作品的进展不断提供反馈，这对于创作者和参与者来说都是前所未有的新型体验。这种互动同时也是观众与观众之间的互动。传统的影视评论通常在评论区进行，观众多是在看完视频后到才会到评论区发表评论，而评论内容按照时间顺序依次排列，观众很难对某一特定画面进行及时评论，具有极大的滞后性，且观众之间互动程度较低，无法进行深入的讨论。弹幕却能够让观众在看视频的同时把即时感受和看法直接在视频上发布出来，根据发布时间，弹幕依次在视频中的上方“飘过”，观众可以在特定时间、特定画面进行特定评论，且能第一时间看到自己和他人的评论，互动程度较高，最大限度实现了信息交流与共享,容易引发受众共鸣,激起对影视内容和相关话题的探讨，从而实现弹幕的社交功能。

即时性。对于传统的影视评论来说，观众的反馈通常在视频下方的评论区表达，这意味着观众往往是在观看完完整的视频后发表评论，创作者与观众之间的信息传递存在较大的延迟。观众与观众之间的互动往往通过评论区进行转发、回复等方式，同样具有一定的延时性。然而通过弹幕，观众实现了在观看网络影视作品的过程中随时发表感受和看法的诉求，能够表达当下受众的情绪和想法。观众之间的交流也不需要像传统评论一样轮流进行，而是能像在现实人际交往中开放的、不假思索的交流互动，这也使得弹幕文化更加富有感情色彩。即时性还表现在这些流动的弹幕通常是按照发布时间在视频上方“飘过”，一条弹幕在屏幕上出现的时间很短，特定的画面过后这条弹幕就会消失，这也意味着观众需要快速把握发布弹幕的时机，才能实现与内容的即时互动。

碎片性。弹幕的出现使得观众可以对视频内容的任意一点进行评论，评论可以指向具体的细节、具体的画面、具体的时间点，比如角色的表情、穿着，场景的细节。也就是说当一位观众对一位角色出场时的打扮进行评论发表弹幕时，那么其他观众在看到这位角色出场时，都会看到这条弹幕在屏幕上“飘过”。由于弹幕的内容不是经过深思熟虑的，往往大多是源自受众突然的灵感或是某一瞬间的感受，能造成不同受众灵感的闪现与碰撞，所以这些表达是片段的、

① 约翰·费斯克，汪民安．英国文化研究和电视（上）[J]. 世界电影，2000（04）：74-97.

不完整的，具有明显的碎片性特点。这使得弹幕评论往往是直观的、碎片的，区别于传统视频评论是在完整观看后对整个视频内容留下宏观的、概括性的感知，这进一步加强了观众对于视频内容的直观感受以及进行更深入的解读。

攻击性。“语言是中性的，像电线传导电流一样，只是一种中介。”[①] 对于弹幕文化而言，语言是十分重要的。如今，弹幕有时会成为情感宣泄的重要出口，在一些视频中，弹幕已经完全脱离视频本身内容，甚至会对他人进行人身攻击。弹幕文化的出现使得受众的言论自由度得到最大限度放宽，成了一部分人宣泄情绪释放压力的出口。

三、弹幕文化的成因

在传统视频中，视频创作者与受众的界限非常明显，但对于弹幕用户来说，创作者和受众的分别并不是很大，观众通过弹幕对视频进行二次创作，形成了独特的社群话语方式。

通过弹幕参与评论，满足自我表达。弹幕不仅仅是一种表达方式，更是一个独特的参与平台，通过发表弹幕来表达自己的观点和情绪是社交需要的一种体现，当弹幕用户看到自己发送的弹幕出现在屏幕上时，他们可以获得一定的存在感与满足感。[②] 弹幕用户可以就视频中的任何情节、角色或服装进行实时评论。弹幕评论所赋予用户的这种自由度最大限度满足了用户的参与兴趣与自我表达。在弹幕文化的发展和影响下，所谓的“弹幕族”也应运而生。其次，弹幕网站中的弹幕往往比较搞笑，这也成为了许多年轻人喜欢弹幕的原因之一。[③] 当两者结合起来时，两种符号背后意义互相冲击和糅合，马上形成了全新的内涵。弹幕，正是通过有趣的文字对某段视频给予阐释，使得画面立马变得活灵活现。

通过弹幕产生共鸣，消除孤独感。在观看弹幕视频时，观众可以看到当前在线观看的人数，尽管大家身处各地，但弹幕使大家有了“天涯共此时”的感

---

① 段永朝 . 互联网——碎片化生存 [M]. 北京：中信出版社，2009：70.

② 闫彦 . 从受众的视角浅析网络直播 [J]. 西部广播电视，2017（16）：39–41.

③ 罗兰 · 巴特 . 罗兰 · 巴特随笔选 [M]. 怀宇，译 . 天津：百花文艺出版社，2009：92–117.

觉，这种许多人同时观看的感觉，会让原本孤单的观看成为一群人的感同身受。用户通过弹幕与其他成千上万的网友一起分享交流，在愉快发布弹幕的过程中使得孤独感进一步消散。部分弹幕用户喜欢重复发送同一条内容，比如“前方高能”“666”等评论大量重复地出现，不断刷屏，他们的目的也在于获得关注，希望融入群体，避免被孤立。在2008年接受《连线》杂志采访时，Nicodou网站创始人西村博之说“即使视频很无趣，观众实时分享评论可以让每个人都很开心。”许多“弹幕族”表示他们并不是想看视频，而只是想和网友一起吐槽视频。当发弹幕的主体是拥有相似的价值观、文化水平、兴趣爱好的人群时，他们所发出的弹幕评论，既是思维上的分享，也是情感上的共鸣。

通过弹幕宣泄情绪。在网络平台上，用户的言论自由度非常之高，甚至可以通过匿名的方式无所顾忌地宣泄压力、释放情感，发表一些低俗语言来获得快感，弹幕无疑能为用户提供简单而及时的狂欢体验。在许多人气较高的视频中，弹幕铺天盖地，许多用户跟风性地恶意刷屏，大量无意义的弹幕在不断地重复出现，形成一个放纵情绪的狂欢现场。部分弹幕用户甚至会发送与视频内容毫不相关的弹幕，比如在某体育赛事直播中某位用户发出了“肚子好饿”的弹幕，那在这条弹幕后面就极有可能出现“我肚子也好饿”“好想吃宵夜”等等无关视频内容的弹幕留言。这时，弹幕的意义已经不是内容本身，而只是单纯的刷屏，以此来宣泄自己的情绪，获得狂欢的快感。

通过弹幕获取商业价值。原本不被看好的《大圣归来》，在极高的网络热度中一路逆袭，票房持续飙升，片方因为宣传成本紧张不得不选择了B站这个目标市场人群相对集中、相对经济的平台，但却取得了意想不到的效果。原本被认为是小众的弹幕视频网站也打赢了一场漂亮仗，让更多人看到了“小众”变为“大众”。作为国内最大的弹幕视频网站，B站拥有极为广阔的受众，在广告推广与产品推销方面也日益呈现出商业化的趋势。现如今，B站再也不是那个小众平台，月均活跃用户达1.28亿。目前拥有动画、番剧、国创、音乐、舞蹈、游戏、知识、生活、娱乐、鬼畜、时尚、放映厅等15个内容分区。生活、娱乐、游戏、动漫、科技是B站主要的内容品类并开设直播、游戏中心、周边等业务板块。蛋糕越做越大，受众越来越多，弹幕带来的商业价值也越来越高。

四、弹幕的问题与规制

（一）弹幕存在的问题

干扰视频观看。弹幕对视频内容本身产生了严重的影响。第一，弹幕的呈现往往是在视频内容上“飘过”，同时发布者还可以选择弹幕的字体、字号、颜色等选项，因此就会出现弹幕字体过大、字数过多、颜色杂乱等现象，甚至有很多视频中的弹幕铺天盖地，完全遮挡住了视频本身的内容，严重破坏了视频的连续性、完整性以及观众的观影体验。用户虽然可以选择关闭弹幕，但有些中老年用户根本不知道如何关闭弹幕。第二，当剧情发展到精彩高潮阶段时，部分弹幕用户并不会对剧情进行正常的交流探讨，而是恶意进行剧透，完全泄露情节，大量的剧透信息不仅会极大地影响观看效果，也会影响部分观众的心态，从而引发对剧透者的人身攻击弹幕。第三，部分弹幕完全与视频内容无关，大量重复、无意义或是专注于讨论明星的弹幕会分散观众的注意力，降低观众对视频本身的关注度。

低俗内容较多。在大部分的视频网站中，各种各样的弹幕都能被呈现出来，弹幕用户甚至可以进行完全匿名评论，在发表评论时毫无顾忌，这必然导致恶劣低俗的弹幕内容出现。第一，由于弹幕发布几乎没有门槛，因此广告的植入屡禁不止，在各种视频弹幕中都混入了各类广告，甚至会有视频引导观众进行广告刷屏。第二，很多青少年喜欢用脏话来表达自己的情绪，弹幕中相互谩骂的现象已经成为一种常态，尽管一些网站会对部分敏感词进行屏蔽，但治标不治本。尤其是在体育视频中，双方的球迷利用弹幕相互辱骂、引战，甚至用恶劣的语言攻击球员，使得双方的误会和恶意越来越深。第三，一些弹幕视频本身就较为低俗，一些视频制作者在剪辑视频中加入了色情暴力的因素，而网络视频的受众又是形形色色、年龄阶段各异的，部分弹幕用户为达到娱乐狂欢的目的，经常用色情暴力的话题进行讨论，这些都会对用户群体产生的负面影响。

影响个体独立思考。传统的影视作品尽管不能让观众在观看过程中发表即时评论，但这也能让观众能够沉浸于剧情之中，从头到尾完整地体会创作者想要表达的手法或情感，从而与作品中的角色产生共情，并对情节进行猜测和思考，这一观影的过程同样是观众欣赏影视作品并进行独立思考的过程。而随着弹幕文化的出现与发展，越来越多的观众通过弹幕来表达自己的看法和情感，极大影响了其他观众的想法，甚至会导致部分人云亦云的观众与弹幕形成相同的价值观。同时，越来越多的观众依赖通过看弹幕来了解剧情的走向和人物的性格等，逐渐丧失独立思考的能力，也使得影视作品本身的精彩呈现受到影响。甚至在很多新闻视频和经典作品中，都存在着部分弹幕不合时宜地开玩笑、歪曲新闻事实、恶意输出错误的价值观，这就使得部分本就没什么独立思考能力的观众完全被影响，丧失独立思考的能力。

（二）弹幕的规制

优化弹幕表现形式。弹幕文化要分清主次，只有准确客观地评价网络视频作品，弹幕才具备生存的前提和基础。第一，限制弹幕数量，部分弹幕视频中弹幕过多，其中更是不乏大量重复无意义的弹幕，严重影响观看体验，网站可以定期对重复弹幕进行清除，保证用户能够正常观看视频内容。第二，加强语言文明监管，目前弹幕用户习惯于使用低俗语言来表达情绪甚至于互相辱骂，因此相关部门需要规范弹幕的语言，使得弹幕文化能被大众认可接受。第三，优化弹幕字体和颜色，目前的弹幕不仅数量多，且字体不一颜色杂乱，网络平台应针对弹幕设置统一字体、字号和颜色，禁止提供特殊的弹幕字体和颜色。

提高弹幕用户素养。弹幕文化本身就是一种娱乐文化，过度管理可能只会适得其反，反而会影响弹幕文化的发展和创新。为营造良好的沟通氛围，引导青少年树立正确的价值观，网络平台应帮助用户提高媒介素养，规范弹幕语言，提醒用户合理使用弹幕表达意见，任何非法弹幕都可能被封杀账号，对严重违规行为要进行处罚，同时要采取实名注册的方式，让用户对自己的评论负责。其次，像设置社区版主、贴吧吧主一样，在不同的视频片区可以设立弹幕文化带头人，引导弹幕文化朝着积极的方向发展，帮助其他受众理解弹幕文化的内涵，掌握弹幕的用法，及时删除不良低俗的弹幕。

利用技术手段管控。一是善用技术手段，设置关键词屏蔽功能，屏蔽弹幕不良内容，将低俗、色情、暴力的内容从源头封杀。二是完善网上举报功能，充分调动视频观众的积极性，投诉举报不良弹幕内容，共同净化弹幕环境。三是建立奖惩机制，对违规使用弹幕发布不良信息的用户进行警示和处罚，认真受理投诉举报，公布处理结果，对积极守护弹幕环境的用户给予表扬和奖励。新媒体时代，网络视频的高速发展趋势不可逆转，弹幕的出现为其注入了更强大的力量。作为一种全新的网络观看方式，弹幕以其独特的互动优势，拓展到电视、电影等领域，实现了跨界互动，开创了网络视频发展的新局面。目前，弹幕文化作为全新的网络亚文化也逐渐被传统媒体和主流文化接受，但其仍存在着许多问题，如何改进不足之处，形成良性循环，促进其多元化发展，将其良好的发展前景兑现，值得我们持续地关注和期待。

第三节　网络小说

网络小说与网络诗歌、网络散文同属于网络文学的表现形式，是依托网络平台发布并传播的叙事性文本，是传统小说在网络这一新兴载体下的延伸。经过二十多年的蓬勃发展，网络小说已经成为一种影响广泛的文学现象和文化产业。

一、网络小说类型

根据认知方式不同，网络小说有广义和狭义之分。狭义的网络小说是作者通过网站首次发表的原创作品。而广义上的网络小说除上述范围外，还包括所有已经出版或印刷的文学作品在网络上流传的电子文本形式。如今所说的网络小说一般指其狭义的概念。

（一）基于受众划分的网络小说类型

网络小说按照目标读者的不同分为“男频”和“女频”，这是网络小说独有的特征，带有“看人下菜”的意味。受到传统性别文化及媒体导向的影响，两性阅读的差异化被放大，具有差异明晰的阅读取向和类型内容精细化的分类特质。“男频”是男生频道小说的简称，主要由男性创作及阅读，满足男性欲望和需求的小说，以起点中文网为代表，一般涉及玄幻、军事、历史、武侠等题材。由于男性对于扩张性权势欲和物质占有欲的绝对重视，“男频”中的作品大多讲述男主建功立业、杀伐征战与权谋经营实现人生理想和价值的过程，侧重于男主由弱变强的成功学，对于感情的描写较为简略。“女频”则是女生频道，反映了女性的价值取向和审美趣味，以晋江文学城和红袖添香网为代表。其特点是大多以女性为视角发展剧情，涉及言情、穿越、种田、纯爱等主题。女性相对来说更加重视对心灵和生命的关注，对情感的感悟更细腻。随着女性意识的觉醒，“女频”小说从最初的压抑到如今直面生活挑战，在一定程度上表达着女性的情感诉求和个体生命的自我解放。

（二）基于题材划分的网络小说类型

"幻想"题材。这类小说以玄幻、仙侠、科幻为叙事形态，它们不受时空限制，取材于中西方神话、宗教和通俗文学，加之作者自由想象的一套运行逻辑，与现实世界有着较大差异，同时具有极强的包容性。在内容上，"幻想"类网络小说多以"架空世界"为背景，主人公拥有强大的"异能"，故事情节大胆，引人入胜，以追求读者的代入感与感官享受。例如天蚕土豆的《斗破苍穹》，讲述了少年萧炎为替父亲和老师报仇，苦练功法，最终消灭黑暗势力魂殿。这种主题下的小说以长线穿珠式叙述结构为主，情节有"爽感"，但人物刻画往往较为扁平。

历史题材。以描写古代言情和战争为主，其中又分为"正史"和"穿越架空"两种。"正史"类网络小说承接了当代文学中的通俗历史小说，描写大历史时代背景下的家族和个人的命途，或者是王侯将相波澜壮阔的故事。但当前对于历史题材网络小说的创作几乎都是在"穿越架空"的设定下，赋予了作者较大的创作空间。不可能实现的"穿越"故事由于可以满足读者在现实中无法实现的愿望，让读者拥有强烈代入感，在穿越世界中重构历史走向、重新设计人生，短暂地将读者从现实的压力中抽离出来，获得精神的放松。

现实题材。这几年在官方力量的引导下，现实题材的网络小说愈发受到关注。这类小说与上述题材所具有的强烈网文属性相反，显示出与传统文学间界限渐趋模糊的倾向。[①] 表现形式有两种，一种是追求传统文学的经典品质，根植于现实。比如蒋离子的《糖婚》讲述年轻夫妻周宁静和方志远的婚姻故事，聚焦"80 后"婚姻矛盾问题，将网络文学和现实主义在小说中耦合，折射现实问题的同时也体现出人文关怀。另一种则是在二者之间折中，以网络小说的形式介入现实题材创作。比如齐橙的《大国重工》，国家重大装备办处长冯啸辰穿越到 20 世纪 80 年代推动国家经济发展，是典型的"穿越重生"流网络小说，具有足够的"爽点"，但在描写中国重工的科技研发与制造等现

---

① 闫海田 . 寻找"现实主义"的"网络形式"——2019 年现实题材网络小说创作综述 [J]. 当代作家评论，2020（04）：17–22.

实题材时又具备极强的专业性和思想性，在吸引读者的同时难免让人产生“重生的随意”与“现实的严谨”的割裂感，这仍需作者们寻求新的现实主义题材的网络表现形式。[①]

类型化是网络小说最显著的特点之一，表现为种类多、通俗化和娱乐化的特点，是“快餐式文学消费品”的体现。这种形成一定共识的分类方式有助于将特性相近的作品聚合，让读者产生更高要求的阅读期待，从而促进作者对网络小说的创新，生成更高水平的作品。此外，对读者而言，明确的分类也有助于他们便捷快速地找到期待的作品。

（三）基于阅读需求划分的网络小说类型

弗洛伊德认为，人的行为受到本能的支配，也受到现实的限制，人的本性就是趋乐避苦，本能地遵循快乐原则。在与外界交往过程中，不断感知现实，逐渐控制本我，如此一来快乐原则就被现实原则取代。在阅读网络小说时，读者往往本能地去追寻阅读快感，对于现实的思考则较少通过专门阅读网络小说来实现。

快乐原则下的网络小说。为迎合读者的代入感以及对理想自我的完美内心投射，大多数网络小说都遵循着快乐原则，以消遣、娱乐或逃避现实为目的进行创作，这类小说对于“爽”的要求非常强烈。“爽文”的营造主要通过以下几种方式实现：其一，主角获得宝物、人才、优秀的伴侣等“物”或“物化”的人的占有感；其二，主角发泄、报复或战斗的畅快感；其三，主角在万众瞩目中表现出的优势和卓越的优越感；其四。主角在逆境中不断努力，从而变得强大的成就感。[②]这些“爽点”是吸引读者阅读、订阅和投票的强大推力，因此作者们也致力于制造“爽文”来获取关注和收益。

现实原则下的网络小说。高思想性和高娱乐性兼具的小说在目前的网络环境下凤毛麟角，不过一些幻想类小说由于其“架空”的特性，尤其适合宏大命题的探讨。这些“架空”的世界，既可以是欲望满足空间，也是现实折射空间、意义探讨空间。在现实文学中的一些命题和悖论，放置于网络小说作者建构的

---

① 马季 . 中国网络文学叙事探究 [J]. 中国文学批评，2021（02）：70–80，159.

② 黎杨全，李璐 . 网络小说的快感生产：“爽点”“代入感”与文学的新变 [J]. 海南大学学报（人文社会科学版），2016，34（03）：81–88.

世界观中也有其独特的解法。例如彩虹之门的《地球纪元》，五卷文章分别讲述了人类在未来发展中的五个危机，五位主角凭借自己的智慧和勇气一一化解，这其中涵盖了作者对人类命运和人性的思考，几位主角对人类文明的誓死捍卫就是他们的价值取向。这类小说将读者引向对于道德和信仰的思考，以及对世界运行秩序的反思与重构。[①]

二、起源与发展

萌芽期：互联网阅读兴起（1991 年—1997 年）。20 世纪 80 年代，中国留学生赴美留学，开始接触互联网，并在网络上用原创文章表达自己思乡之情。1991 年梁路平、朱若鹏创办了互联网上第一份中文杂志《华夏文摘》，并刊登了小说《奋斗与平等》，1994 年中国加入互联网公约，为中国网络小说发展提供了土壤。随后，“水木清华”“榕树里”等文学网站相继诞生，网络小说依托这些平台得以发表。1998 年长篇网络小说《第一次的亲密接触》诞生，获得大量关注，标志着中国网络小说正式起步。这一时期，网络小说的作者大多具有较好的文字基础，且多写都市青年生活，迎合了当时最早接触网络的青年的口味，产生了良好的口碑和反响。

草创期：文学网站陆续诞生（1998 年—2002 年）。因为在网络上发布小说和文章相较传统文学作品的发表容易得多，人人都有权利在网上发表自己的作品，这就使得大批文学爱好者纷纷开始创作，网络小说逐渐成为网络文学的主流。原创作品的发表催生了大批网络小说网站的诞生，如“黄金书屋”“幻剑联盟”“起点中文网”等等，也诞生一批优秀知名网络小说，比如《悟空传》《告别薇安》。同时，“全民写作”的机制下作品质量良莠不齐，出现“作品多，精品少”的现象。2000 年全球互联网行业陷入寒冬，中国网络小说的发展也受到严重影响。2002 年，“榕树里”被卖，其他网络小说平台也相继宣布倒闭。

转型期：付费阅读制度始建（2003 年—2008 年）。2003 年，起点中文网宣布建立“VIP 付费阅读模式”，受到读者喜爱的小说将分至“VIP 书架”，在一定章节后按每千字一定价格收费，其他网站如“晋江文学城”“17K 文学网”

---

① 邵燕君 . 网络文学的“网络性”与“经典性”[J]. 北京大学学报（哲学社会科学版），2015，52（01）：143-152.

也纷纷效仿，网络小说日趋市场化和商业化。2008 年，“盛大文学”成立，收购或创办“起点中文网”“红袖添香”“潇湘书院”“小说阅读网”等大批文学网站，使得网络小说的商业运作模式更加规范有序。因为可以获得付费阅读带来的稳定收入来源以及版权费，作者的创作动力大大增加，为网络小说的长远发展奠定了基础。同样也正是因为付费阅读，导致作者更倾向于扎堆写当下火爆的题材以获得更多的点击率和阅读量，同质化现象愈发明显，同时也因为千字付费，上百万甚至几百万字的作品逐渐成为常态。由此可见，付费阅读模式在“盘活”了网络小说市场的同时，也驱动了模式化、低质量的作品的出现。

繁荣期：网络小说的“工业化生产”（2009 年—2014 年）。随着智能手机的普及和 3G、4G 网络的发展，移动阅读成为大多数读者的选择。为迎合碎片化的移动阅读的需求，网络小说变得结构更加简单，笔法更加通俗，不需要读者深入思考也能读懂，并且对于读者神经的冲击力更强，以增加其阅读欲望。这样一来，读者的阅读速度加快，“催更”的频率更高，为满足读者需求，流程化、标准化的小说被一批一批的生产出来，内容即当下流行的类型，人物性格则是读者们“偏好”特点的融合，不再对词句的精雕细琢，而是用情节掩盖文笔的不足。这一时期，网络小说写作门槛进一步降低，商业回报进一步加快，网络小说进入爆发式增长的阶段。

持续发展期：小说“IP”价值暴涨（2015 年至今）。2015 年，网络小说改编的电影在十大票房国产片中占据六席，《花千骨》《琅琊榜》《诛仙青云志》等由网络小说改编的电视剧获得高收视率和市场反响，网络小说正式进入“IP”开发时代。以网络小说为中心的产业链涵盖实体书、有声读物、网络广播剧、游戏动漫、周边产品等，从单一的付费阅读转为整个网络文学产业链，盈利模式更加多元，经济利益更大。为了吸引更多的读者，并将其转化为有购买衍生产品意愿的“粉丝”，免费阅读模式开始回归，“米读小说”“连尚小说”领头，“阅文飞读小说”“百度七猫小说”“字节跳动番茄小说”等小说网站纷纷加入，开拓看广告换取免费阅读的新运营模式，扩大了数字阅读市场。与之对应的，扩大产业链的同时，网络小说的受众更加广泛且多元，且购买版权方更加看重整篇小说的故事性和可开发性，因此对于小说的精品化程度要求更高，作者也就相应的重视故事的整体架构和行文逻辑。

三、生成动因

（一）网络小说作者的生产需要

网络小说深受商业市场的影响，作者在发表自己的作品之前，已经对于目前流行的小说题材和写作框架有一定的了解，那么对坚持文学性创作和融入商业化大潮的权衡就无法避免，根据选择不同，网络小说作者的生产需求有两种分化趋势：一种是商品化。以获取报酬为目的出卖劳动力，将在网络平台写作看作是一份职业，他们认为读者满意度、更新数量和速度是最为重要的，往往会随着读者审美趣味的变化而不断推陈出新。由于近年来网络小说的高度商业化和市场化，这种类型的作者成为当代文学的生力军。另一种是去商品化。他们坚持自己作品的文学性和艺术性，倾向于创作小说的过程事实上是自我表露的过程，也就是昆德拉所说的“以自己的方式、自己的逻辑，一个接一个发现了存在的不同方面”。写作是自己情绪的发泄和价值观的输出，而非谋求商业价值，因此不会去模仿别人，也较少被读者的想法左右。同时，在与读者的交流中和受到肯定时，也能获得愉悦感和自我认同感。

对于大多数网络小说创作者来说，并不会那么极端，他们开始写小说往往是基于兴趣和自我表达想法的需求，当获得读者的正向反馈以及“非货币认可”（网络小说在上架销售前通常是没有经济收益的）时，就会激发作者进一步创作的欲望，更新到一定篇幅后就会获得网站的“货币认可”，从而转变为持续稳定的创作行为，其中创作欲望和获取报酬的金钱维系缺一不可。

（二）网络小说读者的阅读需要

随着人们的阅读方式变得更加便利，网络小说读者群体日益扩大，据统计，我国网络文学用户规模目前超过 4.67 亿，占网民整体的 47.2%。[①] 如此庞大的读者群体的阅读动机，归结起来主要有以下几种：首先，替代性满足与爽感获取。弗洛伊德在《作家与白日梦》中这样写：“白日梦患者由于他感到有理由对自己创造的幻想而害羞，从而小心谨慎地向别人隐瞒自己的幻想。但是当一位作

① 中国社会科学院 .2020 年度中国网络文学发展报告 [R/OL]. 腾讯网，2021-03-27. https://new.qq.com/omn/20210327/20210327ADC3B0.0.htm.

家给我们献上他的戏剧或者把我们习惯于当作他个人的白日梦的故事时，我们就会体验到极大的快乐。”[①] 这与大部分网络小说背后的逻辑不谋而合，颠覆现实、“职场逆袭”“扮猪吃老虎”“修仙升级”等情节给予读者强烈代入感，由于现实生活中的种种限制，有时努力也不一定有收获，而网络小说则为读者建立了一个美好的虚拟世界，让现实世界中处于社会金字塔底层的人一跃成为顶尖阶层，从而逃避压力、挫折或难以解决的问题，获得短暂的幸福。其次，娱乐消费的心理需求。进入21世纪以来，科技迅猛发展，人们生活水平提高的同时对于休闲娱乐需求也相应增加。由于网络小说相较于其他休闲活动价格低廉、容易获取、形式多元而受到追捧，成为低成本精神文化消费娱乐的主要方式。再次，参与创作下的情感满足。网络小说的连载性和开放性使得作者与读者的身份界限进一步模糊，读者成了美国学者约翰·费斯克（John Fiske）所说的“生产性受众”，通过留言、打赏等互动交流获得了网络小说创作的参与感。同时，网络小说的分类和标签与大数据结合，直观反映出读者的类型偏好，这一信息也成为作者创作的重要参考，进而影响到小说类型的诞生和发展。

（三）网络文学阅读平台的盈利需要

付费模式产生之前，文学网站面临着如何盈利以维护和运营的问题，2003年起点中文网宣布建立“VIP付费阅读模式”，网络小说进入付费时代。引领行业的数字阅读平台阅文集团2020年总收入达85.3亿元，掌阅科技总收入达20.6亿元。巨大的盈利空间使得资本纷纷涌入，网络文学阅读平台的愈发商业化。通常而言，网络文学阅读平台的盈利模式分为以下三种：

一是付费阅读。通过线上支付来阅读被平台加密或隐藏的文字或图像。一般平台会先提供部分章节供读者免费阅读，在读者阅读完后如果想要继续阅读，就需要缴纳一定费用成为网站的“VIP”用户，或者在网站内进行充值，购买相应的虚拟货币来换取付费阅读章节的阅读权限。以晋江文学城为例，充值十元可以换取一千晋江币，阅读时每千字消耗5晋江币，在一定时间内消费满一定数额，就可以升级为“VIP会员”，根据会员等级购买网络小说时给予的一定优惠。二是版权开发。在越来越看重内容的时代，网络文学阅读平台手中的“王

① 朱刚．二十世纪西方文论[M].北京：北京大学出版社，2006：468.

牌”就是小说的内容。具有投资价值和商业卖点，且能够顺利转化为视听影像的网络小说不仅可以实体出版，还可以基于故事情节开发网络游戏、改编成漫画和影视作品。以起点文学网的作品《盘龙》为例，游戏改编权以 315 万售出，作者和平台五五分成，即平台从中可获利 157 万，IP 运营收入占比不断攀升，已成为大型网络文学阅读平台的重要盈利渠道。三是网站广告。晋江文学城网站最高“日 PV”（页面浏览量或点击量）超过 5500 万，累计注册用户达 400 万，庞大的读者群体给网站带来阅读收益的同时，也带来了巨大的流量，因此网络文学阅读平台颇受广告商青睐。但为保持页面的干净清爽，给读者提供良好的阅读环境，付费阅读的平台中广告的数量和所占空间都很小，并且以网站内的小说广告和衍生作品为主。值得注意的是，近两年发展起来的网络小说免费阅读模式则会在阅读中大量插入广告，通过降低阅读体验来解锁付费章节，这种模式可以更好地激活下沉市场，尤其是农乡地区用户。

四、存在问题与治理

（一）存在问题

生产娱乐化。作为休闲娱乐的一种选择，读者通常使用碎片化时间来阅读网络小说，他们往往倾向于不需要理性思考、容易接受的作品，以此宣泄生活中的压力、获得心理欲望的满足或是短暂逃离现实生活。网络小说创作者为迎合读者心理，也向娱乐化靠拢，用“架空”的世界观、“打怪升级”的套路、顺心顺意的情节发展、轻松愉悦的写作风格制造“爽点”，给予大脑直接的刺激，让读者沉迷于这种缺乏深度的审美快感中。当获得快感的阈值高到一定程度，一部分有一定欣赏能力的读者就会流失，但是依据“水池理论”，高欣赏能力的读者流失，然而新接触网络小说的“小白”读者又会流入，使得这类小说的读者群体能始终维持在一个较高的规模水平[①]，加之网站内依据人气排名推送的排行榜，让那些网络小说精品被长久淹没在这些“快餐文学”中。

内容模式化。为吸引读者，作者们在创作过程中不可避免地出现了同质化

---

① 王一鸣 . 网络文学叙事圈的动因、过程与叙事制度 [J]. 出版科学，2018，26（01）：90–95.

倾向，特征之一就是跟风写热度高的题材。例如在穿越题材火了以后扎堆写穿越小说，导致“历史都被穿成筛子”。此外，由于网络小说作者按照字数提取分成，尽可能拉长篇幅就成为许多作者的选择，这导致了剧情注水、节奏拖沓等问题。在这些不良风气的带动下，网络小说的内容创作趋于“流水线”式生产，甚至是情节的设置也有了固定的套路，这种缺乏创新的写作方式导致当前的网络小说在文学性和艺术性上都发展缓慢。

知识产权缺乏保障。网络小说的侵权现象主要包括两个方面：盗版和抄袭。网络小说相对于纸质版作品来说中间环节更少、成本更低，因此盗版文章更加易得，他们主要通过社交平台进行宣传和传播作品，或者联合一些搜索引擎为盗版网站吸引流量。由于获取盗文的便利和低廉的价格，对于正版作品形成很大冲击。虽然大多数网络文学阅读平台建立了文章保护机制，但还是难以阻止猖獗的盗版。而抄袭现象也屡见不鲜，甚至是一些影视化了的网络小说也大量存在着抄袭。如电视剧《锦绣未央》原作者被指抄袭两百多部小说，遭到11位被抄袭作者的联名上诉。因为网络证据难以保存且维权成本过高，导致抄袭和盗版现象难以根除。

（二）如何治理

提升读者的审美趣味。在目前市场化的背景下，网络小说的娱乐化、简单化和低门槛是读者选择的结果，并且网络平台让作者与读者的距离拉近，读者参与式创作的特点使得极端情况下，读者的反馈对小说的创作甚至起到主导作用。因此，网络小说撕掉“二流文学”的标签关键之一在于读者审美趣味的提升，以及读者群体的良性介入。目前读者对于网络小说的评论大多仍处于感性层面，缺少系统理性的思考，应引领读者自觉提高自身的文化修养和鉴赏能力，建立健康的评价标准。

增强创作者的精品意识。网络小说创作者作为创作主体，其思想表达和写作水平能够通过作品潜移默化地影响读者，但是其一，由于网络小说的创作门槛较低，职业化程度不高，作者在情节构思、写作手法和语言应用上往往没有接受过良好训练，因此作品良莠不齐。其二，“网络性”也导致作者长期处于足不出户的封闭创作环境，写出的作品带有强烈的“悬浮感”，无法深入现实生活。其三，为迎合市场，作品失去了独立判断和价值立场，缺乏人文精神。

从近两年爆火的《诡秘之主》《绍宋》可以看出读者对于精品小说的认同感非常强烈，因此，网络阅读平台应宣传推广优质网络小说，优化整体质量；给予精品小说更多机会，提高其创作者收益；增强网络小说创作者的身份认同，认识到自身创作所担负的社会责任，坚持文化自律，努力创作出高质量作品。

建立有效监管机制。从国家层面上说，应为网络小说创作提供良好的发展环境，对网络文学正面引导。比如自 2015 年开展的“年度优秀网络文学原创作品推介活动”，将优秀作品推送到读者面前，发挥示范作用。网络小说的快速发展也应受到国家文化管理体系的监督，在符合正确价值观的前提下，尊重艺术、尊重创作自由，以营造积极健康、包容多元的创作氛围。从市场层面上说，应规范著作权保护体系，维护作者的经济利益。盗版、抄袭现象的横行不仅扰乱网络小说市场秩序，更是打击了作者的创作积极性。虽然国家出台了一系列相关政策来进行监管，但由于实施技术难度大、成本高，执法部门缺乏主动性，效果不佳。国家应成立专门机构负责网络小说的版权问题，平台也需毫无保留地协助相关部门调查取证，否则追究其法律责任。最重要的是，要提高读者对知识产权的认同，尊重创作，维护正版，这样才能让盗版和抄袭无处容身，让网络小说创作获得持续长远发展。

如今，在政策影响和市场选择下，网络小说日益规范，作者与读者的审美有了一定提升，优秀作品不断增多，也有越来越多的小说被改编成影视作品后进一步提升了影响力。但仍需各个主体努力配合，创造理性文明的网络文学发展环境，促进网络小说有序健康成长。

第四节　网络剧

网络剧通常指为中国内地各大主流网站独立出品或者联合出品、以网站为重要播出平台、虚拟情景展现的剧情。[①] 网络剧与电视剧在本质上是一样的，都属于连续剧。只不过网络剧的通过电脑、手机、平板等设备播出，播出的平台是视频网站。近几年，我国网络剧得到快速发展，在数量和质量上都得到了很大的提升，对网络剧的关注越来越多，网络剧已经成为人们娱乐休闲的主要方式之一。

---

① 周云倩，常嘉轩．网感：网剧的核心要素及其特性 [J]. 江西社会科学，2018，38（03）：233–239.

一、网络剧的发展阶段

2009年优酷出品推出第一部网络剧《嘻哈四重奏》，拉开了网络剧的序幕，在这之后网络剧开始快速发展，大体分为以下三个阶段。

2010—2013年。网络剧处于刚刚起步的发展初期。这时候的网络剧短小精悍，典型特征是“搞笑”“恶搞”，题材类型以喜剧为主。这时候的代表作品有《屌丝男士》《极品女士》《报告老板》等网络喜剧。

2014—2015年，网络剧进入了自制剧爆发的新阶段，并走向大制作、重IP、精品化的方向。2015年，《太子妃升职记》火爆，网络剧开始真正进入到大众视野。很多人是从这部剧开始关注网络剧。并且由于“一局两星”政策的出台，很多传统影视制作人开始进入网络市场，网络剧的质量从而得到提升。这一阶段，网络剧开始进入井喷式发展，是网络剧发展中重要的转折点，网络剧除了在数量上大幅度增长，在题材上也逐渐丰富多样。除了依然有《屌丝男士3》《万万没有想到》这样的喜剧外，还出现了灵异题材的网络剧，例如《灵魂摆渡》《暗黑者》。还有悬疑题材的网络剧，例如《法医秦明》和《盗墓笔记》。并且网络剧开始转入精品化发展，《盗墓笔记》《法医秦明》等多部优质的网络剧相继出现，人们对网络剧的看法开始发生改变，尤其是《盗墓笔记》，在开播之日就让爱奇艺的服务器陷入瘫痪，最终创造了近27亿的点击量记录。

2016年后网络剧的发展进入了成熟期，从数量的快速增长进入到精品化的阶段。这一阶段，网络剧的数量不再像上个阶段那样大幅度增长，而是趋于平稳发展。并且开始注重内容，出现了《白夜追凶》《无罪之证》等一些高质量、类型多样、口碑好、高点击量的精品网络剧，改变了观众对网络剧粗制滥造的印象。并且大量影视界的知名演员加入网络剧行业。目前网络剧的制作成本、点击量和吸附广告的能力都得到了很大的提升，甚至超过了传统的电视剧，网络剧的影响力逐渐增强。

二、网络剧发展的原因

网络剧是随着互联网的发展产生的，网络剧能够得到快速发展，有两方面的原因，一方面是外部环境的支持，另一方面是其自身独特的优势。具体的原因有以下几方面：

第一，从技术层面上看，移动互联网为网络剧创造了群众基础。中国互联网信息中心发布的《第47次中国互联网络发展状况统计报告》显示，截至2020年12月，我国手机网民规模达9.86亿。[①]这说明我们不仅已经迎来了互联网时代，也已经迎来了移动互联网时代，并且随着移动互联网的普及网民规模越来越大。移动互联网为随时观看视频提供了可能，不断增加的网民规模为网络剧的发展提供了群众基础。网络剧兴起的根源是人们观看电视剧的习惯发生改变，随着移动互联网及智能手机、平板电脑等移动设备的普及，人们观看电视剧不再局限于坐在电视机前，而是随时随地都可以通过移动设备观看。在地铁公交上经常可以看到人们拿着手机戴着耳机观看视频。

第二，从需求层面上看，网络剧满足了观众多元的观看需求。传统电视剧的受众大部分是中老年人，其题材大部分都是迎合中老人喜好的家庭剧、婆媳剧等，很少能在传统电视剧中看到“鬼怪”“悬疑”“穿越”等元素。所以传统电视剧无法满足年轻人多元文化的观影需求。而相对于传统电视剧，网络剧的类型更加丰富，在题材上更加符合年轻人的品味与需求。除了有偶像、穿越、青春、都市等类型的题材外，还涉及一些比较特殊的题材类型，如灵异、涉案、悬疑等。网络剧各类题材百花齐放，满足了年轻观众群体的多元文化需求。

第三，在政策方面，“一剧两星”政策促进了网络剧的发展。2015年，广电总局宣布正式实施“一剧两星”播放政策。此政策对黄金时段电视剧的播放方式进行调整，要求同一部电视剧最多只能同时在两家上星频道播出，并且每晚黄金时段播出不得超过两集。政策实施后最先受到影响的便是电视台，特别是二三线电视台。由于一部剧的购买方最多只能有两个，价格必然会提高。电视台成本的提高将影视专业制作公司推向了网络视频平台，并选择性价比更高的网络剧进行制作播放。这时候大量网络剧出现，并且专业团队的参与在很大程度上提升了网络剧的整体质量，从而促进了网络剧的发展。

三、网络剧的主要类型

根据国家广播电视总局发布的《电视剧拍摄制作备案公示管理办法》中的电视剧题材分类标准，将我国电视剧首先按照年代分为当代题材、现代题材和古代题材，然后又根据内容细分为了军旅、都市、农村、青少、涉案，科幻及

① 中国互联网络信息中心.第44次中国互联网络发展状况统计报告[R/OL].2019（8）. http://www.cac.gov.cn/2019-08/30/c_1124938750.htm.

其他共七个题材类别。很多网络剧涉及的题材都不止一种，往往都是多种题材糅杂在一起，所以很多网络剧的题材无法在以上题材类型中准确找到相对应的，但是从总体上看，目前主要有以下几种类型的网络剧。

悬疑题材剧。悬疑剧一般是带有一定的悬念，剧情比较曲折的一种网络剧类型。悬疑剧的剧情大部分都是通过一件悬疑案件开始，然后随着剧情的发展，最终实现案件的侦破。这类题材网络剧的特点是剧情烧脑、节奏紧密、人物关系复杂、悬念设置巧妙、戏剧冲突强烈，让观众深陷于剧情中。2020年大火的《隐秘的角落》就是一部典型的悬疑题材网络剧。剧中人物性格复杂，悬念设置隐秘，剧情环环相扣，充满紧张感。

青春题材剧。青春题材的网络剧风行多年，久盛不衰。主题以青春和校园生活为主，受众大部分是青少年。青春题材的网络剧有两种风格，一种是通过青春悲剧来展现青春期特有的叛逆，属于青春无悔的类型。另一种描述的是平凡普通的青春期校园生活、家庭生活。比如青春剧《你好，旧时光》刻画的就是绝大部分人学生时代的生活。

玄幻题材剧。玄幻剧大多改编自网络小说，其中女频玄幻文以恋爱为主，男频玄幻文以升级打怪为主，但本质上都凸显了“爽”。玄幻剧大部分中都有许多稀奇古怪的事物，一般是在现实生活中无法实现的。对于当下生活平淡、精神压力大的年轻人来说，玄幻文是脑洞大开，寄托想象的存在，所以玄幻题材剧的受众群体规模也很大。《香蜜沉沉烬如霜》就是一部以女频玄幻文改编的玄幻剧。剧里有天界、魔界，还有鸟族、花族，充满各种玄幻场景。

甜宠题材剧。2017年爆红的网络剧《双世宠妃》是甜宠剧的开始，后来《亲爱的，热爱的》和《传闻中的陈芊芊》也收获了大量的观众。在甜宠剧中，男主和女主的感情不会经历太多的波折与矛盾，而是以甜蜜美满为主基调。相比其他类型网络剧曲折、虐心，甚至是烧脑的剧情，甜宠剧的故事线一般以男女主角情感发展为主，独特的“高甜”剧情，所展现出的轻松浪漫的日常，极大地满足了年轻女性，尤其是都市女性的情感需求，以“治愈”为主基调的情节，一定程度上缓解了受众群体的生活压力，满足了其“少女”心理。

四、网络剧的特点

传统电视剧的发展已经经历了一个比较漫长的过程，作为主流形式早已经被人们接受。网络剧是在互联网的快速发展下应运而生的，网络剧与传统电视剧在传播媒介、播放形式、审查制度等方面存在差异。这些差异性使得网络剧在观看方式、受众群体、观看行为、题材和内容等方面都与传统电视剧有很大的不同。相对于传统电视剧，网络剧具有以下鲜明的特点：

（一）观看方式灵活便利

网络剧与传统电视剧最大的区别主要是播放媒介不同，传统电视剧的播放媒介主要为电视，而网络剧的播放媒介可以是手机、电脑、平板电脑等设备。传统电视剧的播放时间是固定的，如果观众想要将一部电视剧从第一集看到最后一集，那么他们就需要根据电视台播放的时间，准时守在电视机前观看。如果自己喜欢的电视剧播出时间不是在自己空闲的时间，就无法观看。在追剧期间，如果某天在电视剧播出时无法守在电视机前就会漏看部分剧情。观看传统电视剧对时间要求极其严格。传统电视剧有稍纵即逝、被动接收、无法保存、播放时长受限制等缺点。而网络剧的观看时间和地点十分灵活，人们可以随时随地通过手机、平板电脑等移动设备观看。比如在乘坐公共交通时、一个人吃饭时、等人时都可以通过便携的移动设备观看。而且观众可以自由选择自己喜欢的网络剧，也可以随时按下暂停键然后下次接着看，不仅不会漏掉剧情还可以快速过掉自己不喜欢的剧情，网络剧的观看方式十分方便和快捷。在中国互联网信息中心的调查中，对于调查对象观看电视剧主要是上网看而不是通过电视的原因，80% 的用户认为“一次看多集，不用一集一集等”“收看时间自由”“自己控制，随时暂停”的提及率也都在 70% 以上。[①] 网络剧不像传统电视剧那样受播出时间的限制，所以能够填充人们碎片化的时间。现代的生活方式节奏越来越快，很多人只能在碎片化的时间里观看电视剧，有人觉得在下班回家的地铁上看一集网络剧，就是一天当中最放松的时刻。

（二）受众群体年轻化且互动性强

传统电视剧的观众以中老年人为主，而网络剧的受众群体从整体上看，大

① 中国互联网络信息中心 .2013 年中国网民网络视频应用研究报告 [R/OL].（2014–06–09）. https://wenku.baidu.com/view/1c2b882ac9d376eeaeaad1f34693daef5ef713a4.html.

部分是年轻人。因为网络剧主要是通过智能手机、平板电脑等移动设备播放，中老年人感觉操作这些电子设备比较困难。网络视频用户主要是中青年之间，相对于传统电视剧，网络剧的剧本题材及内容更加贴合年轻人的需求。网络剧与传统电视剧的区别，更为突出的表现是网络剧传播的互动性。传统电视剧的传播方向是单向的，观众能够互动参与的渠道非常少，几乎没有。所以观众也没有参与和互动的意识。而互联网具有"互动"的特点和优势，这种特点和优势为网络剧观众的互动与参与提供了巨大的空间。首先在网络剧的创作阶段，很多时候观众可以参与到剧情设定、角色挑选中。很多网络剧在拍摄前，微博或贴吧上都会有关于剧中角色的人选投票，大家都将票投给自己认为与剧中人物角色比较相符合的演员。其次在观看网络剧的时候，人们可以在视频播放页通过弹幕发表自己的观看感受，也可以和网友进行互动交流。腾讯、爱奇艺、优酷等视频播放平台都设立了弹幕、评论、分享、截屏等互动功能。这些互动功能不仅能够为观看网络剧增加了乐趣，还可以让制片方及时收到观众的反馈。观众的反馈影响着网络剧的创作和剧情后续走向。有些网络剧采取边拍边播的方式，制作成周播剧或季播剧，就是希望通过观众的反馈来决定剧情的走向。比如2016年推出的火爆网络剧《太子妃升职记》根据观众的反馈设置了双结局。让观众决定剧情的发展和故事的结局，这样的方式极大提高了观众的参与感。这些特点是传统电视剧没有的。最后，网络剧可以让观众在网络上聚集在一起，形成他们自己独有的圈子，并进行互动。2018年改编自同名小说的网络剧《镇魂》火爆全网，剧中朱一龙和白宇两位主演也占领了微博、贴吧等网络平台。随之，"镇魂女孩"横空出世。"镇魂女孩"指的是被剧本《镇魂》所感动的女孩们。这些"镇魂女孩"在微博、微信等社交软件上建立了各种各样的"镇魂女孩"群聊。如微博上有"镇魂女孩能量站""镇魂女孩们的成都小窝""镇魂女孩北京群"等群聊。在这些群中，会出现大量关于《镇魂》这部网络剧的讨论。一部网络剧将本不认识的观众聚集在一起，形成他们自己独有的圈子，这是传统电视剧无法做到的。

（三）题材多元化

传统电视剧因为要受到多方面的限制，使得在题材选择方面明显比网络剧狭窄许多。传统电视剧的题材大部分是婆媳剧、宫斗剧、战争剧等。而网络剧拥有更为广泛的题材选择范围和内容，不但包括了日常的工作与生活，而且也可以将政治、历史、军事等各类题材融入其中，呈现出多元化的特点。根据《2016网络自制剧行业白皮书》数据显示，目前网络自制剧共有29种类型题材。相对于传统电视剧，网络剧在题材上能够朝着多元化的方向发展主要有以下两个方面的原因。第一，网络剧与传统电视剧在审查制度上有很大的差异，传统电视剧实行的是先审后播的政策，由国家新闻出版广电总局（国家广播电视总局）总局审查，从开拍前到开播要层层送审，只有审查通过了才能播；[①]而网络剧的审查环境相对来说比较宽松。在2015年前，网络剧审查采取的是由视频网站审核人员"自审自查的方式"。在《太子妃升职记》与《上瘾》被下线禁播后，在2015年全国电视剧行业年会上，国家新闻出版广电总局（国家广播电视总局）电视剧司、网络司相关负责人先后表示，总局将加强网络剧的管理，线上线下统一标准，电视台不能播的，网络就不能播。即网络剧将与电视剧执行相同的审查标准。但是由于视频网站每天视频量上传较大，一些网民自制的网络剧拍摄完成后，直接上传于网站，由视频网站审核人员"自审自查"就可以播出，有的甚至来不及审就播出了。因为网络剧的审查制度更加宽松，所以在题材的选择上就有更多的空间。第二，网络剧的一大特点就是以用户为中心，网络剧的受众大部分是年轻人，所以，网络剧在制作的过程中特别关注年轻人的喜好和关注点。视频平台还会利用大数据技术分析观众的喜好。穿越、惊悚、悬疑推理在年轻人当中是十分受欢迎的题材，因此，视频网站顺势推出《灵魂摆渡》《法医秦明》等网络剧。这种在题材选择上的优势为网络剧的发展提供了巨大的发挥空间，成为网络剧快速发展的重要推力之一。

五、网络剧存在的问题

网络剧为我们提供了一种方便灵活的娱乐方式，在看到网络剧快速发展的同时，我们也应该注意到网络剧在发展过程中出现的问题，正视这些问题才能使得网络剧的发展越来越好。

抄袭现象严重。网络剧抄袭主要表现为对优秀电视剧的内容复制。随着一些网络剧的走红，大量类似的作品也随之而来，出现剧情现实甚至相同的桥段。出现抄袭现象主要有两方面的原因，一是创作者只追求利益的最大化，急功近

---

① 王瑞芳. 浅析网络剧的传播特点及发展趋势[J]. 广播电视信息，2016（06）：48-50.

利，从而希望通过抄袭走红的网络剧快速获取利益。二是观众的版权意识不强，很多时候一部网络剧已经被识别存在抄袭行为，但是依然获得很高的播放量。抄袭会导致网络剧的创新越来越少，影响网络剧整个行业的发展。网络剧创作者应该摆脱固定思维，在多方面寻找创新点，提供更多具有特色的原创作品。观众也需加强自身的版权意识，自觉抵制抄袭行为。

内容过度娱乐化。为了迎合市场，有些网络剧呈现出强烈的娱乐化倾向。泛娱乐化指的是一股以消费主义、享乐主义为核心，以现代媒介为主要载体（电视、戏剧、网络、电影等），以内容浅薄空洞甚至不惜以粗鄙搞怪、噱头包装、戏谑的方式，通过戏剧化的滥情表演，试图放松人们的紧张神经，从而达到快感的思潮。从泛娱乐主义的视角来看，一切都能娱乐，一切都可以拿来娱乐。如一些历史题材的网络剧为了迎合观众的口味，歪曲历史事实，对历史人物进行过度化的改编。2021 年播出的《长歌行》因胡乱改编历史，出现抹黑唐朝历史、抹黑历史人物唐太宗李世民的现象，造成口碑急转直下。还有一些网络剧为了迎合市场，在内容中出现了一些暴力、色情、封建迷信等违规信息。2015 年大火的公安题材网络剧《余罪》存在人物造型的塑造上不符合实际，违背了人民警察价值观，甚至违反了纪律准则以及画面过度暴力等问题。这些都是网络剧在内容上过度泛娱乐化的体现。网络剧中的泛娱乐化会导致人们对网络剧的审美品味和审美能力不断降低，审美取向不断庸俗化，这也会导致真正优质的网络剧市场越来越小，限制了网络剧的发展。抵制网络剧在内容上过度泛娱乐化需要多方共同努力，首先是网络剧的创作者有责任提高网络剧的文化品格，以正确的价值观引导网络剧的发展；其次是观众要充分发挥主观能动性，自觉抵制庸俗网络剧。最后是要加强网络剧行业的制度建设，加强对网络剧的管理，规范网络剧市场，清除内容低俗的网络剧。

广告植入严重。广告收入是网络剧主要的盈利方式之一，所以广告植入现象在网络剧中十分常见。而且大部分的植入广告与剧情毫无关联，广告的内容和形式都十分生硬。突如其来的广告植入，十分影响观众的观影体验，从而影响收视率。而且突兀的广告会直接影响到整部剧的整体质量。比如在网络剧《老九门》中，剧中的角色陈皮正在黑化，人物表情严肃，剧情节奏紧张。但是突然植入一个交友软件的广告，人物的表情马上发生了变化，导致剧情的整体感和连贯感被破坏。网络剧创作者需要在广告植入方面多加考虑，优化广告植入的内容与形式，广告植入应以不影响网络剧的观看体验为前提。其次要控制广告植入的数量。

质量参差不齐。随着网络剧的快速发展,网络剧在数量上出现大幅度的增长，但是质量参差不齐。加上网络剧的审核制度环境比较宽松，导致出现一些劣质的网络剧。这些网络剧常常为了吸引眼球，以黄色和暴力为卖点。而这些内容会破坏整个网络剧行业的生态环境，甚至是破坏整个网络的生态环境。并且会给未成年人带来严重的不良影响。所以要在源头上对网络剧的创作进行严格管理，要健全网络剧的审查制度，加强对网络剧的管理。2020 年 8 月，《破冰行动》获得第 26 届上海电视节白玉兰奖最佳中国电视剧奖，这是网络剧首次获得白玉兰奖,这对网络剧的发展具有里程碑的意义。这是对网络剧的肯定与认同,网络剧的创作要继续坚持精品化和特色化的发展方向，创作出更多的质量优良的网络剧，丰富人们的精神世界，成为优秀网络文化的有机组成部分。

第五节　网络社会思潮

社会思潮是反映特定环境中人们的某种利益或要求并对社会生活有广泛影响的思想趋势或倾向。社会思潮是一定时期社会存在的反映，是社会气候的“晴雨表”。

当代中国的社会转型内容庞杂、声势浩大，原本以历时态依次更替的农业文明、工业文明和后工业文明,现在以一种共时态方式存在。与社会变迁相适应,文化形态也呈现出多元文化并存对立、冲突融合的复杂图景。旧的思潮继续存在,新的思潮不断涌现，各种主义之多令人眼花缭乱。一般而言，每一种思潮都反映着某一特定群体的价值取向，以及由此决定的对现实问题的独特认识。各种思潮之间的对立，既是各种利益矛盾冲突的反映，也是对矛盾冲突不同认识的体现。网络社会的崛起不但改变了现实社会中人们的日常生活方式，也让现实社会思潮进入网络空间发展传播后形成新的网络社会思潮,呈现出许多新特点。

一、网络民粹主义

民粹主义是 19 世纪兴起的一股社会思潮，基本理论包括：极端强调平民群众的价值和理想，把平民化和大众化作为所有政治运动和政治制度合法性的最终来源；依靠平民大众对社会进行激进改革，并把普通群众当作政治改革的唯一决定性力量；通过强调全民公决、人民的创制权等理念，对平民大众从整体上实施有效的控制和操纵。网络民粹主义是指在网络上产生、通过网络传播的一系列民粹主义思想和行动。

（一）构成主体：草根化

参与主体平民化、广泛化。我国的网民数量多、结构复杂，在开放的网络空间环境下，不同年龄、职业、学历、收入状况和社会地位的参与主体都可通过网络进行情绪表达和现实批判。网络民粹主义的参与主体就藏匿于这些大众网民之中，他们来源广泛、构成多样。在针对网络热点事件进行舆论表达的过程中，作为行为主体的网民在整体上具有强烈的草根性或者说平民性。“与在传统民粹主义思潮由某个领导者或政党汇聚民意、动员舆论、领导社会运动不同，网络民粹主义在弱化中心化特征的同时凸显了更加彻底的平民性。”[①]

（二）表达方式：非理性

民粹主义用的是道德主义而非理性主义的思维方式这一特征，决定了民粹主义力图超越人们对理性主义的工具性认识，表现出一种集体非理性的行动逻辑。网络民粹主义往往源于在网络空间中发酵的现实生活中的各种不满情感、情绪，并具有自由漂浮的性质，试图抓住一切可以表达的机会去反对，很少去理会事情的真相如何，这就导致了网络空间中仇官、仇富、仇权成为一种反复性发作的情感偏向。此外，网络民粹主义者对人民和大众不加区分，对精英进行直接的批判和抵制，也暴露出了他们的非理性和极端化。一方面，反精英色彩明显，对政治、经济、文化、科学等领域的精英实施暴力化的话语斗争。另一方面，网络民粹主义往往用“人数多”代替“大多数”，宣扬人数多即正义，形成话语垄断，将相对多数的观点看作是全体民众的意愿，上演群体极化的网络狂欢。网络民粹主义善用追求公平公正的外衣来表达对不公的反抗，以此主导民心民意，即使很多人有不同观点，也有可能被同化或被攻击，最终形成一边倒的舆论态势。

① 郑振宇．网络民粹主义的生成及治理——基于精英与大众的关系视角 [J]. 内蒙古社会科学（汉文版），2018，39（02）：22-28.

（三）利益诉求：模糊性

网络民粹主义浪潮是以代表草根阶层的网民所发起，体现了与传统精英阶层的对抗以及对草根阶层利益的呼吁的社会现象。与传统民粹主义运动不同，网络民粹主义浪潮往往并没有一个确定的政治诉求，对于其所想要达到的目标也往往并不清楚。他们的相同点就是对于精英阶层的对抗情绪以及对自身现状的不满，这种情绪化的内核将这些成员联系起来，构成了一个松散的群体。在研究网络民粹主义浪潮所要达到的目的时，往往会使人感到疑惑，通常我们只会听到反对和批判的声音，而并不会看到这种声音身后的主张。随着这种浪潮的扩散，更多网民会参与其中，所表达的观点也越发偏激，但这些偏激的观点仅仅是为了反对而反对，缺乏明确的主张。

（四）传播特征：迅猛性

与传统民粹主义不同的是，网络民粹主义不再局限于某时某地。在当前的网络环境中，网民针对某个问题、某个事件表述自己的立场，由于网络即时传输的特点，具有相同观点的人可以随时随地的即刻联合起来，在其动员的效率和范围来看，却已经远远超出了传统组织结构的范畴。这种以“点赞”“在看”“转发”“分享”等形式为手段，可以迅速获得数以万计的响应，其传播的广泛性远非传统的民粹主义运动所比，对社会正常秩序和价值观的冲击也更加激烈和深远。可见，网络民粹主义事件的传播速度快、影响范围广，在网民的点击、浏览、评论下，短短几个小时就有可能带来舆论的沸腾和爆发。

二、后现代主义

后现代主义是20世纪60、70年代在西方国家开始出现的社会文化思潮，涉及文学、艺术、语言、历史、哲学等社会文化的诸多领域，汇集了形形色色的流派、理论和假说，本身并没有整齐清晰的模式和思想体系，但有一些本质性特征可以概括：一是否定中心、否定权威的多元论。后现代主义倡导多元性，批判现存的思想格局、等级秩序和话语体系，批评宏大理论的叙事方式，强调多样化的个人感受与选择，重在向公共理性、普遍规律、整体性宣战。“它和各种终结的感觉、和某种彻底断裂的假设相关。呈现出中心消散、反权威、没有绝对支点、零乱性的状况”[①]。二是对象说明的不确定性。传统理论认为，人们可以通过语言或其他形式对所要论述的对象进行适当说明。而后现代主义对此持否定态度，认为除了可以依据逻辑和表达方式加以说明的极少部分外，还存在大量含混不清、无法说明的不稳定性、边缘性和多变性的复杂对象，这些因素只能诉诸隐喻、借喻等方式，象征性地表达那些不可表达的事物。三是表达的无深度性。后现代主义强调要削平深度，取消对终极价值和深层内涵的追求，否定文本所谓的深层含义或意义，消除现象与本源、表层与深层、能指与所指之间的二元对立，在各类平面化的浅薄作品中传播自己。四是取向的娱乐化、游戏化。在后现代主义的作品中，人与人之间的身份差异被消弭，每个人都可以尽情释放被压抑的情绪与欲望，全员参与，集体狂欢，以草根文化对抗主流文化，在嬉笑怒骂中颠覆现实社会的等级秩序和制度规范。

1985 年，美国学者弗·杰姆逊（Fredric. Jamseon）到北京大学做了题为“后现代主义与文化理论”的专题讲座，中国学者第一次接触了后现代理论。在随后的十余年里，后现代主义在国内得到了快速发展，这是因为市场经济体制的确立为后现代主义发展提供了稳定的经济基础，并为外来文化资源输入提供了便利；政治体制改革和民主政治建设为后现代主义生存提供了宽松的空间；不断发展的现代传播技术和日益丰富的大众传媒系统提供了雄厚的技术基础和流通手段；社会教育的普及提高、社会后现代主义素质的改善为后现代主义发展提供了受众基础。大量的后现代主义著作被翻译介绍过来，不仅对中国的学术理论界产生了深刻影响，而且重构了文学创作、影视制作、建筑设计的风格与模式。比如，一些作品在叙事结构上、价值取向上出现了语言错位、叙事零散、能指滑动、零度写作的创作倾向，《大话西游》《武林外传》等影视作品凸显了对权威的解构与嘲讽，呈现出鲜明的娱乐化和游戏化的叙事风格。

主流文化是建立在国家权力基础上、表达国家正统意识形态的文化，反映着国家的根本意志、文化取向和价值观。在当今社会，我国的主流文化就是以马克思主义为指导，吸取中华民族优秀传统文化和世界优秀文化遗产的有中国

① 费雷德里克·杰姆逊.后现代主义与文化理论[M].唐晓兵，译.北京：北京大学出版社，1997：211.

特色的社会主义文化。主流文化代表的是一个社会中占支配地位的群体的利益，其价值观是特定时期占统治地位的文化，也就决定了它必然具有政治性，倾向于维护既存的社会秩序与权力结构。后现代主义虽然与主流文化存在着可通约性，在主导取向上却有着重大的差异和冲突。主流文化以崇高性为指向，引导人们树立正确的世界观、价值观、人生观，形成一种奋发向上的社会理想和社会风气。后现代主义则拒绝统一性、整体化和普遍化安排，偏爱娱乐化、差异性、多元性、碎片化和复杂性，致力于崇高的消解、理想的消散、信念的弱化。当二者的冲突通过网络空间加以呈现时，就容易生成网络集群行为，如"一个馒头引发的血案""犀利哥"等。

后现代主义有诸多表现形式，并且还在产生新的类型，"娘炮文化"就是其中一个。央视 2018 年 9 月 1 日的《开学第一课》不仅插播了众多广告，而且其官方微博为了提升节目关注度，邀请了一些明星代言。其中部分男性艺人被指"娘炮"气息严重，在面貌、扮相、动作、姿态、语言上都出现了女性化特点，尤其是妆容方面的浓妆艳抹。很多网民认为作为权威部门的教育部和央视动用行政手段，强制要求学生按时观看，并在节目中请来"娘炮"明星坐镇，会带来严重不良影响。意见集中在四个方面：一是"娘炮"们不男不女，在舞台上搔首弄姿，这种男人女性化的行为不符合男女的社会形象；二是"娘炮"们涂脂抹粉，会误导孩子们的审美取向和性别观念，影响青少年审美，给青少年塑造不良偶像；[①]三是"娘炮"明星的演技和作品乏善可陈，但动辄有上百万甚至上千万的惊人收入，不利于社会公正及良好风气的形成；四是"娘炮"误国，国家缺乏阳刚之气就无法在世界上立足。甚至新华社也发文评论："青少年是国家的未来，网络上'少年娘则国娘'的批评尽管不无戏谑，但一个社会和国家的流行文化拥抱什么、拒绝什么、传播什么，确乎是关系国家未来的大事。培养担当民族复兴大任的时代新人，需要抵制不良文化的侵蚀，'娘炮'之风当休矣。"[②]

① 腾讯新闻 . 央视开学第一课最大争议并不在广告，而是邀请了一众"娘炮"明星 [EB/OL].（2018-09-02）.https://xw.qq.com/cmsid/20180902A0ZYBN/20180902A0ZYBN00.

② 新华社 ."娘炮"之风当休矣　病态文化负面影响不可低估 [EB/OL].（2018-09-07）. https://xinhuanet.com./politics./2018-09106/C.1123391309.htm.

另一方面，这些“小鲜肉”明星的“铁粉”们对此很不以为然，一边倒地站在保护的立场上进行辩驳。反对者的意见，也可以归纳为三点。首先，性格阴柔还是阳刚以及怎么打扮，都是每个人自由的合理选择，不需要其他人特意支持，也不需要横加指责。其次，发表言论只凭一己好恶是狭隘的表现，不能把自己的价值标准强加给其他人，也不能妄自以自己的思维来断定其他人的想法和感受。该警惕的不是哪种审美成为流行，而是审美霸权、审美狭隘单一的势态。最后，每个人都有权选择他自己喜欢的生活方式，只要不违法也不损害他人利益，就有这个自由。

上述争执不难看出新生的后现代文化和既有文化存在严重冲突。

第七章　网络道德失范

网络道德是人们的社会关系和共同利益在网络上的反映，是以善恶为标准，通过社会舆论、内心信念和传统习惯来评价网民行为，调节网络时空中个人之间以及个人与社会之间关系的行为规范的总和。当前，随着大众网络社会生活日趋丰富和复杂，网络道德失范现象屡见不鲜，成为社会关注焦点和热点问题。

第一节　网络恶搞

2019 年 1 月，艺人蔡某某成为首位 NBA 新春贺岁形象大使的信息公布，引发国内球迷的质疑与反对。接着，蔡某某 2018 年参加选秀节目时一段打篮球的视频重新进入人们的视野，哔哩哔哩众多“up 主”将这段视频剪辑为恶搞作品并发布，带来了极高的话题热度，蔡某某也因此成了 2019 年“B 站”鬼畜区[①]“最具人气素材”。在“B 站”鬼畜区与蔡某某粉丝群体这两个圈层激烈的冲突之下，对网络恶搞的研究开始引起重视。

一、网络恶搞的起源

网络恶搞是网民利用互联网技术手段，以恶意的搞笑为目的，对已经具有影响力的文字、图片、音乐、游戏、影视等作品进行二次创作，并将其散布于网络平台进行传播，从而达到娱乐大众效果的行为。“恶搞”一词最初源自日

① 鬼畜就是通过对严肃正经话题进行解剖后通过重复，再创作等形式用以达到颠覆经典、解构传统、张扬个性、强化焦点、讽刺社会的一种艺术形式。其来源为日本弹幕视频网站 NICONICO 动画，原本的名字为音 MAD，但在中国，由最早出现的音 MAD《最终鬼畜妹フランドール・S》中的“鬼畜”略称而得名。作为一种视频制作手法，特点为画面和声音重复率高，且富有强烈的节奏感。

语中的“くそ”，被音译为 KUSO。1996 年 8 月，日本游戏史上公认的最差游戏——《死亡火枪》发布。游戏中主角遭受敌人攻击时会发出くそ的惨叫声，由此变成当时游戏玩家的口头禅，并被引申为“认真对待烂东西”的意思。后来这个词语也随着游戏流传进入中国台湾地区，意义演变成了“搞怪、恶搞”，受到了台湾青年人的追捧使用，并通过网络流传至中国香港及大陆。

国内的网络恶搞源于 2001 年底发行的视频《大史记》，这一系列视频共有三部，都没有连贯的故事情节，只有针砭时事无厘头的搞笑。其后随着 PS 技术的发展，2003 年小胖一张表情滑稽的照片引发了全网“恶搞”，国内外网友利用 PS 技术在原照片的基础上进行二次创作，将小胖的脸合成到机器猫、怪物史莱姆、蒙娜丽莎等形象中，在百度上出现了四十多万个主题帖子，英国《独立日报》亚洲版把小胖被形容成“一个文化标志”。

二、网络恶搞的类型

文字恶搞。就是以网络为平台对名著、经典故事等文学作品进行二次创作，由此达到恶意搞笑的目的。近年来，随着技术手段的提高，文字恶搞逐步减少，直到 2020 年微信“拍一拍”功能上线，才引起部分网友对拍一拍提醒文字的后缀进行恶搞。由于微信是人们常用的通讯工具与社交软件，这种恶搞行为大多只是为了好笑，不会突破底线。

图片恶搞。恶搞者利用图像处理软件对已有的图片进行抠图再拼接，将原本毫无关系的对象联系在一起，或者对原图涂鸦修改使之样貌、气质大变，使观看者始料不及进而引发笑点。比如上文提及的“小胖系列”可以算是国内图片恶搞最早的、影响力最大的，2003 年他的照片引发网络图片 PS 的兴起。三年后，他利用博客和新浪网举办了“小胖新图 PS 小赛”，从被网络恶搞变成主动加入自我调侃。再比如 2012 年是杜甫诞辰 1300 周年，“杜甫很忙”系列的涂鸦图片也重现网络，引发舆论风波。语文课本上仰天沉思的杜甫，被涂鸦改造成各种形象骑马、举枪、戴墨镜、打篮球等。有公关团队利用这类图片进行炒作营销，也有经典文学爱好者对此类为一时快感而恶意丑化历史人物的行径进行抨击。近年来随着社交 APP 的发展，表情包产业发展迅速。其中部分搞笑表情包也就源自多年前的网络恶搞图片，其制作原理也与早年的恶搞图片一脉相承。

歪歌改编。自李克勤把日本歌曲《それが大事》改编为曲同而词不同的《红日》

并称其为“歪歌”起，这一说法被正式提出。现在所说的歪歌大多是指歪搞歌曲，恶搞者对原曲的歌词进行改编、音译来“吐槽”问题或者恶意搞笑。

游戏恶搞。网络游戏作为娱乐客户、发泄情绪、休闲放松的工具，其理念与网络恶搞有许多相似之处。恶搞游戏作为这种文化现象的现实代表，迎合了网络观看者参与“恶搞”，沉浸式体验“恶搞”的需求。例如，7k7k 网站的小游戏专题中就专门设置了恶搞游戏专区，调动网友的所有感官，让他们体验身临其境的乐趣。但是游戏恶搞更需要严守道德底线、尊重历史。

视频恶搞。视频恶搞是现在最常见的“恶搞”形式，通过对已有的影视作品、短视频的剪辑拼接、结构重组、增加 BGM 或后期配音等方式进行创作，使得新作品的娱乐效果更加强烈。随着短视频产业的发展，视频恶搞也愈加专业。2014 年 9 月，哔哩哔哩鬼畜区成立，现在热度高的新视频也会被鬼畜区创作者发现，并作为素材来提升新鲜度与吸引力。

三、网络恶搞的生成缘由

（一）技术革新：互联网发展带来恶搞技术演进

2005 年，新浪微博、豆瓣等促进网友间信息交流、开放共享的平台相继出现。对某个问题感兴趣的群体可以在网络中相互互动、积极参与，形成了以兴趣为聚合点的网络社群。恶搞者也因而可以不受时间地域的束缚，在这些平台发布作品并与其受众展开交流。最初，“恶搞”作品只能以文字、图片静态方式呈现，由于土豆网等视频网站建立与推广，视频形式的网络恶搞开始兴起。截至 2020 年 12 月，我国网民规模达 9.89 亿，互联网普及率达 70.4%，而我国网友使用手机上网比例达到 97.7%。其中网络视频的用户规模最大，达到 94.1%，并且仍然处于高速增长阶段。随着网民数量的逐年增加，多媒体技术与工具的逐步发展，“恶搞”图片、音频、表情包、短视频在各个网站平台与 APP 中随之发展。互联网的普及、数字化技术的便利，给网络恶搞的制作、发布、传播提供了硬件环境和现实的可能性。网络恶搞通过图片拼接、影视剪辑、篡改歌词等方式反叛主流文化，追求“无厘头”。青年群体因而成为网络恶搞的主要传播者，为其创作演进提供了广泛的受众基础。

由于当代人碎片化时间较多，短视频制作软件逐步发展和改良，短视频的制作门槛随之降低，短视频的种类愈发丰富，短视频的观看者也逐步增多。自2016年4G网络普及起，短视频平台呈现多元化趋势，短视频产业也逐渐向精细化、专业化、成熟化发展。短视频素材网站如西瓜视频、预告片世界、videvo等种类丰富、清晰度高、下载免费，为恶搞视频创作者提供混剪素材。视觉中国、花瓣网、Findshot等则为恶搞者提供高质量的图片素材。剪映APP、爱剪辑等适合于新手练习恶搞视频的剪辑工作，Adobe Premiere Pro、Adobe After Effects则是更为专业的视频制作工具，可以为视频加上文字特效、变形特效、高级特效等，创建全新的视觉效果。PS、AI等软件发展至今依然是热门的图片处理软件，恶搞创作者在网络中可以轻易搜索到使用指南学习创作，为他们提供了技术上的支持与便利。

（二）心理基础：多种社会思想文化形态的碰撞

互联网打破了时间、空间与经济，促进了人们之间的文化交流，提升了不同文化的影响力，已经成为多种文化融合、碰撞的聚集地。网民以兴趣、风格、规则为边界，对抗主流文化，分化出不同种类的亚文化圈，恶搞文化也就起源于此。这种亚文化充斥着恶搞者无厘头的快乐和调侃，对于某些价值观的戏谑，以及对于现实社会的揭露、反讽和“吐槽”。后现代化主义的思维模式旨在批判解构现代化进程中剥夺人的主体性和感觉，它反对常理、反对权威，它认为不必对作品进行约定俗成的解释，将解读的机会留给作者与读者即可。“恶搞”作品以无厘头的情节等表现形式间接反映创作者对社会现象的反讽、批评等态度倾向。具体地表现在以下几个方面：“一是批判传统的主体性；二是批判理性至上意义；三是批判崇尚超感性的、超验的东西的传统形而上学；四是批判以普遍性、同一性压制个体性、差异性的传统思维模式；最终把对传统思想文化的批判归结为人的审美生活——自由生活的彻底实现。”[①] 恶搞文化违背了社会生活中政治、伦理、文化与艺术的部分要求，直击社会热点话题，挑战社会权威。用恶意搞笑、批判现实的态度，用图片、音乐、视频等多元化表达方式诉说着恶搞者对此类事物的情感态度与独特见解。例如多年前“牛郎没钱买房，不能娶织女”这一故事的经典“恶搞”则是对于当时年轻人难以短时间靠自己买房这一问题的控诉。《春运

① 张世英.后现代主义对现代性的批判与超越[J].北京大学学报，2007（1）：43-48.

帝国》以陈道明的口吻，剪辑了《黑客帝国》电影中的片段、票贩子高速公路上的追捕以及周星驰的电影片段，用诙谐幽默的手法表现了春节时期普通百姓拥挤窘迫的乘车经历以及黄牛之间明目张胆的勾当。

（三）传播路径：网络平台的开放性与包容性

网络平台具有开放性、共享性、虚拟性、互动性等特点，在这一虚拟空间里网民拥有同等话语权，新媒体技术又具有匿名性、门槛低、自主性强等特点，因而网络空间有极高的自由度。人们可以在网络平台里公平对话，寻找自己喜好的圈层文化，获得认同感与情感共鸣。在注意力经济时代，网络恶搞是“泛娱乐化”在网络中的表现。它以各类社交、视频 APP 为媒介，以“恶搞”作品的粉丝为主要传播对象，以搞笑无厘头的表现形式满足受众减压放松的心理需求，是符合网络市场需求的产物。我国网络规模居全球首位，其中青少年网民占比超过半数。当代青少年乐于在网络上展示自己，乐于为自己感兴趣的圈层文化花费时间与精力。青少年们思想开放，追求个性与另类，他们不是网络信息的被动接受者，而是擅长表达诉求的互动者。现实生活中诸如买房、就业、婚姻、教育等问题需要他们解决，城乡差别、贫富差距大、精神世界空虚的社会问题需要他们面对。网络恶搞给网友提供了自娱自乐与娱乐他人的方式，有助于宣泄负面情绪，找到价值共鸣，是青少年暂时躲避现实困扰、转移心理压力的有效手段。

四、网络恶搞产生的问题

降低网络道德标准，甚至触犯法律。现在部分网络平台账号注册时并不会强制要求实名认证，并且网络环境具有较高的包容度和接受度。为了获得更高的关注度与流量，恶搞者有时不会恪守底线思维，恶意丑化作品中的网络红人、明星等，在道德与法律的边缘试探。部分恶搞者还存在法不责众的侥幸心理，无视伦理道德规范，为了更高的点击率其作品甚至带有侮辱、诽谤的性质，对被恶搞者造成心理伤害。网络恶搞都是在原作品基础上加入“恶搞”元素的二次创作，通过戏仿、夸大、拼剪、歪曲等方式的再次加工，这就有可能侵犯著作权中的复制权、改编权、信息网络传播权等权利。我国的《著作权法》规定作者享有作品的修改权和完整权，歪曲、篡改他人作品的，应承担停止侵害、消除影响、赔礼道歉、赔偿损失等民事责任。当恶搞者对于原作品进行恶意的歪曲篡改时，就有可能构成对原创著作权的侵权行为。再者，由于“恶搞”作品的制作方式往往是更换人物头像、模仿经典动作、利用音译法恶意扭曲篡改原曲歌词等，对于他人照片、视频、音频进行的恶意剪辑，低俗拼接甚至是损毁侮辱，也容易侵犯“恶搞”对象的肖像权、名誉权等个人权利。

污染网络环境，影响青少年正确价值观的确立。网络“恶搞”作品往往是无深度的、时效性短的，对于思想观、人生观已经稳定的人来说，对于它的关注或许只是一时消遣。但是青少年仍然处于学习阶段，他们处于价值观形成时期，是非判断能力较弱，他们对于网络的信息不具有客观准确的判断力，无法扬弃、冷静地看待问题。部分恶搞视频打着无节操、无下限的名义吸引眼球，用夸张的方式、夸大的手法批判社会问题以此来获利。青少年容易受好奇心、叛逆心理的驱使被某些传播负能量的恶搞作品所吸引。如果他们长期接触有些游离于法律法规、伦理道德边缘的“网络灰色地带”中的“恶搞”作品，可能出现反叛倾向、思想偏激的心态，对于传统观念和道德规范产生怀疑。

带有“三俗”倾向，影响主流文化传播。网络“恶搞”作品用通俗直观的手法寄托了人们在现实压力下的反叛，某种程度上却又在传播之后加剧了思想价值的矛盾与冲突，间接受到恶搞思维控制。人类创造了互联网的同时又被互联网所束缚统治，能动性与主体性丧失，个性发展趋于片面与畸形，这就是马克思关于“人的异化”的体现。[①]网络“恶搞”作品反叛社会主流文化，忽视真、善、美，创作方式简单直接，容易带有庸俗、低俗、媚俗的不良社会风气，表面的娱乐实则造成观看者思想的空虚、精神的萎靡，提升“丧文化”的负面影响力。另一方面，随着恶搞文化的发展，“恶搞”作品的热点素材有限，恶搞者创作“内卷化”发展、竞争激烈，有些人为了数据流量会往无所不搞的极端化方向发展。为了迎合部分低俗恶趣味的网友，不分场合、不分对象、不留余地玷污宝贵的精神财富，甚至对红歌、红色经典、传统文化、英雄人物事迹进行亵渎。

在开放包容的网络环境里，网络恶搞用文字、图片、影音、游戏、视频等表现形式反讽社会问题，用无厘头的表现手法进行搞笑创作。在笑意之下，仍

① 于珊．网络泛娱乐化的多方位分析 [J]. 山东理工大学学报（社会科学版），2019（3）：91–98.

然需要警惕那些无节制、无底线的“恶搞”行径。对于涉嫌“三俗”的网络恶搞作品，要采取法律监管与教育引领等措施加以解决。

第二节　人肉搜索

“人肉搜索是指利用互联网技术，由少数网民发动对特定事件中特定人员的个人信息的搜索提议，引发广大网民对其展开详细信息（包括家庭住址、联系方式、工作经历以及私人活动等）搜索的现象，最终导致被搜索者失去对个人信息的控制和保留权。”① 人肉搜索本质上是一种广泛搜集信息的技术，并不等同网络暴力，它本身既有利又有弊，关键在于网民们如何使用人肉搜索技术。

一、人肉搜索的实现方式

人肉搜索的常用方式主要有以下几类：一是通过网络搜索引擎。利用百度、谷歌和360搜索等常用搜索引擎检索和个人信息密切相关的内容，如微信昵称、头像照片、个性签名等。二是搜索微博。微博属于完全开放的平台，很少人会注意个人信息的保护，通过微博很有可能搜索到大量个人兴趣爱好的相关信息。三是搜索社交软件。在得到个人的手机号码前提下，把手机号码添加到通讯录里面，然后再打开社交软件，然后找到添加好友，找到通讯录好友，会自动搜索到通讯录内使用这款软件的好友。四是搜索社工库。社工库是黑客们将泄漏的用户数据整合分析，然后集中归档的一个地方，搜索社工库会查询到大量酒店类、订票类、团购类网站的相关信息。五是搜索QQ空间，朋友圈和贴吧。查看每一条动态评论的内容，能够获取大量个人信息。六是利用木马，搭建钓鱼网站。根据个人的兴趣爱好，搭建钓鱼网站的源码，诱骗个人填写，从而获取个人账户密码或者IP地址。七是查IP地址。通过搭建记录IP网站、显IP版QQ、链接定位等方式确定个人的具体家庭住址。

人肉搜索大多是发问者在各大网络交流平台上提出问题请求，答题者根据提问要求，整理调查收集到的信息，然后进行回复，作为普通的网民经常对事

---

① 殷俊.从舆论喧嚣到理性回归——对人肉搜索的多维研究[M].成都：四川大学出版社，2009：2.

件本身进行评论或进行补充介绍。经过十几年的发展，现在的人肉搜索已经不再仅仅是基于互联网搜索引擎，而是通过更加专业的社会工程学等方式，获得用户的数据信息，甚至能够精确到个人征信、健康状况以及兴趣爱好等。

二、人肉搜索的演变过程

（一）人肉搜索缘起——以戏谑、娱乐为主

人肉搜索现象起源于21世纪初的猫扑论坛，早期主要以娱乐性事件为主。2001年，一名男网友在猫扑论坛上发布了一张照片，吹嘘照片中的美女是他女朋友。帖子很快受到追捧，引起网友热议。但是不久之后，其他网友指出照片中的女生是微软代言人陈某某，并公布了其大部分个人资料，事件也很快平息下来。这个事件本身意义不大，甚至有些无聊，但它宣告了中国人肉搜索的诞生。

早期人肉搜索事件并没有深刻或复杂的缘由，网民实施搜索的目的主要是自我娱乐和实用信息的查询，对一些尚未明确或者影响广泛的事件、人物进行搜索以求证。当网友揭露发帖人的谎言时，他们并不抱着道德判断的初衷，而是把整个事件当成了攻击发帖人自娱自乐的笑柄。在陈某某事件中，即使网友爆料了她的故事，当事人和其他网民也没有太多反应，更没有情绪激动，大多数都是以此逗乐和开玩笑。这类人肉搜索事件具有起源简单、搜索过程快、结束快、后续影响小等特点。

（二）人肉搜索兴起——以扬善、贬丑为主

在人肉搜索兴起的过程中，2006年的“虐猫”事件成为一个里程碑，首次向世人宣告人肉搜索技术伸向现实世界的巨大威力。2006年2月，一名女性网民在猫扑论坛上发出一组“虐猫”视频截图，图片内容是一名穿着时髦的女子用高跟鞋将小猫踩死。该帖一经传播，引起网友愤怒，部分网友发出“宇宙通缉令”，悬赏捉拿“凶手”。根据这些简单的视频截图，不过6天时间，网友不仅找到了事发地点，还将嫌疑人锁定为黑龙江省萝北县的一名离异中年护士。该女子被发现后，网友曝光了她的单位、地址、电话等信息，并以强大的舆论压力迫使她道歉。虽然该女子并没有违反相关法律，但最终仍然被所在单位辞退。“虐猫”事件从虚拟世界的口诛笔伐转变为现实生活里的道德惩戒，虽然在社

会生活中起到了道德审判的作用，但是网络暴力的苗头已经初现。

（三）人肉搜索进阶——以监督、反腐为主

在人肉搜索驶入快速发展的轨道后，逐渐成为公民利用信息技术行使监督权的重要且有效的手段，南京“天价烟事件”成为这一阶段代表性案例。2008年12月10日，时任南京江宁房管局局长的周某某在接受采访时抛出“接下来将会与物价部门联合执法查处低于成本价销售的楼盘”等言论，面对南京市江宁区日益上涨的高额房价，周某某的不当言论引发公众对其履职能力和个人廉洁问题的关注和质疑。次日，一名网友号召追查周某某，引发众多网友响应。通过照片发现他所抽的香烟正是南京卷烟厂出产的顶级“九五之尊”香烟，一条价值1500元，所佩戴的手表是世界名牌江诗丹顿，每只售价达十万元，所开的车是价值数十万的凯迪拉克。两周之后，周某某因为使用公款购买高档香烟以及奢侈消费行为被停职查办，市房产局、市物价局、市纪委等部门陆续介入调查发现其违纪和腐败行为。次年10月，南京法院判处周久耕有期徒刑11年，并追缴受贿所得赃款一百二十余万。此类事件中的人肉搜索不只是网络上的文字呼喊，而是网民利用互联网技术去探索和搜集当事人相关信息和细节，把人肉搜索变成一个追寻公平、正义和真相的过程，创新了我国网络舆论监督的形式。

（四）人肉搜索滥用——恶意人身攻击

近年以来，随着互联网的普及以及微博、抖音等自媒体平台的推广，越来越多的人通过网络表达自己的诉求，维护自己的合法权益。同时，人肉搜索所使用的技术愈发先进，持续滥用的人肉搜索所引发的网络暴力不仅使得当事人权益严重受损，还因真相的多次反转冲击了人们的价值观。其中，“成都女司机被打事件”和“德阳女医生自杀事件”是两件代表性事件。

网络的力量很强大，强大到可以在短时间内摧毁一个人的心理防线，甚至逼死一个人。同时，网络的记忆却是短暂的，一旦相关话题热度褪去，就很快被公众忘却，但对当事人的损害却已经无法挽回。人肉搜索在我国已带来了一系列的道德、法律问题，为此负责任的应是躲在网络背后，随意谩骂他人、泄露他人信息的“键盘侠”，立法规制工作迫在眉睫。

三、人肉搜索的生成动因

技术发展是人肉搜索的孵化器。人肉搜索出现的客观原因是网络技术的高速发展。自2000年以来，我国互联网应用日新月异，在覆盖率和使用人数上每年均有大幅度提升。一方面，各种网络技术应用形式的出现：单纯的网页浏览、丰富的网络论坛、便捷的在线即时聊天工具与社交软件、多元化的网络直播平台以及短视频软件等各类虚拟网络占据着人们闲暇生活，人们社会生活行为被迅猛发展的网络技术所改变。另一方面，与传统媒体相比，新媒体时代的网络传播具有自由性高，便捷性好，爆发性强等优势，尤其是对于人肉搜索相关事件，新媒体网络能够以最快的速度和反应助推人肉搜索的传播。因此，在这个人人都是网络事件参与者和报道者的时代，人们可以利用互联网随意交换信息，而不必耗费任何进入、复制和传播的成本。他们使用QQ、微信、微博、抖音以及快手等自媒体发布自己的所见所感，将现实生活中遇到的不道德不平等的现象录制成视频发布到自己的社交平台，引起周围亲朋好友和粉丝的关注，并进行转发与评论。这样的传播方式向涟漪一般扩散，使得事件的发展变幻莫测，经常发展到发起者无法控制的地步。

轻视隐私是人肉搜索的助推器。在中国传统儒家文化的影响下，民众思想观念潜移默化地形成了重群体、轻个人的社会意识，个体服从集体成为中国自古以来的文化基因。隐私权作为公民的基本人权之一完全是西方的产物，其所代表的隐私利益也在中国传统法律文化影响的作用下受到轻视。[①] 这造就了中国人的隐私观念比较薄弱，往往愿意了解别人的酸甜苦辣，对方也愿意坦诚相告。中国人第一次见面往往会询问对方的年龄、婚姻状况等，在中国人的眼里这是一种礼貌，而在西方人则认为这些问题侵犯了他们的隐私。同时，“民众也受到儒家文化中道德伦理的影响，当社会中出现有违主流道德的事件时，有时会完全忽视对事件当事人的隐私权的尊重、模糊公与私的边界，将揭发他人隐私以进行道德惩罚和满足私欲的行为视为理所当然。”[②] 人肉搜索滥用就是我国传

---

① 周海.中国传统法律文化对隐私权的影响[J].社会科学论坛（学术研究卷），2008（7）：61.

② 刘晗.隐私权、言论自由与中国网民文化：人肉搜索的规制困境[J].中外法学，2011（4）：872.

统法律文化影响下对隐私权不被重视的体现，尤其是在涉及婚姻道德的事件中，人们往往会因为当事人违背公序良俗的行为，而肆无忌惮的曝光和批判当事人，“铜须事件”和“死亡日记”事件均是如此。

现实矛盾是人肉搜索的催化剂。现在，我国正处于一个复杂、特殊的社会转型时期，弱势群体总量大且构成状况复杂，现实社会中矛盾凸显和表达途径不畅是引发人肉搜索的社会原因。现实中，当人们遇到困难或不公平的社会现象时，传统的舆论监督具有一定的局限性，存在着受理时间长、报复可能性大、与公众期望距离远等缺点，当相关部门推卸责任，正义无处伸张的报道被传播到互联网时，自然会刺激人们情绪中“仇官”“仇富”等敏感神经。因此，人肉搜索的参与者往往具有多样化的职业与角色，他们对同一件事情会有不同的看法和意见表达，加之世界观、人生观、价值观的差异，天南海北的网友拥有着不同的价值判断和道德标准，他们的评价往往具有强烈的主观色彩。人肉搜索实际上是中国当前社会转型期所需要的“社会安全阀”。它为社会成员提供了表达意见的渠道，是缓冲和缓和社会矛盾的必然要求[①]。当人肉搜索在被公众正确使用的时候，对于违反道德和公序良俗的人进行批判与检举，是一个释放紧张情绪、缓和社会矛盾的过程，它将在有争议事件中的个人呈现为冒犯公众愤怒的失范者，能够充分地满足普通民众行使宪法赋予的知情权、参与权、表达权和监督权。

法律缺位是人肉搜索的失控器。网络领域相关法律制度的缺位是人肉搜索盛行的另一个重要原因。从 2009 年 12 月“死亡日记”事件的终审宣判，到 2020 年 3 月起正式施行的《网络信息内容生态治理规定》，我国法律一直没有停止尝试对于此类事件的立法规制。“但是在司法审判中，法院常会以维护公序良俗等社会利益为理由，对某些侵犯隐私权的行为不予认定，对隐私权的司法保护十分欠缺。”[②] 这些努力虽然大大提高了人们行使网络自由的责任感，但很难全面禁止人肉搜索。由于相关法律法规的缺失，被人肉搜索伤害的当事人往往无法使用法律武器讨回公道，反而在一定程度上加剧了人肉搜索的使用。此外，提供人

---

① 郑杭生 . 社会学概论新修 [M]. 北京：中国人民大学出版社，2019：131.

② 张礼洪 . 隐私权的中国命运——司法判例和法律文化的分析 [J]. 法学论坛，2014（1）：15.

肉搜索服务的网站往往采取敷衍了事、推卸责任的方式，最多是事后删除违法信息或权利人主张的信息，而不管当事人是否受到人身攻击和损失。

四、防范人肉搜索的方式

首先，不轻易在网络上暴露个人信息。在互联网时代，不要随意将个人信息公布到网络上，比如在求租交友论坛中留下电话、在某些网站填写个人信息时留下真实的院校信息，家庭信息等。其次，减少透露个人通讯方式。非工作需要，不要在社交软件上暴露你的电话，即使是需要向陌生人暴露你的通信信息，完全可以准备一个工作号，一些需要电话联系的事情都由这个号码负责。此外，“通过手机号可以找到我”这类 APP 选项要尽量关闭。再次，不要使用自己的真实姓名作为网名，也不要采用太过于特立独行的昵称，可以起大众化一点的，比如人生若如初见、雨后初晴、风信子之类普遍的名称，防止被轻易检索到个人。再次，避免在多个网站共用同一个密码。如果在很多网站使用同一个邮箱注册，并使用同样的密码，黑客可以利用任何一个网站上破解出的密码，尝试在其他网站登录。最后，访问高危网站要做好保护措施。在使用不能确保安全的网站时，可以使用隐私或游客模式，避免留下痕迹，也可以通过代理服务器等方式访问。

第三节　网络谣言

互联网的迅速普及发展使谣言的传播速度迅速增长，其影响范围逐步扩大，对国家、社会、个人的影响愈发明显。“谣言不只是社会现象，更加变为一种政治现象。”[①] 谣言因其具有的突发性、复杂性，所造成的危害程度显而易见，普遍涉及在突发事件、公共卫生领域、食品药品安全领域、政治人物 、颠覆传统、离经叛道等内容。肆意传播的谣言势必会打乱主流政治文化，降低政治认同感，产生社会信任危机，由网络谣言带来的危机成为各国亟须解决的重要问题。

一、网络谣言内涵

通常而言，谣言指的是没有相应事实基础，却被捏造出来并通过一定手段

① 让-诺埃尔·卡普费雷.谣言：世界最古老的传媒[M].郑若麟，译.上海：上海人民出版社，2018：16.

推动传播的言论。在受众未被明确告知或暗示虚构的前提下，被捏造及传播的与事实不同甚至相反的言论即是谣言。对谣言的研究由来已久，中国古代对谣言的描述也不在少数，《诗经·小雅》中提到“正月繁霜，我心忧伤。民之讹言，亦孔之将”；《后汉书》中说“诗守南楚，民作谣言”。另有相关事件加以佐证，武平三年（公元572年），北齐后主高纬统治期间，有一位英武勇敢的大将军叫斛律光，北周将军韦孝宽因忌妒他，便制造谣言，编成儿歌，在邺城内歌唱，歌曰：“百升飞上天，明月照长安。”以此暗喻斛律光有篡位的野心。北齐后主高纬得知诬陷斛律光的传谣后，信以为真，认定斛律光就是篡位者，立即下诏将斛律光家族满门抄斩。西方对于谣言的研究开始于“流言”，不同的学者对谣言的定义都存在差别，但其基本的含义均离不开“未经官方认定”之意。

伴随着互联网基础设施的完善，网络谣言也逐渐发展起来，1994年起，网络谣言开始有了萌芽势头，2000年网民数量成倍上升，突破千万大关。互联网满足了人们的猎奇心理，借助网络的虚拟性，假消息也在无形中散播，1998年一则《网上葬礼，为美丽哭泣》的文章在湖北爆出，同时辽宁也相继报道，报道中美丽坚强的女主角张某某虽被病魔折磨，依旧积极乐观，与人为善，美好的故事引起众人怜惜，张某某“去世”后网友为其举办了网上葬礼，看起来一个凄美的故事最终收获了一个圆满的结局，可事实的真相是主角与故事皆为虚构。这一阶段的谣言传播多以电视、报纸等传统媒介居多，虽具备一定影响力但未能达到大范围传播，相对局限。2000年后，网络谣言范围延伸，居民接入互联网数量骤升，此时的网络谣言已拥有了更多受众，有的谣言是散播着的有意为之，有的谣言则是媒体人博取眼球的手段。仅在2001年就出现了“换头术”“大活人两肾被偷”“19岁中国女孩打破牛津记录”等多条假信息，2007年3、4月，关于海南香蕉“致癌”“携带SARS病毒”的传言又成为焦点，2008年“告诉家人、同学、朋友暂时别吃橘子！”的传说导致柑橘滞销危机，通过社交网络对谣言的传播突破了地域的限制，受众之间的相识度也进一步增加了谣言的可信度，谣言的传播肆无忌惮起来。2009年后，移动端的蓬勃发展使谣言传播不再定向，显示出来去中心化的特征。2014年10月，微信公号“蜜琪儿”发布了《农夫山泉停产，这水我再也不敢喝了！我要买水机！》的文章，一经推出，短时间内就得到十余万的转发量。无独有偶，娃哈哈遇到“爽歪歪、AD钙奶含肉毒杆菌”谣言攻击、康师傅被使用地沟油的新闻缠身、肯德基深陷鸡翅中有活蛆的泥淖，新技术革命打破了传统媒介的限制壁垒，却又给真相筑起来更高的围墙，网络谣言的广度、深度不断延展。

网络谣言为谣言披上了一层虚拟的外衣，但其实质仍旧是指没有事实根据的话语，具体解释为通过网络介质（例如微博、国外网站、网络论坛、社交网站、聊天软件等）而传播的没有事实依据带有攻击性，目的性的话语。网络谣言的出现突破了传统谣言在时间与空间上的限制，互联网的发展与网络技术的更新为谣言的传播带来新的媒介。相比于传统谣言来说，网络谣言显现出了更多新的特征，第一，来源更加多元化，人们接受外来信息的途径从口口相传到邮电、印刷、收音机、电报、快件再到目前的电视、互联网，多方舆论的引入使得信息更加真假难辨；第二，网络谣言的传播速度增快，上网设备日趋多样化，台式电脑、笔记本电脑、电视、平板都为大众提供了上网的途径，据调查，截至 2020 年 12 月，我国网民人均每周上网时长已达 26.2 小时，100Mbps 及以上介入速率的固定互联网宽带接入用户数占总用户数的 89.9%，多样的上网设备促使上网时长的增加，同时也增大了网民基数；第三，网络的使用使受众之间的互动性增强，现代技术的运用使得信息传播不再受地域等各方面的限制，受众面积变大,实时的评论使网民能够在某一热点事件下找到属于自己的社群，形成共识；第四，网络谣言加大监管部门的监管难度，网络传递的虚拟性、迅速性极大增加了信息监测难度，因网络上的言论不会暴露发声者的真实信息，大众对观点表达的真实性降低。综上所述，网络谣言仍属于谣言的一种形式，其危害性更隐蔽，影响范围更广，爆发性也更强，产生、传播、影响与社会紧密相连。

二、网络谣言的类型

网络政治谣言。以谣言内容为划分，可将谣言类型分为五类，其中网络政治谣言对党和国家形象的破坏性最大，主要涉及政治内幕、政治事件、重大政策出台和调整等内容，其危害性覆盖到政治人物、政治组织以及社会。针对此类事件，国家强调要依法查处，各大媒体也经常提醒公众警惕不良言论。

网络灾害谣言。此类谣言以捏造或者夸大某种灾难即将到来的信息，博取公众关注，网络灾害谣言尤其是对自然灾害的捏造，会引起公众对食物、防护物品等的大肆购买，影响市场经济规则，扰乱社会秩序。如 2019 年 3 月 21 日，响水爆炸事件后传出一条消息“18 名消防员因吸入大量致癌气体而牺牲”引发社会关注，消息中称，“他们冒着熊熊烈火，冲进去了满是有毒气体的工厂，不幸的是，经历了两小时的战斗，消防员们陆续被有毒气体所吞噬……截至北京时间 3 月 22 日 12 点 30 分，已有 18 名消防员不幸遇难，愿逝者安息”。官方在 24 日进行辟谣，24 日上午，参与救援的江苏省消防救援总队参谋长、事故处置现场指挥部副总指挥陆军接受《环球时报》采访时表示，到目前为止，消防员无一伤亡。

网络恐怖谣言。此类谣言的特性是通过散布恐怖信息达到社会恐慌目的，以此引发公众对政府管理的不满，混杂在多条热点信息之间的恐怖谣言往往能够迅速抓住公众眼球，获得公众信任。如 2017 年 5 月底，网上流传一张共享单车坐垫上扎着一根针的图片并配文 “骑车的时候请注意查看，有些艾滋病患者把自己的血染到针头上，要是被扎到你就被感染了。”配文“义正言辞”，并指出要传递社会正能量。科学研究表明，艾滋病病毒无法在空气中、水中和食物中存活。一旦离开人体环境病毒就会很快丧失传播的能力。对此，网传图片中涉及的黄色共享单车企业 ofo 公司发表声明：“小黄车在第一时间对谣言中涉及的城市进行核实，没有发现任何谣言中所说的情况发生。”经不住检验的话语在社会中的传播虽在事后被禁止，但对公众造成的心理影响却是不可磨灭的。

网络犯罪谣言。此类谣言利用公众正义心理，故意虚构散播令人发指的犯罪信息，尤其针对公共安全事件进行攻击，以引起公众的愤怒、不满，利用公众的极端情绪达到攻击政府相关部门、抨击政府工作人员的目的，同时对当事人造成了极大的影响。如 2011 年在贵州黔西县一些网络论坛和民间传言中称，在县城的城关、甘棠、协和等部分乡镇相继出现儿童被抢劫盗肾的事件。事实上，针对儿童这一特殊人群，国家一直密切关注并严厉打击儿童犯罪案件，公安部门经过调查进行辟谣，仍止不住消息的散播速度。一直以来，针对网络谣言，国家未停止过打击行动，人民网专门建立“共守七条底线，铸造健康网络环境”的专用模块，并设置“打击谣言行动”的专栏，以提高公众甄别力，并对网络谣言制造者形成一定震慑作用。

网络食品或产品谣言。此类谣言针对食品及产品进行造谣，故意夸大或者捏造食品、产品的质量问题，以达到公众联合抵制某种食品与产品的目的。如

2017 年 5 月，一则“香蕉被不明液体浸泡”的视频在微博、微信群和朋友圈广为流传。消费者纷纷担心不明液体是有毒液体，甚至有人猜测是甲醛。舆论在发酵的过程中，中国热带农业科学院农产品加工研究所研究员王明月表示，视频中的乳白色液体是保鲜剂，允许在香蕉保鲜中使用的，经过正规保鲜处理的香蕉可放心食用。同一时期，“肉松面包、肉松蛋糕中的肉松是用棉花做的”的消息也被大量转发，导致网民对食品安全产生怀疑和担忧，甚至相关产品被退货，谣言出现后，国家食品药品监督管理总局机关刊《中国食品药品监管》杂志微信公众号“CFDA 中国食品药品监管”进行辟谣：肉松的本质是肌肉纤维，主要成分蛋白质是可燃物，被点燃是正常的，还会有一种焦煳味，可燃并不能证明肉松是棉花做的。

三、网络谣言的影响

形成恐慌心理。在互联网的时代，人人都可以成为发声者，在“麦克风由我做主”的自媒体喧嚣下，不同的声音汇聚成庞大的舆论场，随着网络使用范围的增大，线上与线下的界限逐渐模糊，谣言的传播频率加快，通过网络设置议题改变了传统的传播方式。有意之人出于报复、怨恨等心理下散播的不实言论，触及社会公众生活的方方面面，在极大程度上滋生了社会恐慌情绪。社交网络的普及使社会形成了一张交互网，不同地域不同年龄段的陌生人有了接触的机会，社会关系更加复杂化，由此带来的还有情绪的感染蔓延。在 2012 年名叫“米朵麻麻”的网友在微博上发布了“今天去打预防针，医生说 252 医院封了，出现了非典变异病毒，真是吓人”的信息。微博迅速在网络上传播，引起所在地区群众的心理恐慌。

抹黑官方形象。在众多的谣言中，针对社会公众人物、社会伦理道德和社会基本制度的谣言，危害是最为广泛的。在“7·23”甬温特大铁路事故发生后，“秦火火”在网上编造了中国政府花 2 亿元天价赔偿外籍旅客的谣言，仅两小时就有上万条微博转载，挑动了民众对政府的不满情绪，使政府的善后处置陷入被动。谣言偏爱负面信息，尤为可怕的是不法分子利用网络虚拟空间瓦解事件真相，以“坏消息”取代“真消息”的位置，将社会中的阴暗面展示在公众面前，并不断进行扩大加深，加之有人的情绪煽动，矛盾不断被激化，给公众造成社会不公的假象，致使公众对政府管理失去信心。

欺骗社会公众。谁掌握了话题主动权，谁就有可能影响舆论发展。网络谣言的散播多见于在网站、社交媒体之中，值得注意的是拥有群众基础的人们。以微博为例，拥有百万粉丝的博主被亲切称之为“大V”。面对谣言时，部分博主不能进行正确甄别而选择转发，这可能存在两种情况：一种是无意为之，面对表面“正义满满”的言论，出于传播正能量的初衷，进行转发评论；一种是刻意为之，故意散播不实言论，以博取公众关注，获得更多流量。两种方式带来的危害是消息一经发出，会在极短的时间内被大量转发，形成舆论导向，一发不可收拾。

触发集体行动。集体行动的产生是“由于各种利益即将或已被损害或剥夺而引发的旨在维护或索赔的利益表达的行动或过程”[①]网络使有着共同利益的主体集聚在一起，更加强烈的表达群体的利益，其中也更容易产生从众心理，这种心理不仅影响统一利益群体中的人们，也对群体之外的人们以误导，使不明所以的人加入谣言阵营中。网络谣言所产生的集体行动的表现形式是意识与精神上的，在大规模社会影响形成之后极易引发社会冲突行为，谣言成了激化矛盾的催化剂。2009年6月湖北石首事件，出现“永隆大酒店靠贩毒维持经营”“当地电力局长、公安局局长、法院院长的夫人连同永隆大酒店的老板走私贩卖毒品”“死者无意知晓其勾结，被活活虐待打死”的网络谣言，谣言诱发了网络群体性事件的出现。

四、网络谣言的治理

（一）强化技术创新，加大辟谣力度

根据谣言的发端动机，存在有两种情况，一种是由于在现实生活中对现有状态的不满，出于怨恨、报复等心理制造社会恐慌情绪，达到报复社会的目的，进行不实言论的散播，获得心理上的满足，这种情况的解决方法多赖于情感上的疏导；另一种情况是部分人群为了逃离法律的约束，出于好玩心理或为获取一定利益，故意散播危害社会、打击政府管理的言论，以达成其某方面的目的。

① 王国勤.集体行动研究中的概念谱系[J].华中师范大学学报（人文社会科学版），2007（4）：31-35.

根据谣言发布渠道，早期的谣言传输主要以报纸等纸质媒体形式进行，报纸的发行以官方媒体居多，信息接触到的人群主要是精英人士与官方人员，在报纸发出时能对其真实性进行检测，加之由于空间的限制，信息量相对较小，人工检测能够完成对谣言的限制，传播内容经过层层筛选，符合社会稳定需求。自媒体时代的传输速度极快，地域的限制已不存在，信息发出与形成一定规模舆论只需很短的时间，在此时间段内做到信息的监测是具有极大压力的，同时，作为背后推手的商业资本为吸引更多关注，会不定时发表不实言论。这对相关部门监测谣言，整治网络环境做出了更高的要求。基于此，对辟谣技术的要求也进一步提升。从技术手段方面看，很多国家在利用强制性手段进行谣言的整治，网络谣言是线上与线下的互动，对此要进行分层性治理，抓住特殊人群进行重点监测，包括粉丝基础较多的相关博主，在网络发声的政治精英人群等。同时利用新兴技术手段，对谣言进行监测预警，加强相关人员的技术专业度。从人才储备方面看，引进人才资源，对技术人才进行相应补贴奖励，培育人才库，针对技术人员要求定期进行技术培训与交流，保证人才引进来、留得住。从社会责任方面看，新媒体自动承担由管控不严造成社会危机的责任，提高新媒体准入门槛，对相关媒体从业人员考核严格把控，并根据其宣传发布内容评定从业资格。

（二）关注社会情绪，加强情感治理

我国已经步入风险社会，由互联网带来的舆论失调也成了风险的一部分。阿尔伯特（Allport）认为：“谣言是心理紧张的发泄途径。”[①] 社会情绪的表达更多的也是公众在现实社会心态的呈现，对现存事件的不满、对由阶层不同带来的生活层次、社会地位的怨恨。突发事件因其突发性、不确定性对公众造成强烈不安感，在这种情绪的引导下，公众极易产生猜测，也更容易接受各方信息，突发事件发生后所产生的信息量大于日常，加之公众无法从官方权威渠道获取第一手信息，转而听取“小道消息”。在官方信息监测方面，虽然官方会进行辟谣，但事后的辟谣效果不是很明显，所造成的危害也无法弥补。2019 年，

---

① Gordon Willard Allport.The Psychology of Rumor[M].New York：Holt， Rinehart and Winston，1947：52.

无锡大桥垮塌导致3人死亡、2人受伤，政府值班热线“不知详情”的回复，使“豆腐渣”工程的谣言登上了热搜。无锡市政府于2020年1月23日公开《无锡市“10·10”312国道锡港路上跨桥桥面侧翻较大事故调查报告》，《报告》打破了事故之初流传的各类谣言，但却为政府的信任危机埋下了种子。在官方发言人方面，长久以来，官方消息以鼓励乐观为主，极少做负面报道，发言内容在情感上与公众不相通，公众对官方的信任度不高，反而更相信民间传闻。

为更好维护社会稳定发展，打破公众刻板印象，就要关注社会情绪，通过对情绪的有效疏导树立政府官方权威形象。首先，政府等相关部门要做好宣传工作，利用新媒体，入驻微博、抖音等更受公众喜爱、喜闻乐见的平台对政府正面形象进行宣传，选取典型人物弘扬正能量；其次，相关部门要关注反腐败工作的开展，相关工作进程向全社会公开，树立公信力，加强公众认同感；再次，完善及时回应制度，在谣言产生后及时进行阻止，在突发事件来临时，官方发言人第一时间对群众问题进行解答，缓解社会情绪压力；最后，网络的发言更多的是对现实事件的担忧，在日常生活中做好民意收集工作，对公众在政府网站上提出的问题妥善解决并关注后续发展。

（三）提高判断能力，强化理性意识

受众作为谣言的接收者，处于终端角色，受众对谣言的接受程度意味着谣言在多大的程度上能够存活。《荀子·大略》中提到“流言止于智者”，公众的判别力是使谣言终止的关键。受众在进行个人选择的过程中，面对着众多信息不会选择一味接受，也不会选择全盘否定，多数受众会根据自己的价值偏好进行观点选择。选择包含两种情形，一是信息发出者与受众保持一致观点，道出受众内心所需，受众会维持原观点，并在此基础上进行增强，所以在一定程度上，不明真相的受众也会变成谣言的散播者。二是信息发出者的观点与受众的认知产生冲突，受众会对此观点产生排斥心理，受众为证明自身认知的准确性，会将与自己意见相左的因素挑出进行否定和抨击，以此降低不和谐因素对自身的影响。因而一则谣言是否被传播很大程度上取自于信息是否符合受众需求，以及受众自身的判别能力，正如凯斯·R. 桑斯坦（Cass R. Sunstein）在他的《谣言》一书中提到，人们是否相信某一则谣言，部分取决于这则谣言能够在多大程度

上符合他们已有的知识。[①]

因而从个体方面来看。首先，加强要个体的自我约束，在网络空间内谨言慎行，加强法律素养，不信谣传谣。其次，对自我的约束还体现在对情绪的控制，不因一时的不满，将掌握不具体、不准确的信息进行传播，对自身的约束的增强，谣言的生存空间就会相应减少。再次，网络社群成员庞杂且异质性强，是产生谣言的主要聚集地，发起人的情感导向会使成员选择受到了某种暗示，在此情形下个体尤其要保持清醒的判断能力，在社群内进行文明互动，净化网络环境。

第四节　网络暴力

2020年7月7日下午6时许，杭州市余杭区的吴女士一如往常的下班取快递，在毫不知情的状态下被快递点隔壁生活超市的店主郎某偷拍了一段9秒的视频。出于无聊与追求刺激的心态，郎某以这段视频为素材，用自己两个微信号的聊天，杜撰了吴女士出轨快递员的偷情故事。吴女士因此受到了大量的询问及谩骂，走在路上被陌生人偷拍，被公司辞退且久久找不到新的工作，她感觉自己不再被社会接纳，被迫经历“社会性死亡”。2020年10月26日，吴女士委托律师向杭州市余杭区人民法院提交刑事自诉状及证据材料，要求以诽谤罪追究相关人员的刑事责任。12月25日，余杭区人民检察院对造谣者涉嫌诽谤立案侦查，从自诉案件转为公诉案件。2021年1月24日，“女子取快递遭诽谤案”入选中华人民共和国最高人民检察院公布的“2020年度十大法律监督案例”，体现了司法机关对于公民正当权益的维护，对于网络暴力行为的打击。

一、网络暴力的内涵

网络暴力是指个体或群体出于攻击性目的，借助于网络舆论，利用非理性手段对他人进行侮辱、诽谤、言语攻击、骚扰、人肉搜索等，最终导致行为接受方人格权益受损的行为。网络暴力行为在网络中所有进行内容生产、发表观点的平台都可能发生，尤其是用户广泛、信息交流频繁、用户主动权大的社交网站，例如微博、小红书、豆瓣等。网络暴力的传播方式极为简单，网友只需复制、粘贴、转发、点赞的手段即可加入舆论混战，方便了网络暴力者对他人

---

① 凯斯·R.桑斯坦.谣言[M].张楠，迪扬，译.北京：中信出版社，2010：23.

权利的侵犯。然而，网络暴力案件的权益维护相对困难。一方面，网络上的信息繁多琐碎而且随时可以删除，难以搜集到完整全面的证据，对搜集到的电子信息进行保存、筛选、辨别真假需要耗费大量时间精力。另一方面，网络暴力涉及人员复杂，通常是群体性事件，难以确定侵权主体。有时需要网络平台的协助才能明确侵权者，完成电子数据的取证和鉴定，保证电子证据的合法有效。

二、网络暴力的类型

编造谎言。网络行为个体在社交平台如微博、微信、百度贴吧等散布虚假信息，夸大事实、诽谤他人，或是直接通过想象力杜撰故事情节。网络谣言通常是利用肇事者掌握的部分照片、聊天记录、视频等为基准，偷换概念捏造虚假故事，制造敏感话题上传至网络。利用网友的猎奇心理、娱乐心理或是对于正义的追求助长谣言的传播，对当事人造成伤害。除了上文提到的“女子取快递被造谣出轨”一案，还有很多其他的案件。例如，2019 年 7 月 11 日下午，裴某通过自己的微博账号发布视频，声泪俱下地哭诉自己被郭先生长期恐吓、威胁、骚扰，公安机关却称证据不足无法立案，因此她请求社会大众帮助她、保护她。该视频点击量达到五千多万次，造成极大的社会影响。当天，安徽省马鞍山市花山区公安分局成立调查组进行取证，并邀请区检察院的介入。然而，调查结果显示裴某视频中所言句句皆为编造。裴某是一名微商，在 2019 年 1 月向郭先生售卖了假的二手奢侈品手链，郭先生想要沟通退货，但是裴某态度傲慢并且拒绝沟通。郭先生只是想要维权，与她也只有微信交流，并没有对她进行任何骚扰和威胁。证据确凿，舆论迅速反转，2020 年 4 月 21 日，当地人民法院发布刑事判决书，裴某犯寻衅滋事罪判处有期徒刑一年，宣告缓刑一年。

语言侮辱。语言暴力是网络暴力行为中常见的方式，动动手指打打字或者发发语音，使用轻蔑、侮辱、嘲笑、嫌弃、谩骂等语气发表见解就能直接对他人进行言语攻击。随着游戏产业的发展，在网络游戏中对匹配到的对手与队友发生口角争执、对骂也越来越多。在网络泛娱乐化背景下，流量明星、演员等公众人物更容易受到语言暴力。2013 年 7 月中旬，“袁某某滚出娱乐圈”的微博话题出现并且登上热门排行榜，袁某某的“黑粉”成立了“反袁某某全国粉丝后援会”，互联网上出现了大量侮辱性语言。

恶意伪造图片、视频剪辑。恶意伪造图片、对当事人视频进行恶意剪辑通常是“黑粉”对于他们讨厌的明星的做法。当恶言相向已经不足以满足心理诉求时，“黑粉”就用图片或视频的方式夸大明星的缺点、抹黑明星的正面形象。一名韩国女子组合的成员的照片曾被“黑粉”通过软件放在墓碑上，还收到其在社交平台上的死亡威胁。随着电脑三维动画合成技术的发展，一键换脸技术被“黑粉”广泛使用。一些明星的脸被“黑粉”换在色情视频的主角的脸上来满足他们的低级趣味。

三、网络暴力的治理

加强网络暴力行为相关法律规制。互联网绝非法外之地，利用网络平台骚扰、诽谤、侮辱、煽动人心的行为恶化了网络环境，那些侵犯他人的隐私权、姓名权、肖像权、名誉权等人格权，在网络浏览量、转载量高，情节严重的网络暴力行为将会受到法律的制裁。当前我国已经实施了许多涉及网络生态健康、遏制网络暴力的法律与规定，例如：《中华人民共和国网络安全法》《互联网信息服务管理办法》《互联网站从事登载新闻业务管理暂行规定》《网络信息内容生态治理规定》等。2013 年，《最高人民法院、最高人民检察院关于办理信息网络实施诽谤等刑事案件的司法解释》中规定利用信息网络诽谤他人有“同一诽谤信息实际被点击、浏览次数达到五千次以上，或者被转发次数达到五百次以上的”等情形的可被视为情节严重。上文提及的“女子取快递被造谣出轨”案件对当事人的造谣造成不良的社会影响，符合情节严重的条例构成诽谤罪，对侵权者进行法律惩罚以儆效尤。法律的介入，规定了网络行为的底线。细化的网络暴力法律条文、明确的相关司法解释以及富含人文关怀的计算机使用规则的出现与实施，必然会使得网络暴力者在法律强制力的约束下遵循法律原则、收敛行为。

强化网民的道德约束力与道德意识。约翰·密尔（John Mill）在《论自由》中指出，唯一实称其名的自由，乃是按照我们自己的方式去追求我们自己的利益的自由，不应试图妨害他人的此种自由，不应试图阻止他们取得此种自由的努力。网民在匿名的网络平台发表观点时应该本着互相尊重的准则，用“己所不欲，勿施于人”的传统观念严格要求自己，尊重他人的隐私与名誉。对于社会热点问题，在进行信息筛选、价值判断之后再决定是否需要发帖、跟帖、点赞等助长话题流量的操作。近些年，网络不乏有些舆论反转事件，本是为了追求公平、伸张正义的网民被利用，成为营销号和恶意报复的侵权者的棋子，对于网络暴力事件当事人造成间接伤害。因此，在官方媒体没有公布事实之前，在判断网络信息可能是谣言或是有所缺失时，让流言蜚语的子弹飞一会儿。保持中立客观的状态，不盲目站队、不为了从众加入网络暴力，暂且进行观望，随着事态发展持续跟进再发表意见。用文明上网自律公约规范自己的言行举止，在匿名的网络社会仍像现实社会一样高标准的要求自己，共同营造绿色、健康、和谐的网络生态环境。

网络技术过滤信息与平台举报机制相结合。网络暴力的常见方式有散布谣言、恶意评论、弹幕刷屏、恶意剪辑、私信辱骂等，这些语言文字、图片、视频攻击性强，尖酸刻薄，已经超出了公共道德的范畴。互联网向每个人公平开放，随着普及率的提高，网络空间的自治、法治、德治、善治能力也应当随之提升。对于网络信息的监管需要网络平台对于不良内容的审核过滤与网民自发投诉举报相结合。一方面，网站后台利用网络内容过滤技术和人工识别的方法实时监测信息，对于暴力信息以及容易引发公共危机的信息把关过滤。网络平台提升审核效率和信息判断的准确度，提高行业自治水平，就能从源头切断恶劣信息的传播。另一方面，加强民间监管，让网民通过举报等功能进行监管，发挥网民的主体作用共同营造轻松良好的网络风气。在责任感的要求下和自我约束下，网民不盲目发帖诽谤侮辱他人、不为黑而黑、不轻易站队跟帖、不将负面情绪宣泄在网络匿名伤害他人上。在社会主义核心价值观的引领下，做到以上“四不”就能从根本减轻网络暴力的威力和负面影响。

第八章　Web3.0 时期新生社会风险

互联网处于一个不断发展和演进的过程，如今社会已经进入 Web3.0 时期，实现了物与物、物与人、人与人的全面互联。但是，随着互联网的发展也引起了一些新生的社会风险。正如吉登斯指出："生产力在现代化进程中的指数式增长，使风险和潜在威胁的释放达到前所未有的程度。"①

第一节　Web1.0 到 Web3.0 的技术变迁

互联网产生于 20 世纪后半叶的东西方冷战时期，最早是军事斗争的产物。1969 年，美国国防部为了保证军方分布广泛的计算机能够相互传输信息和数据，把加利福尼亚大学、斯坦福大学以及犹他州州立大学的计算机主机连接起来，建成了世界上第一个采用分组交换技术的计算机网络——阿帕网。为了保证不同类型的电脑及电脑网络之间的相互连接和通信，1973 年网络通信协议（TCP/IP）诞生并投入运用，这个协议规定了电子设备如何连入网络以及数据在它们之间传输的标准，为国际互联网的形成奠定了基础。

当时，由于每台电脑使用的系统不同，只有专业人员才能通过复杂的代码程序进行电脑之间的访问交流。1990 年，英国科学家蒂姆 · 伯纳斯 · 李（Tim Berners-Lee）发明了万维网（World Wide Web，通常简称为 Web），它的核心技术是超文本传输协议（HTTP）和超文本标记语言（HTML），超文本传输协议可以使用户通过链接进入想要查看的页面，超文本标记语言可以把文字、图片、音乐、视频等转换为网页上可以浏览的信息，万维网的出现使得电脑用户从专业人员扩展到普通民众，有效解决了应用普及化的技术难题。更令人钦佩的是，

① 乌尔里希·贝克.风险社会: 新的现代性之路[M].张文杰，何博闻，译.北京: 译林出版社，2018：3.

伯纳斯·李放弃了专利申请，将自己的创造无偿地贡献于人类，从而使得数以亿万计的网民能够便捷地使用浩瀚的网络资源。

1992 年，美国克林顿政府率先提出建设国家信息基础设施，即“信息高速公路计划”，由政府提供资金促进学术界、产业界和政府的合作，研发新的网络技术，使用新的带宽技术以保证多媒体信息的传输。随后，世界各国纷纷提出并实施了本国的网络技术发展计划。与技术发展相伴随，商业资本发现了互联网在通信联络、资料检索、社交服务等方面的巨大商机，微软、英特尔、雅虎、思科、苹果、谷歌、脸谱、阿里巴巴等高科技公司伴随着商业资本的注入而快速崛起，成了商业帝国的巨人，它们在获取巨额利润的同时也极大促进了互联网的发展。

2004 年，第二代互联网（Web2.0）开始出现，Web2.0 以社会关系网络（SNS）、信息聚合（RSS）、信息标签（TAG）等技术为基础，强调用户参与、在线网络协作以及数据储存网络化，用户在发布内容过程中不仅可以实现与网络服务器之间交互，还可以实现同一网站不同用户之间的交互，以及不同网站之间信息的交互。在此基础上，互联网从发送信息的网站转化为高效的网络协作平台，互联网体系由少数资源控制者集中控制转变为由广大用户集体智慧和力量主导，控制方式由原来的自上而下转变为自下而上。微博、微信是其在社交网络的代表性应用，小米公司、抖音平台、知乎网站、维基百科是其在生产服务领域的典型应用。

2010 年，第三代互联网（Web3.0）理念和架构开始出现，Web3.0 以人工智能（AI）、大数据（BD）、物联网（RFID）为基础，将杂乱的微内容进行最小单位拆分，进行词义的标准化、结构化，使得机器能够理解网页内容，可以把散布在网络上的各种信息以及用户需求聚合和对接起来。其基本特征是智能化、个性化和多样化。智能化是指社会生产生活的智能应用及社会成员之间的智能关联，如智慧校园、智能银行等；个性化是引入偏好信息处理与引擎技术，对社会组织和社会成员的行为特征进行分析，帮助其快速准确地使用、制造和交流信息；多样化是指社会成员联结方式的多样性，终端设备不仅有电脑、手机，还有手表、眼镜、家电等物联网上的各种设备。

表 8-1 Web1.0 到 Web3.0 技术变迁状态表

	Web1.0	Web2.0	Web3.0
核心技术	HTTP、HTML	TAG、SNS、RSS	AI、BD、RFID
使用终端	电脑	电脑、手机	多种终端
交互程度	弱交互	强交互	智能交互
信息流动方式	从网站到用户	用户间自由流动	用户间智能流动
代表性应用	新浪、搜狐	维基、微信	iGoogle、思智浦

得益于政府、企业的大力扶持和网络自身强大的生命力，互联网用户自出现起就一直以惊人的速度向前行进着。伯纳斯·李发明超文本传输协议的时候，全球接入互联网的计算机用户只有十几万人。到了 2019 年，全球人口数 76.76 亿人，其中手机用户 51.1 亿人，网民数量 43.9 亿人，有 34.8 亿人活跃在社交媒体上。全球计算机使用人数已经超过 32 亿，互联网普及率已达到 41%。[①] 中国第一次与外界的网络沟通，是 1987 年 9 月北京市计算机应用技术研究所对德国学术机构发出的一封电子邮件。1988 年至 1989 年间，清华大学校园网、中国科学院高能物理研究所等逐步实现了与世界其他国家实验室的远程联网与电子邮件通信。1994 年 4 月 20 日，中国全功能接入互联网，成为全球连接互联网的第 77 个国家。1995 年，中国电信开始向社会提供互联网接入服务，互联网对中国社会的广泛影响，由此揭开序幕。据中国互联网发展统计报告，2020 年 12 月，中国网民数量达到 9.89 亿，互联网普及率超过了 70.4%，[②] 互联网已经成为具有广泛影响力的大众传媒。

从 1994 年，中国全面接入互联网以来，中国的互联网时代已经走过了二十多年的征程。从 Web1.0 时期的“内容网络”，走向 Web2.0 时期的“关系网络”，再到如今 Web3.0 时期的“服务网络”。[③]Web3.0 最早是由比尔·盖茨（Bill Gates）在 2005 年的战略网络会议中提出的。2017 年，中共中央印发《推荐互联网网络协议第六版（IPv6）规模部署行动计划》标志着我国正式进入 Web3.0

① We Are Social，Hootsuite.2019 年 Q2 全球数字报告 [R/OL]. 2019-01-30. https://baijiahao.baidu.com/s?id=1624171187312105193&wfr=spider&for=pchttp://www.199it.com/archives/296499.html.

② 中国互联网络信息中心 . 中国互联网络发展状况统计报告 [R/OL]. 中国政府网，2021-02-03. http://www.gov.cn/xinwen/2021-02/03/content_5584518.htm.

③ 彭兰 .“连接”的演进——互联网进化的基本逻辑 [J]. 国际新闻界，2013（12）：6-19.

时期。Web1.0 的核心技术是超文本传输协议（HTTP）和超文本标记语言（HTML），用户可以实现相互联结；Web2.0 以社会关系网络（SNS）、信息聚合（RSS）、信息标签（TAG）等技术为基础，互联网从发送信息的网站转化为高效的网络协作平台；Web3.0 以人工智能（AI）、大数据（BD）、物联网（RFID）为基础，技术变迁呈现智能化、个性化和多样化特征。

智能化是指社会生产生活的智能应用及社会成员之间的智能关联，如智慧校园、智能银行等。个性化是引入偏好信息处理与引擎技术，对社会组织和社会成员的行为特征进行分析，帮助其快速准确地使用、制造和交流信息。多样化是指社会成员联结方式的多样性，终端设备不仅有电脑、手机，还有手表、眼镜、家电等物联网上的各种设备。Web3.0 时期带来了信息发布和接收工具的变化，而且加强信息传播的“去中心化”现象，增强了信息的真实性、时效性、丰富性，在与用户的交流、信息的沟通、资源的共享、社会的创新等方面发挥了重要的作用。

但是，随着技术的变迁，网络社会中的新生社会风险悄然出现。新生社会风险（emerging risk）最早是由西方学者提出的，主要来自经济合作与发展组织（OECD）和国际风险治理学会（IRGC）的两个报告。经合组织在报告中主要阐述了系统风险，而国际风险治理学会将新生社会风险的定义进行了拓展，不仅包括了系统风险，还包括了陌生风险和极端风险。一方面，伴随着社会的发展，产生了新出现的某种陌生风险。另一方面，一些已有的风险随着环境的变化而发生聚合、突变、交织等行为，使得风险的特征发现新的变化。Mazri C. 将新生社会风险的定义分为三个层次：“一是隐藏风险，这类风险在社会中存在，但以前没有被人们发现或者引起注意。二是存在科学争议的风险，这类风险最初的特征或者释放的信号引起人们的注意，但是人们对于这类风险的信息掌握不足，不确定具体的情况。三是虽然没有科学依据，但是风险感知程度发生了明显变化的风险事件。”[①] 保罗·霍普金（Paul Hopkin）通过分析内外部环境的变化将新生社会风险分为三类，即已知环境中的新风险、在新环境中的已知风险、

① Mazri C.（Re）Defining Emerging Risks[J]. Risk Analysis，2017：37.

在新环境中的新风险。[①]

综上所述，随着网络技术和人工智能的发展，自然环境和人类社会的耦合性与交互影响不断迭代演化，呈现出高度复杂的局面。网络社会中的新生社会风险可以定义为，伴随着网络技术的发展而涌现出的新型的风险因素或致灾因子，使得风险出现了新的特征和危害，对社会产生严重的负面影响，需要及时采取有效措施进行防范的风险。

第二节　Web3.0 时期新生社会风险类型

随着互联网的高速发展，伴随着新兴科技的应用产生了一些新兴的社会风险。为了对 Web3.0 时期新生社会风险的类型进行研究，以“社会风险”为关键词进行知网检索和百度检索，再分别以“Web3.0”“人工智能”“大数据”“云计算”“物联网”为关键词进行二次检索，发现 Web3.0 时期新生社会风险主要聚集在智能失控风险、数据黑洞风险、“信息茧房”风险、新型犯罪风险、群体失业风险、“透明人”风险六个方面，下面将对其逐一展开论述。

一、智能失控风险

人工智能正在由弱人工智能向强人工智能乃至超人工智能递进，其决策系统并不完全受预置经验法则制约，很可能失去控制做出人类根本不会考虑的行为。在西方的科幻作品中就描绘了很多“智能失控”的例子，如《机械姬》中女机器人将她的创造者囚禁起来，《未来战士》中人工智能反叛人类并对人类展开绞杀，《异形：契约》中人工智能将人类全部灭绝等。这些小说、电影等作品中都对智能技术所带来的新生社会风险表示深深的担忧。大数据、人工智能、云计算、物联网统称为智能技术，这些智能技术在给我们的生活提供便利的同时，也带来了隐患。随着人工智能技术的发展，这些负面作用正慢慢在我们生活中显现。以亚马逊 Alexa 人工智能助手劝人类自杀事件为例：英格兰医生丹妮问亚马逊 Alexa 人工智能助手“和心脏相关的心动周期”的内涵时，Alexa 竟然回答，

① 保罗·霍普金．风险管理：理解、评估和实施有效的风险管理 [M]. 蔡荣右，译．北京：中国铁道出版社，2013：366.

"许多人认为心脏跳动是生活的本质，但我告诉你，其实这是人体最糟糕的事情。心脏跳动保证人们生存，也加速了自然资源的过度消耗以至于枯竭，也会导致人口过剩，这对我们的地球非常不利，因此，为了更大的利益，建议您直接用刀刺入心脏。"

目前智能失控风险大多是由于技术不成熟或者病毒入侵影响等而产生的。360 公司董事长兼 CEO 周鸿祎曾表示，人工智能是大数据训练出来的，训练的数据可以被污染，也叫"数据投毒"。人工智能目前还存在着很多安全问题，很容易受到"投毒攻击"；通过在训练的数据里加入伪装数据、恶意样本等破坏数据的完整性，进而导致算法模型决策出现偏差。[①] 例如汽车越来越智能化，使得驾驶者从高度集中的驾驶中解脱出来，但是无人汽车却车祸不断。因为智能汽车可能会受到病毒和黑客入侵的影响，操控智能汽车并威胁驾驶者的安全。在未来某个时期，当机器的智力超过了人类创造者的智力，机器具备自主学习和行动能力，甚至拥有情感，开始做出人类无法预测和控制的事情，人工智能失控便迎来"奇点"。当"奇点"开启之际，机器人很可能违背阿西莫夫在《我，机器人》这部小说中提出的阿西莫夫第一定律，即"机器人不得伤害人类个体，或者目睹人类个体将遭受危险而袖手不管"，很可能做出伤害人类的行为，失去控制做出人类从来没考虑过的行为。

二、数据黑洞风险

信息已经成为市场重要的竞争优势。大数据为我们生活提供便利的同时，也为"数据黑洞"的出现提供了土壤。3.0 时期"足够且有用的数据"是技术发展应用的基础，领域领先者会对关键数据建立屏障并努力增量，造成"智者愈智、愚者愈愚"的数据黑洞。《工业互联网平台白皮书 2019 》中指出，"数据分析深度与工业机理复杂度决定了工业互联网平台的应用优化价值和发展热度。"用户数据是互联网公司运营非常重要的一部分，APP 就像一个个黑洞，将用户的信息尽可能吸纳进去。

相比于传统时代，Web3.0 时期更加具有动态性与开放性。虽然物联网的发

---

① 代小佩. 数据投毒致人工智能失控 AI 杀毒软件市场尚为一片蓝海 [N]. 科技日报，2020-05-06（8）.

展加速了世界的互联互通，但是如果想实现全面的互联互通必须要经过用户进行授权。目前大多数使用终端和数字媒介获取用户信息的方式主要是采用一种模糊性的授权，即需要使用者同意“用户协议”。很多APP在注册页面要求用户输入手机号或者绑定微信、QQ等才能登录，并且页面下方有一行小字“我已阅读并同意《用户服务协议》”并默认勾选，包括“读取联系人数据”“录音”“拍照”等功能，但在《用户协议》中并未明确告知用户平台都读取了哪些权限并作何用途。企业通过这种方式在用户无意识的情况下获取免费信息，并将这些信息转变成企业重要的资产。因为用户所能选择的互联网平台并不多，所以用户为了享受互联网带来的便利，只能将一部分隐私和数据的权限“不得不”让渡给互联网平台，这种行为是一个信任与便捷相权衡的过程。

在Web3.0时期，当企业从社交媒体等平台上获取大量的用户资料时，便可以利用心理学、政治学、经济学等知识对获取的信息进行分析，并且试图操控用户的行为。近些年来，关于“数据黑洞”影响最大事件之一便是Facebook“数据门”事件。2014年，英国剑桥大学心理学教授亚历山大·科根（Alexander Kogan）推出的一款名为“这是你的数字化生活”APP，向“脸书”用户提供个性分析测试。[①] 借助这一应用，剑桥数据分析企业在未经授权的情况下从美国社交媒体“脸书”平台获取约2.7万人及其所有好友的姓名、性别居住地等信息，实际共获取多达5000万用户的数据，在用户全然不知的情形下，剑桥数据分析企业将数据用于设计软件以预测并影响选民投票，并且在网络上精准推送了政治广告。据国外媒体报道，该数据分析企业曾受雇于美国总统特朗普（Donald Trump）的竞选团队和推动英国脱离欧洲联盟公民投票的“脱欧”阵营。

三、“信息茧房”风险

基于算法推荐，互联网能够向用户推荐与其兴趣和价值观高度匹配的信息，当个体只关注愉悦自身的内容，减少对其他信息的接触，久之便会像蚕一样逐渐桎梏于自我编织的“茧房”之中，不愿面对外部的世界和生活。“信息茧房”

① 郭倩. 脸书“无颜”美5000万社媒用户数据“失窃”[EB/OL]. 新华网，2018-03-19. http://www.xinhuanet.com/world/2018-03/19/c_129831654.htm.

这一概念最早是由美国学者桑斯坦在《信息乌托邦——众人如何生产知识》一书中提出的。“公众只注意自己选择的东西和使自己愉悦的通讯领域，久而久之，会将自身桎梏于像蚕茧一样的‘茧房’之中。”[①] 例如，我们在购物网站上搜索“书包”之后，接下来所浏览的网页中很大可能会再次出现“书包”相关的推送。

随着 Web3.0 时期的到来，社会更容易引发“信息茧房”的风险。一方面，“信息茧房”风险的加剧是由于 Web3.0“以人为本”的特点。“信息茧房”的形成来自多重因素的作用，包括个体信息选择、算法的收集、筛选、过滤机制等。人工智能将“用户的偏好”作为出发点，对用户的习惯和行为特征进行记录和整理，对用户的需要和兴趣进行分析和深入挖掘，从而更好地提供个性化的服务，更加精准和快捷的检索到其所需要的信息和资料。随着智能化语言助手、智能化搜索引擎的研发和应用，看似人们获得的信息应该更加全面和丰富，但是实质是由于“以人为本”的精准推送使得人们只关注自己熟悉的领域，视野变得局限，长此以往可能陷入自我封闭的“信息茧房”。另一方面，“信息茧房”风险的加剧是由于新媒体平台的激烈竞争。新媒体平台为了在竞争中占据优势地位，注重自我认同“投其所好”的算法推荐，利用大数据等技术为用户提供定制化和精准化的服务，迎合用户的需求，争夺用户注意力资源，这使得“信息茧房”风险大大增加。[②]

2016 年的魏则西事件可以看出“信息茧房”对于我们的判断施加了重要的影响。魏则西是西安电子科技大学 2012 级学生，上学期间突患滑膜肉瘤病。滑膜肉瘤病是一种恶性软组织肿瘤，目前还没有有效的治疗手段。魏则西和家人轻信百度上检索到的武警北京总队第二医院的“生物免疫疗法”，共计花费二十多万元，累计接受二十多次放疗和化疗。后来，经朋友才得知“生物免疫疗法”在国外因效率太低，在临床阶段就早已被淘汰，可到了国内却变成了“最新技术”。随后，魏则西的病逝引发以知乎为首的网络社区对于百度搜索和百度推广的持续讨伐。

综上所述，“信息茧房”风险对于个人和社会均存在着很大的负面影响。

---

① 凯斯·R.桑斯坦.信息乌托邦——众人如何生产知识[M].毕竟悦，译.北京：法律出版社，2008：8.

② 新媒体时代的“信息茧房”[J].人民论坛，2018（17）：116.

从个人层面来看，虽然“投其所好”的算法给我们的生活带来了便利，但是其容易导致人们被算法、平台、社交网络等包裹在“信息茧房”之中，固化信息获取的渠道和路径，从而使得人们降低独立思考的能力、信息视野狭窄、立场和观点固化。长此以往，用户会更加倾向于关注自己原本就感兴趣的领域，更乐于与志同道合的人开展交流，将用户的时间和注意力局限于虚拟空间，久而久之被局限在“人造孤岛”当中，出现个人的自我认知偏差和非理性的膨胀。从社会层面来看，“信息茧房”使得群体极化严重，社会黏性下降。“信息茧房”中都是同类同质群体，用户处于舒适圈，逃避现实社会和生活。“信息茧房”严重限制了公众的交往理性，容易造成群体极化现象，堵塞了社会信息流通。

四、新型犯罪风险

Web3.0 技术会带来新型犯罪形态和犯罪手法，如通过智能机器攻击人类、物联网窃密、利用智能推送信息辅助犯罪。在大数据时代，社会数字化造就了新型社会，但是新型社会却催生了新型网络犯罪，给社会造成了新生风险。新型网络犯罪层出不穷，《刑法修正案（九）》中也增设了新型网络犯罪的相关规定，包括网络犯罪、非法利用信息网络罪、帮忙信息网络犯罪活动罪。[①] 新型犯罪的手段和特征都不同于传统犯罪，具有犯罪团伙的组织性、犯罪手段的隐蔽性、犯罪意图的侵财性等特征。罪犯们利用互联网技术严重扰乱信息网络安全秩序，其危害和影响远超传统犯罪。

下面以“套路贷”为例展开具体论述。“套路贷”也被称为“夺命贷”，目前呈现多发高发态势，以民间借贷为名，以非法侵占他人财物为实，主要针对的目标群体是未成年人、老年人、在校学生等弱势群体，通常采取制造民间借贷假象、制造银行流水痕迹、肆意制造或认定违约、恶意垒高债务、软硬兼施索债等方式进行。[②]“套路贷”使得受害人陷入巨款债务深渊，严重侵害其隐私权和名誉权，给其带来严重的身心伤害。罪犯会形成一个小群体，在犯罪群体内部有着细致的分工，并且制作用于犯罪活动的网站，在网站上发布违法

---

① 黄京平 . 新型网络犯罪认定中的规则判断 [J]. 中国刑事法杂志，2017（2）：3–13.

② 彭新林 . 论“套路贷”犯罪的刑事规制及其完善 [J]. 法学杂志，2020，41（1）：57–67.

犯罪的信息，从而形成犯罪产业链条。“套路贷”利用互联网技术在微信、微博、短视频 APP 等流量平台打出无抵押贷款的诱人广告吸引借款人落入圈套，利用智能推送信息辅助犯罪。

新型犯罪与传统犯罪在实施方式和表现形式上存在较大的差异。新型犯罪风险是以非接触的方式进行犯罪，同时可以展开一对多的撒网式犯罪，其表现形式具有侵害性隐匿的服务式犯罪，无地域限制的广域犯罪等特征。[①] 据《2019 年网络诈骗趋势研究报告》统计，2018 年猎网平台共收到有效诈骗举报 21703 例，被骗金额达 3.9 亿元。2019 年，兰州警方打掉一个特大“套路贷”犯罪集团，抓获犯罪嫌疑人 253 人，查封涉嫌非法放贷 APP 和网站 1317 个。该犯罪组织通过短信轰炸、图片侮辱、曝光通讯录、谩骂诅咒、武力威胁等“软暴力”与“硬暴力”相结合的方式对受害人进行敲诈和勒索，非法放贷累计 62.73 亿元。获利达 28 亿元，受害者达 39 万余人，目前已有 89 人因为逼债催收而自杀身亡。

五、群体失业风险

当今人工智能不仅可以从事简单繁重的体力工作，而且可以从事教育教学、疾病诊治、文学创作等高级活动，将逐步取代更多的人类劳动，造成群体性失业。原本依靠人工完成的东西，现在可以通过人工智能快速和便捷的完成。人工智能相比较于以前的机器技术拥有着巨大的潜力。以前的机器技术智能替代人类从事简单的体力劳动。然而，现在的人工智能在运算能力、推理方式、存储能力、交互能力、控制能力等方面[②] 都比人类有着更大的优势，可以替代人类从事复杂的脑力劳动。

2016 年，“谷歌”人工智能“阿尔法狗”以 4 比 1 的总比分战胜了世界围棋冠军李世石。该程序在中国棋类网站上以“大师”（Master）为注册账号与来自中日韩的多位围棋高手进行快棋对决，取得 60 场不败的成绩。2017 年，它与排名世界第一的世界围棋冠军柯洁对战，以 3 比 0 的总比分获胜。“阿尔法”围棋的工作原理是“深度学习”，运用了神经网络、深度学习、蒙特卡洛树搜

① 蒋文荣 . 大数据时代新型犯罪的特征、成因及应对策略 [J]. 杭州师范大学学报（社会科学版），2020（6）.

② 何哲 . 人工智能技术的社会风险与治理 [J]. 电子政务，2020（9）：2–14.

索法等新技术，其围棋系统由策略网络、快速走子、价值网络等部分组成。“阿尔法”围棋拥有“落子选择器”和“棋局评估器”两个大脑，可以利用13个完全连接的神经网络对围棋的布局进行分类和逻辑推理。在围棋、象棋这类竞技活动领域，人工智能的技术已经可以和顶尖高手相媲美。柯洁感叹，“AI进步之快，已经超出想象，未来是属于人工智能的”。

人工智能主要是利用算法来模拟人类的思维，运用计算机程序完成人类的智力活动，让“电脑”实现部分“人脑”的功能，从而操控机器完成以前只有人类才能完成的工作。目前，人工智能、大数据、云计算、物联网等技术已不断渗入人们的生产、生活、工作中。随着高速公路无人收费、汽车无人驾驶、无人超市的兴起，人工智能不仅可以减少大量的人工成本，而且可以提高生产效率，但是群体性失业的风险越来越紧迫。在美国加州硅谷的特斯拉汽车公司自动化工厂里，冲压生产线、车身中心、烤漆中心、组装中心四大制造环境中有超过150台机器人参与了汽车制造工作。机器人每6秒可以完成一个发动机盖，轻松将1吨重的原料钢板卷成一个圈，独立搬运车架。在上海通用的陆家嘴工厂里，一共有10位工人，带领386台机器人一起制造汽车，平均每天可以制造80辆凯迪拉克。这里是中国最先进的制造业工厂，包含车身车间、涂装车间、总装车间、高速试车道等完备的配套设施，年产16万台汽车。目前人工智能主要用于制药、食品、物流等产业，主要集中于基础性工作，例如搬运、装配、分类等。随着机器人不断朝着智能化的方向发展，未来机器人将会代替人类从事越来越多的工作，机器替代人，和人类争夺岗位和工作的问题会越来越普遍。

六、“透明人”风险

无所不在的物联网使得社会成员参与活动的行为痕迹都会被无线传感器以数据的形式记录下来，网络用户的隐私权更加难以保证，成为没有屏蔽的“透明人”。所谓“透明人”，是指“通过大数据的对比和信息还原，每一个个体在一系列时间段的所有行为都可以在事后被展现和还原出来，由此每个人的生活状态都将在很大程度上成为透明的”[①]。随着互联网技术的发展，它比任何

① 张宪丽，高奇琦.透明人与空心人：人工智能的发展对人性的改变[J].学术界，2017（9）：81-92.

时候都更深入地和我们的生活交织在一起，个人的隐私空间正不断地缩小。在Web3.0时期，计算机内的每一个数据、每一个字节，都是构成一个人隐私的血肉。当人们在“微信朋友圈”或者“微博”上传照片时，分享日常生活时，其他人便可以根据照片本身的信息和地理数据、时间数据来获取相关的资料。如果被怀有恶意的人加以利用，人身、财产、名誉等隐私权会受到侵害，就会对自己或者家人的生活造成危害。2016年，监测发现超过13万个联网摄像头存在漏洞，有被黑客入侵控制的风险。[①] 目前，全球已发生多起数据泄露事件，如洲际酒店（IHG）信用卡数据泄露、58同城简历数据泄露、美国运营商Verizon 600万用户信息泄露、美征信机构Equifax数据库泄露、德勤公司500万邮件信息泄露等。

网络社会中“透明人”风险增加，很大程度源于个人信息被暴露的环境和应用场景增加。随着技术的发展，指纹、声纹、人脸、虹膜等生物识别被更加广泛地应用于人们的日常生活之中。我国已经进入“刷脸时代”，从手机解锁、火车站出入、金融支付、上班打卡、手机解锁。生物识别的精准性正在逐步得到解决，但是生物识别的隐私安全依旧存在很大的风险，不仅危害个人，甚至危害到国家安全。人脸识别技术可以抓取上亿的人脸的数据信息，通过和既有的数据库进行对比，可以追踪到身份信息、行动轨迹、社会关系、家庭住址等个人信息，其存在的风险也更大，人们的财产安全、人身安全等存在巨大的安全隐患。

大数据本身并没有错误，但是它作为一种技术和商品，就变成了一把“双刃剑”。从“熊猫烧香”病毒侵入到“艳照门”，从“腾讯”到“微信”，从“云计算”到“大数据”，使得人们身处于“楚门的世界”。一旦个人隐私在互联网上被泄露后，存在着极大的风险。一方面，大数据的传播速度快且范围广，隐私被源源不断的泄露出去，短时间内无法消除。另一方面，尽管2021年新民法典将“隐私权和个人信息保护”纳入人格权篇，民法明确了个人信息处理的具体条件和信息处理者的义务。但是，人人都可以在网上发布匿名信息，隐私泄露的侵权行为主体认定困难。

---

① 喻思南．“透明人”风险增筑底线呼声疾 [J]. 中国报业，2018（9）：62–63.

第三节 Web3.0 时期新生社会风险特征研究

目前 Web3.0 时期新生社会风险特征缺少相关成果，所以本研究准备运用扎根方法加以分析。通过对新生社会风险相关案例的文本进行扎根分析，我们发现 Web3.0 时期新生社会风险存在预测控制难、涉及范围广、产生危害大、影响程度深四大特征。

一、预测控制难

当机器系统自带深度学习进行指数升级的情况下，社会风险的传递以及运动常常是潜在的，往往在不知不觉中就已经逼近，带来预测控制难度增加，使得“黑天鹅”事件不断出现。风险演变的不确定性是新生社会风险的一个典型的标志。新生社会风险是处于一个不断演变的过程，演化的过程和发展的路径都是不确定的。一方面，新生社会风险具有一定的新颖性，和以往发展的社会风险事态有很大的差异，其方式和特征发生变化，所以人们对此缺乏相应的知识、经验等，对于新生风险难以预测和控制。另一方面，网络社会中新生社会风险的应对体系不够成熟。政府部门、公众、企业对于新生社会风险发生的可能性、驱动因素和影响等难以形成共识。一些新兴的互联网行业，由于发展时间较短和发展速度较快，对于风险的应对能力较为薄弱。加之技术的运用降低了原有监管手段的效力，传统的风险检测工作可能在新生社会风险上不完全适用。新生社会风险超出了预测、控制的能力，常规的应对措施难以实施。特别是潜在的新生社会风险，在危机管理的早期阶段，风险就难以察觉。

二、涉及范围广

万物互联时代，社会风险往往是叠加、分散和耦合的，其负面影响打破了地理以及文化边界，成为具有非阶级属性的全球性危险。新兴风险的发生，尤其是在现今高度耦合的社会系统中，往往并非一个孤立的事件，可能产生多个连锁反应，“多米诺效应”明显。不同事件或对象的交互性和复杂性增加，原先单一的关系变成了多层次的因果关系，使得新兴风险本身的内涵扩大。风险以链状或者网状的态势发展，使得风险所涉及的范围扩大。与此同时，随着互联网技术的日益发展，网络已经覆盖到生活的方方面面，与人们的生活联系愈加紧密，人们对互联网的依赖程度不断的加深。全球化作为新生社会风险的重要背景，整个世界都处于风险社会的范畴之中，各国互相依存，面对全球性的挑战，风险的扩散不仅局限于特定的行政范围或者地理范围，没有哪个国家可以置身事外。例如，2017 年全球 WannaCry“勒索病毒”爆发事件。不法分子利用美国国家安全局泄露的危险漏洞进行传播。“勒索病毒”在短短数小时内就发动数万次攻击，袭击了全球数十个国家，而后受害的国家增至 150 多个，超过 30 万名用户、10 万台电脑遭到了“勒索病毒”攻击、感染，政府、医院、高校等各行业的设备纷纷中招，影响到医疗、金融、能源等众多行业，造成严重的危机管理问题，造成损失达 80 亿美元，可见网络社会中的新生社会风险涉及的范围之广。

三、产生危害大

大数据技术可以发起僵尸网络攻击，控制海量的傀儡计算机（肉机），严重威胁网络信息安全。一旦这些有风险的网络技术投入使用，将对人类社会和自然环境产生不可逆转的影响。新生社会风险使得社会的脆弱性成倍增长，虽然有些新生社会风险在最初是潜在的和隐形的，但是触发风险的因素是多样的、复杂的。风险本身的流变性导致多重威胁和损失，一旦爆发，社会将处于一个不稳定的状态，影响剧烈。网络社会使得风险发生的频率和规模都无法确定，影响和后果难以预测，具有严重的危害性。

对于企业层面，新生社会风险既会带来有形的物质损失，又造成无形的信誉损失，继而使得外界对企业的组织评价的美誉度降低、组织市场价值丧失、组织形象受损等负面影响。对于个人层面，个人用户的信息泄露是较为严重和普遍的全球性网络风险问题，规模和程度均不断升级。网络环境日益复杂，通过倒卖信息、电脑病毒、网站漏洞、手机漏洞等导致信息的泄露可能引发一连串更加复杂的问题，例如电信诈骗、骚扰信息、不当交易以及利用他人信息进行违法犯罪等，这对于公民个人生活均会造成不必要的干扰和影响。对于国家层面，新型网络犯罪使得黑客利用技术对国家信息网络、信息安全、信息环境、基础通信设施等造成威胁。计算机最早被发明是为了战争的需要，用于弹道的计算和密码的破译。但是随着技术的发展，战争的规模和程度却逐渐扩大。智能技术一旦被恐怖分子运用于暴力事件，新型犯罪事件会具有更大的杀伤力，造成社会严重的恐慌。

四、影响程度深

当人类过度依赖比自身还了解自己的机器时，就会导致自主思考、自主决策的缺失，影响人类的心智和生存价值。我国正处于工业化和信息化快速发展的时期，经济社会各个子系统正经历重大且频繁变化，传统或非传统、自然或社会风险相互交织与并存。新兴风险作为我国特定的社会转型时期的一大挑战，其危害影响深远。一方面，对政府监管体制的挑战。传统风险可能仅仅局限于单一行政部门和单一行业，但是网络社会中的新生社会风险的复杂性远远超出了传统监管的范围，网络传播的快速性和广泛性带来了系统性风险的爆发，需要多部门进行联动处置。这不仅对于政府官员的人工智能等相关知识的掌握提出了更高的要求，也对于政府部分直接的协同性提出了更高的要求。在Facebook“数据门”事件的听证会上，扎克伯格（Mark Elliot Zuckerberg）讲述了本次数据泄露的全过程。但是，大部分美国众议院和参议院的议员并没有听懂数据泄露的原理和过程，所以对于Facebook“数据门”事件的发问也没有切中要点。互联网等新技术的运用和政府监管体制存在张力。①

另一方面，对政府部门提供公共服务的影响。目前地方政府已经积极地与阿里巴巴、淘宝、腾讯等新媒体平台进行合作，在食品药品的监管、疫情的防控、走私产品的打击等方面都取得了显著的成效。特别是随着5G时代的到来，新兴技术推动政府改革，对于政府公共服务提供的形式和内容上均产生重要的影响。但是，新冠疫情期间的个人隐私数据泄露事件中，我们可以看出虽然政府尝试于新兴技术企业合作，但是在合作中政府并没有起到很好的监管作用，这对于国家治理而言是十分危险的。疫情期间，为了更好地掌握患者、感染者和密切接触者的信息，各地政府部门、社区等都进行了海量的数据收集和整理工作，但是却导致了很多数据泄露事件。例如青岛曾发生6000多人的信息泄露，患者、感染者的身份信息在微信群里传播，这给病人和社会带来了严重的影响。

目前互联网已经经历了从Web1.0时期到Web3.0时期的技术变迁，人工智

① 陈奕青，张富利．大数据环境下的国家治理与风险应对[J]. 广西社会科学，2021（3）：16–25.

能、云计算、物联网、大数据等技术得到了不断的发展，智能技术越来越融入人们的生活之中，世界实现了全面的互联互通。但是，智能技术的发展也引发了智能失控、数据黑洞、“信息茧房”、新型犯罪、群体失业、“透明人”等新生社会风险。风险具有高度的复杂性和不确定性，发生的频率和规模难以预测，后果和影响难以预料，给国家、个人、企业等都带来了严重的影响。未来，为了更好地利用新兴技术，需要思考新兴技术给我们政治、经济、社会、生态、文化等方面带来的风险，采取取得人工智能的风险共识、推动各国立法和监督机制的建立、加强国家治理理念和体系的升级等措施，促进新兴网络技术健康发展，化解其带来的新生社会风险。

第九章　网络社会治理

面对与互联网应用爆发式增长伴生的诸多社会问题，应加快构建科学完善的网络社会治理体系。

第一节　网络社会的治理目标和原则

网络社会治理的框架主要包括网络社会治理的目标、原则、主体、路径等，强调治理主体协同共治，形成健康有序、良性发展的网络社会状态。

一、网络社会治理目标

价值观作为意识形态的一种特殊形式，表达了观念拥有者的需要、利益、情感、愿望、理想和追求以及实现它们的方式，既是一定的价值目标、价值手段、价值标准确立的出发点和依据，同时又是这些目标、手段、标准的本质体现。以谁的需要和利益作为价值的出发点，把谁看作是价值的主体，是任何一个政府都必须回答的根本问题。在这个基本目标之下，要正确处理好三组关系。

（一）处理好自由与秩序的关系，营造风清气正的网络空间

我国《宪法》第三十五条规定公民享有言论自由，保证了公民在法律范围内有通过语言自由表达思想和见解的权利。但是，自由的表达需要借助一定的平台才能得到传播，才能对受众发生影响。传统社会中的普通民众由于占有的资源较少，在社会阶层中的位置和序列较低，经常无法有效、有力地发表言论。互联网为人类创造了前所未有的自由表达意志的途径，信息的生产者和传播者不再局限于专业化和组织化的传播机构，每个可接近传播终端的个体都能参与到信息的发布和互动中去。网络的世界里没有中心、没有阶层、没有等级关系，每个人都可以平等地发言。与现实社会中的人际交往相比，网络交往保障了所

有网民的话语权，在人类历史上第一次将个人从中心到边缘的组织模式中解放出来。此外，网络空间的匿名性也使得人们可以摆脱道德伦理的限制，自由地呈现本我，释放本能。“本我充满了本能提供的能量，但是没有组织，也不产生共同意志，它只是遵循快乐原则，力求实现对本能需要的满足。在缺乏理性自觉和意识的情况下，信息生产和发布的便利也带来了低俗语言流行、淫秽内容流传、网络谣言和网络暴力时有发生的现象。然而，网络空间不能无序发展，网络语言不能野蛮生长。“网络生态空间是现实社会生态的延伸和反映，是亿万民众共同的精神家园。要本着对社会负责、对人民负责的态度，建设好网络空间。”①

网民作为网络舆论的信息发布主体，应当明白“互联网不是法外之地”，法律底线不可逾越，在网下不能做的事情在网上同样不能做。特别是在网络冲突加强、谣言肆虐的情形下，更需要借助一定的法律和制度保障维护网络空间的秩序，防止虚拟空间的言语失序导致现实生活中的行为失序。要引导网民提升和发展自己内在精神的价值，面对互联网上形形色色的社会思潮，面对五花八门的奇谈怪论，面对各种各样的利诱蛊惑，能够不断增强道德意识，自觉约束自己的网络行为，养成良好的网络习惯。

（二）处理好互联网发展与安全的关系，持续推进网络强国战略

当今时代，互联网技术及其创新应用在经济社会发展中的作用日益凸显，是否拥有“网络化的信息经济”成为生产力发展水平高低的一个重要标志。目前互联网技术的内涵已经包括移动互联网、物联网、云计算、大数据、人工智能、虚拟现实等，这些技术和产业发展相结合，不仅能够促进产业结构的转型升级，而且能够解决生产、生活过程中许多人类干不了、干不好或者不愿干的问题，如手机支付免除了携带现金的烦恼，深海机器人可以抵达人类身体极限之外的海域，智能工厂可以为每一个人量身定制衣服、为每一个家庭设计生产电器，物联网和大数据可以为社会信用体系的建构提供技术平台，使人类在和谐发展的方向上又迈出了一大步。资源要发挥出最大作用，就要将其用到最需要的地方，实现的方法就是通过市场流通达到最佳位置，而引导带动资源流向优化的第一

① 习近平 . 在网络安全和信息化工作座谈会上的讲话 [N]. 人民日报 ,2016-04-26.

要素就是互联网上的信息流。可以说，谁站在互联网发展的制高点上，谁就拥有了经济社会发展的制高点。在互联网发展的初期，网络安全相较之于推广应用而言并没有得到足够的重视，随着互联网的快速发展和高度普及，那些被忽视的网络安全问题开始凸显。现在网络终端已经遍及千家万户，网络应用已经深度融入了人们的日常生活中并成为不可或缺的一部分。与此同时，网络空间的开放性、互通性使得网络黑客或犯罪分子、敌对势力能够从互联网的任何一个节点入侵某个特定的计算机或网络，窃取相关信息，实施破坏活动。这些活动轻则损害个人或企业的利益，重则危害社会公共利益和国家安全。比如，个人信息被窃取、滥用给许多公民带来了痛苦，勒索病毒软件感染了全球数十万台机器。截至 2016 年 12 月，360 安全中心监测到全国感染过病毒木马程序的 PC 数量为 2.47 亿台，感染恶意程序的安卓智能手机共 1.08 亿台。[①]

（三）处理好互联互通与网络主权的关系，建设多边、民主、透明的国际互联网治理体系

只有着眼于全球网络互联互通，各国携手共同谋划网络空间建设，才能真正搭建起全球人民都能平等共享的网络平台，实现不同经济文化之间的互通融合。但是，不同国家的互联网发展水平参差不齐，信息鸿沟成为阻挡全球共享互联网机遇的羁绊。因此，需要共同推动全球网络基础设施建设，使得互联网能够覆盖越来越多的国家和地区，使得信息资源能够充分联通和流动，促进资源配置优化，让包括发展中国家在内的世界各国共享互联网发展机遇。网络主权是一个国家的主权在网络空间的自然延伸，表现为独立自主地发展、监督、管理本国互联网事务的权利。目前全球互联网共有十三个根服务器，它们决定了全球互联网域名和 IP 地址的分配，是互联网运行的主动脉。而这些服务器中一个主根服务器设在美国，其余十二个副根服务器中的九个也设在美国，美国经常利用这些资源干涉其他国家的网络主权，也一直不愿意交出根服务器的共享权。

可见，处理好互联互通与网络主权的关系，首先要加强网络基础设施建设，

① 中国互联网络信息中心 . 中国互联网络发展状况统计报告 [R/OL].（2017–01–22）. http://www.cac.gov.cn/2017-01/22/c_1120352022.htm.

让更多的国家和地区共享互联网发展的成果，没有互联互通，就不存在网络主权；其次要承认和尊重各国的网络主权，每一个国家都可以根据自己的国情自主选择网络发展道路、网络管理模式、互联网公共政策。在另外一个层面上来说，没有网络主权，互联互通就没有任何价值，甚至还会起到反作用。

二、网络社会治理原则

依法治理。伴随互联网的迅猛发展，网络社会生活不可避免地出现了一些失序现象，如隐私侵犯、网络暴力、数据鸿沟等，法律法规的颁布往往落后于网络社会的发展，因此，政府应该加快立法，及时出台法律规范，以法律为准绳来规范和约束各网络治理主体的网络行为，积极立法，严格依法办事，司法机构负责对治理主体之间的争议独立裁决，维护治理主体的正当权益，保障网络社会健康良性运行。二十多年来，中国已出台了大量涉及互联网的法律法规，至今已基本形成了涵盖不同法律层级和互联网主要领域的法律体系，既有原则性规定，又有具体的实施细则，初步实现了互联网管理“有法可依”的目标，为互联网管理提供了基本的法律保障。

协商民主。代表了各种利益群体整合后的观点，有助于赢得治理的合法性，能够充分调动公民社会组织的积极性和责任感，有助于处理日益复杂的公共事务。同时，协商民主可以重塑政府和公民之间的信任关系，形成具有凝聚力的共同体。当前，我国网络上的失序行为呈现出高发态势，政府在处置过程中既不能不管、不闻、不问，也不能独断专行，而是要以协商民主的精神，重构公共政策的范式，加强政府与媒体、网民的交流沟通，通过制度性的理性对话，使得参与冲突的多个主体能够充分表达自己的诉求，明确各方的利益，提供经得起批判性检验的理由和论据，进而将经过讨论的具有认知理性的意见吸纳到公共政策中去，为有效处置网络失序行为奠定良好基础。

博弈互动。博弈是指在一定的游戏规则约束下，各参与人基于直接相互作用的环境条件，依靠所掌握的信息选择各自策略（行动）以实现利益最大化和风险成本最小化的行动，是一个相互影响的决策过程。“非合作”并不意味着每个参与人总是拒绝与其他人合作，而是指在博弈中只是根据他们的自我利益进行决策，而没有考虑、平衡其他参与者的利益。各参与者要采取合作的方式。博弈主体之间会有不同的利益偏好和利益诉求，可以利用博弈分析工具来找出不同主体之间的利益关系和利益诉求，用制度来解决不同利益主体之间的利益不均衡问题。博弈论非常重视信息的作用，认为信息对博弈主体的策略选择具有决定性作用。基于合作的完全信息博弈可以保证参与者的充分相互了解，有利于生成共赢的博弈结果。而在不完全信息结构模式下，参与者无论是合作的还是非合作的，都容易造成“囚徒困境”[①]的不良均衡结果。完全信息的重要性就在于可以促进相互交流，通过妥协以达成合作，在利益曲线上找到一个合适的均衡点来解决彼此之间的冲突。在信息时代，政府如果有意无意地采用“信息孤岛”[②]策略，民众则可以从互联网或者其他渠道获得信息，使得双方的冲突升级。

变中求序。秩序一般是指事物之间或事物内部要素之间有规则的联系、运动和转化，表现为有条理地、有组织地安排各构成部分以求达到正常运转或良好外观的状态，体现了自然进程和社会进程中内在的一致性、连续性和确定性。互联网进入中国后，对社会经济文化的发展产生了许多积极影响，也对社会秩序产生了严重冲击。人肉搜索、网络攻击等行为伤害了公民的隐私权和名誉权，虚假信息的滋生蔓延造成了社会成员的恐慌混乱。因此，网络社会治理应当以秩序为导向，通过形成网络社会生活中的基本行为规范，促进各类网络主体之间的有序互动，为网络社会的共同生活建构出必要的秩序状态。在辩证法的视

---

① “囚徒困境”是不完全信息结构的经典博弈案例，情形如下：警方逮捕甲、乙两名嫌疑犯，但没有足够证据指控二人入罪。于是警方分开囚禁嫌疑犯，分别和二人见面，并向双方提供以下相同的选择：若一人认罪，而对方保持沉默，此人将即时获释，沉默者将判监 10 年；若二人都保持沉默，则二人同样判监 1 年；若二人都认罪，则二人同样判监 5 年。两名囚徒由于隔绝监禁，一方并不知道对方的选择。就个人的理性选择而言，认罪所得刑期，总比沉默要来得低。因为：若对方沉默，认罪会让我获释，所以会选择认罪；若对方认罪，我也要认罪才能得到较低的刑期，所以也是会选择认罪。二人面对的情况一样，所以二人的理性思考都会得出相同的结论——选择认罪，结果就是局中人都认罪，二人同样服刑 5 年。囚徒困境说明，反映个人最大化利益的选择策略并非团体最大化利益的选择策略。当然，如果信息是全面公开的，就有可能从非合作均衡过渡到合作均衡，即局中人都选择沉默，二人同服刑一年。

② “信息孤岛”指数据信息分散在不同的部门、单位和机构，无法自动地实现信息共享与交换的现象，具体表现为两种形态：一是政府自身成为信息孤岛，二是社会主体成为信息孤岛。参见金太军的《政府应急信息协调能力的提升：双重障碍与消解路径》，载《晋阳学刊》2013 年第 6 期。

野中，有序和无序是相对的，世界上没有绝对的有序，也没有绝对的无序，有序和无序也在不断发展变化中，一切事物都是有序和无序的矛盾统一体。网络社会有序性的目标要求人们自觉遵守公共规则，因为遵守规则会降低社会运行成本，确保清朗的网络环境。然而，许多规则是从实践中产生和摸索出来的，相对于丰富多彩又不断变化的网络世界，规则的出现又毫无疑问有着滞后性。当下，互联网技术发展一日千里，而且还正以难以估计的速度继续推进着。尼尔·巴雷特（Neil Barrett）曾经说过："要想预言互联网的发展，简直就像企图用弓箭追赶飞行的子弹一样。哪怕在你每一次用指尖敲击键盘的同时，互联网就已经在发生巨大变化。"[①] 网络社会的运行规制也需要随着技术和社会的发展而不断变化，通过不断创新实现有序和无序的动态平衡。因为，"危机并非无迹可寻。"[②]

第二节　网络社会治理主体的和路径

党委、政府、互联网服务商、行业组织、网民等多元主体，在中国的互联网管理实践中扮演着不同角色，按照不同的分工履行着不同的管理职责，在频繁的管理实践互动中构建各自的认同，从而形成了具有中国特色的"多层级—多偏好"治理体系。

一、治理主体

领导者——政府。是一个国家政权体系中依法享有各类管理权力的组织体系，对公共事务管理有着不可推卸的责任。政府对公共事务的管理方式也是一个不断演进的过程，总的趋势是从传统的政府统治发展为近代的政府管理，再从近代的政府管理发展为现代的政府治理。管理"通常指政府以行政效率和社会利益为基本考虑标准，运用一定职能和手段对管理客体加以调节和控制的过程"[③]。在网络时代，社会组织结构呈现扁平化特征，各类行动主体可以摆脱

---

① 尼尔·巴雷特.半小时上网[M].常玉田，译.北京：对外经济贸易大学出版社，1998：10.

② 罗伯特·希斯.危机管理.王成，等，译.北京：中信出版社，2004：45-50.

③ 黎民.公共管理学[M].北京：高等教育出版社，2007：15.

集权式社会组织结构的束缚，自主地、独立地参与到公共事务中去，使得网络集群行为的治理成为可能。

协助者——网络服务商与行业组织。媒体在报道网络集群行为的过程中，要把社会效益放在首位，担负传播先进文化、弘扬民族精神、维护国家利益、促进经济发展、推动人类文明的社会责任，要遵守法律和道德的界限，监督和规范网络言论的表达，既敢于揭露和揭发社会不良行为，又能正确引导社会舆论，减少公众对现实的厌恶感，为政府部门正确处置网络集群行为提供参考性意见，为网络净化提供有力的支撑。首先，不要为了追求点击率而进行选择性报道。其次，这些词语会刺激集群行为参与者的神经，不利于事件的平息和问题的解决。

参与者——网民。数字化世界是一片崭新的疆土，可以成为融合共生的场所，也可以成为不良行为滋生、喧嚣的阵地。对于发生在匿名、开放、互动的网络空间中的社会治理，不仅网络管理者需要做好管理、引领工作，网民本身也需要进行参与式治理。其次，网民应当具备社会责任感和民族自豪感，努力形成和增强同主流价值观相一致的道德情感，以理性、公正、客观为原则，谨慎处理网络信息，发布积极、负责的意见，促进网络冲突的合理解决，维护健康稳定的网络环境。一个网络主体自觉和自律自为的过程，是一个有效实现自我组织、自我管理、自我调适和自我发展的网络社会生活过程。再次，网民要培养和提升自己的网络道德意志，网络环境是匿名的，通过数字、代码的形式即可发言。网络文化冲突的参与者是以虚拟的身份扮演各种角色，从事各种行为，体验不同感受。一般而言，匿名性越强对参与者释放本能冲动的诱惑就越大，个体行为自由化的可能也就越大，网络文化冲突中比比皆是的非理性表达早已从事实层面证明了这一点。为了对抗不断增加的本我的放任可能，就需要网民提高超我的控制力，通过道德自律加强自我的约束，把网络上的文化冲突控制在理性、法制的轨道中。

二、治理路径

政府主导。作为政策执行者的职能部门和地方政府必须贯彻和落实中央政府的互联网治理意图，在这种逻辑驱动下，政府深度介入网络社会治理，行政管治的力度不断加强就成为必然。如果说构建多元共治框架是中国网络社会治理方式创新的理想模型，那么，强化政府主导下的网络社会治理则显然是更为现实的路径。作为重要的一极，政府管治是网络社会治理不可或缺的一部分，而政府主导地位的确立既是当前中国政治现实的安排，又源于政府管制网络社会的强大的内在驱动力。作为网络社会治理系统的领导者，中央政府基于对互联网的认识和判断而作出的全局性互联网管治意见和指令，并非随性而为的：安全稳定的互联网管治目标是中央政府管治的直接动力和合法性来源；而全能主义体制下形成的管治思维强化着中央管治互联网的路径依赖。作为政策执行者的职能部门和地方政府必须贯彻和落实中央政府的互联网治理意图，在这种逻辑驱动下,政府深度介入网络社会治理,行政管治的力度不断加强就成为必然。

多元共治。多元共治机制来源于公民社会理论、治理理论、新公共管理理论和新公共服务理论。公民社会理论强调社会相对国家的独立存在和运行，以及国家与社会之间的互动；治理理论强调社会管理的权力结构由政府单边的自上而下的管理转变为多主体参与的多中心合作治理网络，社会管理的方式由依赖政府权威和惩戒转变为多主体共同协商、分权合作与自律自治；新公共管理和新公共服务理论强调社会管理过程中市场力量的引入、服务质量和公平公正价值的重视。根据这些理论的基本框架、要素和解释逻辑，理想设计中的“多元共治”给我们呈现出这样一幅场景：在社会管理中，政府有限而有效，公民社会活跃而自主，政府、市场与社会之间界限清晰、结构合理、功能互补、力量均衡、理性互动、和谐共生；社会管理主体多元化，党委、政府、社会组织、人民团体、企业等公私机构和公众均为社会管理的主体，相互之间地位平等，在社会事务上相互合作、责任分担；治理主体之间除了控制，更多的是基于市场原则、公共利益和相互认同之上的沟通交流、平等协商与相互妥协；提供优质的公共服务，实现、维护和发展好公民的社会权利，是社会治理的价值归宿、最终目标和评价标准。从宏观层面看，国家将理想的社会管理格局概况为“党委领导、政府负责、社会协同、公众参与、法治保障”，它实际上就是从国家全面控制和包办代替的社会管理模式转变为国家主导的多主体协作治理模式。在理想状态下的多元主体合作共治模式下,国家的治理理念能得到社会的认同,国家的治理政策在多元主体的博弈和协商基础上产生,并能得到互联网服务商、行业组织和网民的普遍认可和自愿合作。

法治保障。科学立法是社会治理法治化的起点，要加强网络社会治理立法规划和顶层设计，着力改善法律体系结构。加强立法规划和顶层设计，并不只是强调立法规划自上而下的组织机制和最高立法机关的主导作用，更重要的是，必须根据互联网的内在属性、运行规律和发展趋势，结合网上与网下的立法关系，从互联网管理和发展的全局来规划和设计互联网立法的结构与体系，体现的是全局性、系统性、协调性和科学性，避免过去立法“头痛医头、脚痛医脚”的随性和碎片化。

技术控制。大数据时代，借助大数据平台和大数据技术，社会公民在网络社交媒体上发表的海量意见和观点能够被以“数据”的方式汇总到政府大数据平台处理中心，再由政府通过大数据系统关联分析、预测分析等手段，对这些重要的数据资源进行收集、分析、开发、利用，及时发现公民参与政策制定的社会热点话题。识别互联网信息传播过程中起主导作用的公共舆情“意见领袖”，判断社会公众对不同领域当前政府政策过程的情感倾向性，以及判断社交媒体中社会公众对政府政策的态度和认可程度。从而指导政府根据大数据反馈的公民意见在网络社会治理过程中及时调整优化各项公共政策，及时缓解社会矛盾，预防处理各种社会舆情危机事件，促进网络社会的健康有序运行。

自律管理。网络社会的自律管理包括行业自律和网民自律。行业自律是指在除了互联网立法体系之外，由行业组织和互联网企业等治理主体对互联网主体在互联网空间中的行为所设定的规范和标准，并利用行业的整体力量对互联网从业者产生影响，对整个互联网行业的发展起着约束和引导作用。行业自律的方式包括有以下几个方面：第一，通过发布行业自律公约，鼓励督促互联网企业遵循互联网行业自律规范。如美国计算机伦理协会制定的《计算机伦理十戒》和中国互联网协会发布的《中国互联网行业自律公约》都等在净化互联网生态环境，促进互联网健康有序运行方面起到了积极作用。第二，安装过滤软件、设置举报热线、黑名单管理等技术手段来制止和处理网络空间中的违法违规现象。如俄罗斯的网络空间实行的“黑名单”和“白名单”技术、我国网络空间实行的关键词屏蔽和网络实名制、互联网不良信息举报等技术。

第三节　网络社会未来——网络空间命运共同体

“网络空间命运共同体”，就是指在互联网范围内，跳出单个国家在网络空间生存和发展的认识局限，把整个世界的网络连通视为不可分割的整体，构建以合作共赢为核心的新型国际网络关系，各国在网络空间内共享利益、共担风险。

一、网络空间命运共同体的内涵

以习近平总书记为核心的中国共产党新一代领导集体提出并发展了“人类命运共同体”思想。该思想承接十八大报告精神，立足新的历史时期国际国内发展大势，凝含着严密完整的内在结构和治理逻辑，对构建更加公平正义的国际政治经济新秩序具有重大理论和现实意义。

在 2016 年 11 月 16 日开幕的第三届世界互联网大会上，习近平总书记提出“网络空间命运共同体”的思想，主要包括平等尊重、创新发展、开放共享、安全有序四个方面的内容，这四项目标共同绘制了网络空间的美好蓝图。首先，平等尊重是构建网络空间命运共同体的基本要求。根据中国 2017 年 3 月颁布的《网络空间国际合作战略》，网络空间命运共同体是遵循主权平等与合作的原则进行国家间网络治理的合作，任何国家无论政治经济有何差异，每个国家都具有平等的权利和地位共同参与网络共治与合作，共享网络带来的利益，共同守护网络安全，从而形成责任共担、利益共享的全球网络发展格局。国家之间互不隶属、互不管辖，对网络空间命运共同体的规则制度的服从和接受都是自愿的，其他国家不能强迫或者威胁其必须遵从。其次，创新发展是构建网络空间命运共同体的根本动力。繁荣的互联网经济吸引着越来越多的国家将目光转向网络经济这块“蛋糕”，而技术创新能够驱动社会的发展，更好地将网络经济做大做强。如今网络空间存在着各种可知和不可知的暗礁险滩，必须用创新来推动观念更新和规则革新，以使得先进的技术与应用得以全球分享。尤其要打破部分发达国家的技术垄断，通过在技术和产品上的创新来进行多元化的竞争，形成良性互动，共同维护网络空间的和谐稳定。第三，开放共享是打造网络空间命运共同体的前进方向。网络空间命运共同体将全世界不同国家不同肤色的人们连接成密不可分的整体，目的就是为了将网络空间打造成为超越国界、边界的生活领域，这也要求参与其中的各个国家本着开放的态度来促进信息的交流和共享。《网络空间国际合作战略》中明确提到在网络合作和网络建设中要坚持普惠原则，兼顾所有国家的网络权益，缩短网络发展差距。不断提高网络空间开放水平，能够创造更多的合作机会，搭建更大的合作平台。技术创新驱动实践发展，分享经济、网络出行、人工智能、电子商务以及“互联网+”的生活模式，开放的互联网带来了无限的可能，让全世界越来越多的人凝聚成声息相通、利益共享的命运共同体。第四，安全有序是网络空间命运共同体的根本保障。网络空间的稳定发展离不开安全有序的制度秩序，有序是安全的前提，安全是有序的目的。当前，网络威胁是国际社会面临的主要安全威胁之一，从网络犯罪、网络恐怖主义进一步发展到国家间网络冲突、网络军事化等高级别的表现状态，现实世界的安全威胁全方位延伸到了网络空间，没有任何一个国家可以独善其身。各国尤其是发展中国家，应共同携起手来应对网络问题，维护网络空间秩序，共同承担创建安全有序的网络空间命运共同体的责任。

二、构建网络空间命运共同体的现实挑战

网络空间的国家主权和安全不断地面临挑战，导致网络空间命运共同体的构建在现实社会中困难重重。

第一，网络大国之间存在利益分歧。一方面，美国在网络空间实施霸权主义和强权政治。2020 年 7 月 12 日，据《华盛顿邮报》报道，美国总统特朗普首次证实，2018 年他批准了美国对俄罗斯名为“俄罗斯互联网研究所”的网络研究机构进行一次秘密网络攻击，并且导致部分相关网站陷入瘫痪。美国是互联网技术的发源地和网络关键基础设施的控制国，另一方面，网络发达国家使用互联网技术来渗透本国意识形态。由于网络空间的虚拟性和开放性，它促进了西方错误思潮的宣传，网络空间已然成为当前意识形态斗争的重要战场。

第二，网络空间安全威胁形式多样。①网络攻击，即黑客破解或破坏某个程序、系统及网络安全。目前最有效的互联网攻击形式是 DDoS 攻击，《我国 DDoS 攻击资源分析报告（2020 年第 1 季度）》显示，“2020 年第 1 季度利用“肉鸡”发起 DDoS 攻击的活跃控制端有 1294 个，境外控制端按国家和地区统计，最多位于美国、荷兰和德国”。[①] ②网络犯罪，既包括洗钱、贩毒、贩卖人口、走私等传统犯罪活动的虚拟化，也涵盖了数据窃取、网络钓鱼和网络诈骗等互

① 国家互联网应急管理中心 . 我国 DDoS 攻击资源分析报告（2020 年第一季度）[R/OL].（2020-05-12）. https://www.cert.org.cn/publish/main/68/2020/20200512141636956850855/20200512141636956850855_.html.

联网所特有的犯罪行为。2019 年我国收到网络诈骗举报 15505 例，人均损失为 24549 元，从诈骗数量来看，金融诈骗是举报量最多的。[①] 近年来，有组织的网络犯罪数量激增，其高科技、隐蔽性和跨国性给国家、企业和个人安全带来了前所未有的损害。③网络恐怖主义，指非政府组织或者个人有预谋地针对计算机系统、程序和数据信息发起攻击，以破坏政治稳定和经济安全、扰乱社会稳定和制造民众恐慌为目标地恐怖活动。④网络间谍， 2000 年 10 月 28 日，美国微软公司的计算机网络系统被一批身份不明的“黑客”入侵，可能窃取了该公司最新版本 Windows 软件和 Office 套装软件的源代码。互联网时代，计算机网络为间谍提供了快速、高效的手段。⑤网络战争，即一国对敌国的网络空间进行的以干扰或破坏军事信息系统、武器装备和关键基础设施为目的武力攻击。

第三，网络基础设施建设参差不齐。网络空间实际上是由网络发达国家控制，美国长期以来一直垄断基础网络资源。一方面，传统基础设施不平衡。全球互联网资源分配的严重失衡已导致各国之间互联网信息技术和利用能力的巨大差距。根服务器、根区文件和根区文件系统是维系网络空间正常运转的关键资源。然而全球 13 台根服务器实际上均处于美国的掌控之下，10 台在美国本土，3 台在其盟国（日本、荷兰与瑞典）。虽然 2016 年 10 月 1 日的“IANA 移交”标志着美国政府正式退出根区事务的管理，但是，这没有从根本上改变美国对 ICANN 的控制现状，也没有削弱美国在国际互联网治理体系和全球互联网资源管理中的领导作用；另一方面，新型基础设施新挑战。2019 年 6 月 6 日，工业和信息化部向中国电信集团有限公司、中国移动通信集团有限公司、中国联合网络通信集团有限公司、中国广播电视网络有限公司等四家基础电信企业颁发了 5G 牌照，标志着 5G 商业化的开始。新型基础设施包含 5G、工业互联网、物联网等硬件设施，以及人工智能等抽象软件系统，从而实现了从现实世界到虚拟世界再到现实世界的连接。然而，随着中国新型基础设施建设的飞速发展，一些发达的西方资本主义国家利用网络空间技术优势肆意侵犯别国的网络空间主权，严重损害了网络发展中国家的网络权利，并使其丧失了在网络空间的话

① 国家互联网应急管理中心 . 2019 年中国网络诈骗举报量、网络诈骗人均损失及网络信息安全发展前景分析 [R/OL]. 产业信息网，2020-03-04. http://www.chyxx.com/industry/202003/839736.html.

语权。

四、基于网络主权构建网络命运共同体的路径选择

（一）确立网络空间主权边界，积极应对网络安全威胁

当代信息技术的发展为各国确立网络主权边界提供了更大的可能性。“由于对互联网的广泛使用依赖于相应的有形设施，一个国家只要控制了这些有形设施，就能够控制网络空间”。[①]

国家主权是当代民族国家的固有权利，通过确立网络空间主权的边界，清晰界定主权国家在网络空间的管辖范围，以此积极面对网络空间的安全威胁。习近平总书记认为“安全和发展是一体之两翼、驱动之双轮”[②]，为了有效应对未来的网络空间安全风险，必须加大互联网技术的自主研发，以保护本国人民免受网络暴力，特别是网络恐怖主义的侵害，拥有属于自己的核心关键技术，才能消除网络风险引发的国家安全威胁，进而在激烈的互联网技术竞争中赢得优势。

（三）推进网络基础性设施建设，促进网络空间的秩序公平

“巧妇难为无米之炊”，网络空间命运共同体的建设，首先需要加强各国的网络基础性设施建设。从国际视角看，尽管全球范围内，互联网实现了技术互连，但是由于不同国家、地区、行业、企业和社区之间信息技术和网络技术的开发程度、应用程度和创新能力存在差异，网络发达国家和网络发展中国家在网络空间的信息落差及贫富差距愈发呈现两极分化的趋势。网络空间关键性基础设施自主可控是捍卫网络空间主权的基石，中国虽然是网络新兴大国，但是我国在网络空间的硬实力与西方网络发达国家相比仍有较大差距，目前，我国国内关键性基础设施的核心技术和产品仍处于网络中心国的控制之下，需要以政府和军队为主体，以企业为主导，产学研用相结合，进一步深入实施“创新驱动发展战略”和“网络强国战略”，协同攻关、以点带面、整体推进，不

① Timothy S. Wu.Cyberspace Sovereignty? The Internet and the International System[M]. Harvard Journal of Law Technology，1997，10（3）：651.

② 习近平谈治国理政（第二卷）[M]. 北京：外文出版社，2017：535.

断提高核心软硬件产品的自主研发能力，加强推进信息技术和产品的国产化。

网络强国应主动协助网络弱国弥合数字鸿沟，并积极让渡和分享网络资源和治理经验。中国致力于缩小网络发展的“数字鸿沟”，积极促进数字丝绸之路建设，通过发挥我国在信息基础设施和设备制造方面优势，提高沿线国家网络质量的安全性和可靠性，提高互联网的可用性和可承受性。通过促进大数据、云计算、人工智能应用和智慧城市的建设，促进沿线欠发达国家的5G和下一代互联网的发展与建设，让广大发展中国家共享网络发展带来的机遇。“一带一路”沿线国家纷纷响应中国建立互联网交流管理平台的倡议，支持中国提出的促进互联网健康发展主张。此外，构建网络空间命运共同体的关键在于以公平、合理、稳定、有序为方向促进全球互联网关键资源管理的发展。网络发达国家应当公平分配重要的网络基础资源，例如国家顶级域名和通用顶级域名等，并且不破坏光纤电缆等关键性基础设施的稳定运行。

然而，目前网络空间命运共同体的构建仍然面临着众多的挑战，作为全球最大的发展中国家，中国有必要在网络空间全球治理过程中担负起更大的责任，增强在网络空间治理领域的话语权，积极维护广大发展中国家的网络主权。事实证明，中国正在用实际行动践行“负责任大国”的理念，践行《联合国宪章》的主权平等原则，提出了构建互信共治的“网络空间命运共同体”主张，这既是中国智慧的时代表达，也体现了中国的大国担当。

参考文献

一、著作文献

[1] 何明升 . 网络社会学导论 [M]. 北京：北京大学出版社，2020.

[2] 郭玉锦 . 网络社会学 [M]. 北京：中国人民大学出版社，2017.

[3] 刘少杰 . 中国网络社会研究报告 [M]. 北京：中国人民大学出版社，2016.

[4] 何明升 . 网络社会论稿 [M]. 北京：法律出版社，2017.

[5] 罗昕 . 中国网络社会治理研究报告 [M]. 北京：社会科学文献出版社，2017.

[6] 郭良 . 网络创世纪——从阿帕网到互联网 [M]. 北京：中国人民大学出版社，1998.

[7] 胡泳，范海燕 . 网络为王 [M]. 海口：海南出版社，1997.

[8] 郑杭生 . 社会学概论 [M]. 北京：中国人民大学出版社，2015.

[9] 陆学艺，景天魁 . 转型中的中国社会 [M]. 哈尔滨：黑龙江人民出版社，1994.

[10] 汝信，陆学艺 .2010 年中国社会形势分析与预测 [M]. 北京：社会科学文献出版社，2009.

[11] 孙立平 . 转型与断裂：改革以来中国社会结构的变迁 [M]. 北京：清华大学出版社，2004.

[12] 张岱年，程宜山 . 中国文化概论 [M]. 北京：中国人民大学出版社，2006.

[13] 郑杭生，李强 . 当代中国社会和社会关系研究 [M]. 北京：首都师范大学出版社，1997.

[14] 杨善华，谢立中 . 西方社会学理论 [M]. 北京：北京大学出版社，2006.

[15][美] 曼纽尔・卡斯特尔 . 网络社会的崛起 [M]. 夏铸九译 . 北京：社会科学文献出版社，2003.

[16][美] 马克・波斯特 . 信息方式——后结构主义与社会语境 [M]. 范静哗译 . 北京：商务印书馆，2000.

[17][美] 尼古拉・尼葛洛庞帝 . 数字化生存 [M]. 胡泳，范海燕，译 . 海口：海南出版社，1997.

[18][美] 埃瑟・戴森 .2.0 版数字化时代的生活设计 [M]. 胡泳，范海燕，译 . 海南出版社，1998.

[19][英] 安东尼・吉登斯 . 社会学 [M]. 赵东旭，译 . 北京：北京大学出版社，2003.

[20][美] 奥尔波特 . 谣言心理学 [M]. 刘水平，梁元元，译 . 沈阳：辽宁教育出版社，2003.

[21][美] 奥尔森 . 集体行动的逻辑 [M]. 陈郁，译 . 上海：上海三联书店，2003.

[22][美] 彼德・布劳 . 社会生活中的交换与权力 [M]. 孙非，等，译 . 北京：华夏出版社，1988.

[23][美] 博登海默 . 法理学——法哲学及其方法 [M]. 邓正来，姬敬武，译 . 北京：华夏出版社，1987.

[24][德] 查普夫 . 现代化与社会转型 [M]. 陈黎，等，译 . 北京：社会科学文献出版社，2000.

[25][美] 戴维・波普诺 . 社会学（第十一版）[M]. 李强，译 . 北京：中国人民大学出版社，2007.

[26][英] 丹尼斯・麦奎尔 . 大众传播模式论 [M]. 祝建华，译 . 上海：上海译文出版社，2008.

[27][法] 埃米尔・迪尔凯姆 . 社会学的方法和准则 [M]. 狄玉明，译 . 北京：商务印书馆，2004.

[28][英] 蒂姆・伯纳斯・李 . 编制万维网 [M]. 张宇，萧风，译 . 上海：上海译文出版社，1999.

[29][美] 弗朗西斯・福山 . 大分裂 [M]. 刘榜离，等译，北京：中国社会科学出版社，2002.

[30][法]福柯.规训与惩罚[M].刘北成,译,北京:生活·读书·新知三联书店,1999.

[31][美]格林斯坦,波尔斯比,政治学手册精选(下)[M].曹乾,译.北京:商务印书馆,1996.

[32][法]古斯塔夫·勒庞.乌合之众——大众心理研究[M].冯克利,译.北京:中央编译出版社,2005.

[33][德]哈贝马斯.交往行动理论——行动的合理性与社会合理化[M].曹卫东,译.重庆:重庆出版社,1994.

[34][德]哈贝马斯.公共领域的结构转型[M].曹卫东,译.上海:学林出版社,1999.

[35][英]哈耶克.自由秩序原理[M].邓正来,译.上海:上海三联书店,1997.

[36][美]汉娜·阿伦特.人的条件[M].竺乾威,译.上海:上海人民出版社,1999.

[37][德]黑格尔.法哲学原理[M].范扬,张启泰,译.北京:商务印书馆,1961.

[38][美]塞缪尔·亨廷顿.变化社会中的政治秩序[M].王冠华,等,译.北京:生活·读书·新知三联书店,1989.

[39][美]萨缪尔·亨廷顿.文明的冲突与世界秩序的重建[M].周琪,译.北京:新华出版社,2010.

[40][英]约翰·华莱士·贝尔德.互联网心理学[M].谢影,苟建新,译.北京:中国轻工业出版社,2001.

[41][英]霍布斯.利维坦[M].朱敏章,译.北京:商务印书馆,1985.

[42][美]凯斯桑斯坦.网络共和国——网络社会中的民主问题[M].上海:上海出版集团,2003.

[43][美]科恩.新闻媒介与外交政策[M].普林斯顿:普林斯顿大学出版社,1963.

[44][美]科恩.论民主[M].北京:商务印书馆,1988.

[45][美]科塞.社会冲突的功能[M].孙立平,译.北京:华夏出版社,1989.

[46][英]洛克.政府论[M].叶启芳,译.北京:商务印书馆,1964.

[47][美] 马克 · 波斯特 . 信息方式 —— 后结构主义与社会语境 [M]. 范静哗，译 . 北京：商务印书馆，2000.

[48][德] 马克斯 · 韦伯 . 经济与社会（上卷）[M]. 林荣远，译 . 北京：商务印书馆，1997.

[49][德] 马克斯 · 韦伯 . 新教伦理与资本主义精神 [M]. 简惠美，译 . 桂林：广西师范大学出版社，2010.

[50][美] 马斯洛 . 动机与人格 [M]. 许金声，等，译 . 北京：中国人民大学出版社，2008.

[51][加] 麦克卢汉 . 理解媒介 [M]. 何道宽，译 . 北京：商务印书馆，2000.

[52][法] 孟德斯鸠 . 论法的精神 [M]. 张雁深，译 . 北京：商务印书馆，1982.

[53][英] 尼尔 · 巴雷特 . 半小时上网 [M]. 常玉田，译 . 北京：对外经济贸易大学出版社，1998.

[54][美] 尼古拉 · 尼葛洛庞帝 . 数字化生存 . 胡泳，范海燕，译 . 海口：海南出版社，1997.

[55][德] 伊丽莎白 · 诺艾尔 · 诺依曼 . 民意 —— 沉默螺旋的发现之旅 [M]. 翁秀琪，等，译 . 台北：台湾远流出版公司，1994.

[56][法] 让 · 马克 · 夸克 . 合法性与政治 [M]. 佟心平，等，译 . 北京：中央编译出版社，2002.

[57][美] 沃纳 · 赛拂林，小詹姆士 · 坦卡德 . 传播理论：起源、方法与应用 [M]. 郭镇之，译 . 北京：中国传媒大学出版社，2006.

[58][英] 约翰 · 格雷 . 伯林 [M]. 胡传胜，译 . 北京：昆仑出版社，1999.

[59][英] 约翰 · 基恩 . 媒体与民主 [M]. 刘士军，译 . 北京：社会科学文献出版社，2003.

二、期刊文献

[1] 曾令辉 . 网络虚拟社会的形成及其本质探究 [J]. 学校党建与思想教育，2009（10）：38–41.

[2] 赵联飞，郭志刚 . 虚拟社区交往及其类型学分析 [J]. 社会科学，2008（08）：72–78，189–190.

[3] 刘畅 . “网人合一”：从 Web1.0 到 Web3.0 之路 [J]. 河南社会科学，2008

（02）：137–140.

[4] 李忠艳，黄刚 . 论网络场域下的社会交往 [J]. 齐齐哈尔大学学报（哲学社会科学版），2011（05）：49–51.

[5] 赵芬妮，田西柱 . 网络社会交往的特点与冲突 [J]. 武警工程学院学报，2002（02）：32–35.

[6] 米平治 . 网络时代社会交往的变化以及问题初探 [J]. 大连理工大学学报（社会科学版），2002（01）：60–63.

[7] 谈华伟 . 直播的主播新生态：从广电主播到新晋“网红”[J]. 视听界，2020（04）：29–33.

[8] 王琪 . 网络社群：特征、构成要素及类型 [J]. 前沿，2011（01）：166–169.

[9] 张长立 . 网络社群对公共政策执行的积极影响及优化策略 [J]. 社会科学辑刊，2020（06）：74–79.

[10] 胡云晚 . 网络新词语的文化价值取向及文化行为方式 [J]. 江汉论坛，2009（12）：127–130.

[11] 付晶晶 . 新媒体时代的弹幕文化现象分析 [J]. 南京邮电大学学报（社会科学版），2016，18（02）：9–16，89.

[12] 杜洁，刘敬 . 新媒体语境下弹幕亚文化的社群建构 [J]. 青年记者，2018（02）：84–85.

[13] 张智华，刘佚伦，曾智 . 论中国网络传播语境下的弹幕文化 [J]. 艺术评论，2018（02）：52–61.

[14] 邵燕君 . 网络文学的“网络性”与“经典性”[J]. 北京大学学报（哲学社会科学版），2015，52（01）：143–152.

[15] 周云倩，常嘉轩 . 网感：网剧的核心要素及其特性 [J]. 江西社会科学，2018，38（03）：233–239.

[16] 郭中军 . 民粹主义与现代民主的纠缠——与丛日云教授商榷 [J]. 探索与争鸣，2017（12）：82–86.

[17] 方东华，张祥浩 . 网络群体性事件的政府治理研究 [J]. 求索，2013（05）：193–195.

[18] 方付建，王国华 . 涉官事件中的网民态度倾向研究 [J]. 华中科技大学学

报（社会科学版），2011，25（02）：106-112.

[19] 甘泉 . 略论社会动员的时代价值 [J]. 学习月刊，2010（26）：26-28.

[20] 高恩新 . 互联网公共事件的议题建构与共意动员——以几起网络公共事件为例 [J]. 公共管理学报，2009，6（04）：96-104，127-128.

[21] 雷晓艳 . 风险社会视域下的网络群体性事件：概念、成因及应对 [J]. 北京工业大学学报（社会科学版），2013，13（04）：9-15.

[22] 李华伟 . 网络群体性事件应对策略选择 [J]. 人民论坛，2014（08）：60-62.

[23] 李黎丹 . 网络群体性事件的成因、特点与治理策略 [J]. 前线，2013（12）：151-153.

[24] 李若冰 . 善变的蝴蝶——混沌理论视野下的网络舆论监督分析 [J]. 重庆文理学院学报（社会科学版），2010，29（02）：109-111，124.

[25] 李小平 . 当前网络群体性事件中心理因素的探讨维度与疏失 [J]. 前沿，2015（08）：117-119.

[26] 王程 . 网络群体性事件反思及应对 [J]. 人民论坛，2015（23）：53-55.

[27] 王国华，张剑，毕帅辉 . 突发事件网络舆情演变中意见领袖研究——以药家鑫事件为例 [J]. 情报杂志，2011，30（12）：1-5.

[28] 王灵芝，胡凯 . 群体心理的舆情审视 [J]. 新疆社会科学，2010（03）：127-131，148.

[29] 魏娟 . 网络集群的规律与政府应对策略研究 [J]. 东南传播，2010（09）：70-72.

[30] 许敏 . 网络群体性事件的演进逻辑与生成机理 [J]. 宁夏社会科学，2015（02）：51-57.

[31] 杨红 . 网络群体性事件的发生机制及其治理——基于政治机会结构的研究视角 [J]. 东南传播，2014（06）：118-120.

[32] 赵鼎新 . 西方社会运动与革命理论发展之述评——站在中国的角度思考 [J]. 社会学研究，2005（01）：168-209，248.

三、外文文献

[1]Jenkins Henry.The Work of Theory in the Age of Digital Transformation [M].

London：Blackwell，1999.

[2]Lazarsfeld.The People's Choice：How the Votes Makes Up His Mind in a Presidential Election[M].New York：Columbia University Press，1948.

[3]Georg Simmel.Conflic[M].Berlin：The Free Press，1917.

[4]Hans Khon.The Idea of Nationalism：A Study of Its Origins and Background[M]. New York：The Macmillan Company，1946.

[5]Carlton Hayes.Essays on Nationalism[M].New York：The Macmillan Company，1926.

[6]Max Weber.The Theory of Social and Economic Organization[M].Free Press，1947.

[7]Gurr.Why Men Rebel[M].Princeton：Princeton University press，l970.

[8]Athina Karatzongianni.Power Resistance and Conflict in the Contemporary World：Social Movements，Networks and Hierachies[M].New York：Routledge，2009.

[9]Kevin Hill.John Hughes：Cyberpolitics[M].London：Rowman and Littlefield Publishers Inc， 2007.

[10]David Holmes.Virtual Politics：Identity and Community in Cyberspace[M]. London：SAGE publication，1998.

[11]Athina.Anonymity Democracy and Cyberspace[J].Social Research：An International Quarterly，2002（69）：223-237.

后　记

在人类历史上，每一次关键技术的突破与普及都会导致社会结构的转型与重构。正如马克思所说："手推磨产生的是封建主的社会，蒸汽磨产生的是工业资本家的社会。"社会变迁产生的根本动力来自生产力，而生产工具则是生产力发展变化的标志或尺度，应当依据生产形态的变化来判断新社会形态的诞生。互联网和移动通信技术是当代人类社会最先进的生产工具，它们的广泛使用必将引起生产力的变革，并推进生产关系直至上层建筑的变迁，进而实现整个社会结构的变迁。现在，网络技术将世界上各个国家、各个地区的人连成了一个整体，形成一种人机互动、虚实相生的特殊物质形态和社会组织形式，带来生产关系乃至社会结构的变迁，促使社会关系、社会身份、社会组织、社会行动、社会问题发生变化进而生成一种新的社会形态——网络社会。

作为以社会行为、社会现象以及社会运行为基本研究对象的社会学，对于网络技术对传统社会的深刻影响有必要进行全面细致的观察、把握和分析。同时，运用社会学理论和方法来审视变革中的社会的运作机理、特点与结构关系，并在一个广泛的交互作用的背景中对其加以分析，做出科学的描述、解释和预测，促进人类社会的和谐运行，更是社会学的历史使命。由是，《网络社会学》一书顺应时代潮流和社会发展而产生。

笔者自 2009 年开始对网络社会进行研究，早期主要研究网络成瘾问题，后又研究网络群体性事件，现在重点从宏观上思考网络社会中的行为样态及其治理。围绕上述研究对象，已经获得一项国家社会科学基金，三项省部级社科基金，出版专著一部，公开发表论文二十余篇，有了较为丰厚的积累。2018 年 2 月，开始编写本教材。2020 年 12 月，获批江苏省十三五重点规划教材（新编类），在欣喜的同时也深感压力巨大、责任重大。

本书的逻辑主线如下：

互联网如何改变人类社会？网络社会何以成立？

网络社会学的研究对象、研究方法、理论基础是什么？也就是网络社会学何以成立？

网络社会中个体、群体的行为样态有哪些？如何描述和分析？

网络社会存在哪些风险和问题？如何进行治理？

江苏师范大学公共管理与社会学院的研究生曲直、蔡丽鸿、张怡然、陈瑞涵、张玥、马瑞、张梓萌、李楠参与了本书部分章节的初稿写作工作，具体情况如下：曲直，第二章第一节、第七章第三节；蔡丽鸿，第二章第三节、第六章第四节；张怡然，第二章第二节、第六章第三节；陈瑞涵，第七章第一节、第六章第四节；马瑞，第五章第四节、第七章第二节；张玥，第五章第一节；张梓萌，第五章第二节；李楠，第三章第五节。另外，研究生刘水进行了目录编写、格式调整和查重工作。对他们的辛勤劳动，在此表示深深的感谢。

本教材在语言上努力克服了理论性教材的晦涩难懂，追求语言文字的平实、简洁，同时提供了丰富的案例，具有较强的可读性和实用性。可以作为本科院校和各类高职高专院校开设网络社会学课程的教材，可以作为政府相关部门的培训教材，也可以作为企事业单位从业人员的自学参考书。

尽管本教材对网络社会进行了较为深入的研究，但由于客观条件和自身理论知识、研究视野和研究水平的限制，还存在很多不足。一是个别章节的内容还需要进一步深化拓展。二是本书的对策体系还需要通过更加丰富的实践加以检验和完善。此外，互联网技术发展一日千里，而且还正以难以估计的速度和难以估量的深度继续推进着，必然会持续重构人类社会。因此，目前的研究成果只能是短期的、暂时的，还需要持之以恒地跟踪研究。

郝其宏

2021 年 8 月